电子工艺基础与实践

（第2版）

苏寒松　李　坦　主编

天津大学出版社
TIANJIN UNIVERSITY PRESS

图书在版编目(CIP)数据

电子工艺基础与实践/苏寒松,李坦主编. —天津:天津大学出版社,2009. 9(2021.8 重印)
ISBN 978-7-5618-3175-5

Ⅰ. ①电… Ⅱ. ①苏… ②李… Ⅲ. 电子技术 Ⅳ. TN

中国版本图书馆 CIP 数据核字(2009)第 150256 号

出版发行	天津大学出版社
地　　址	天津市卫津路 92 号天津大学内(邮编:300072)
电　　话	发行部:022-27403647
网　　址	publish. tju. edu. cn
印　　刷	天津泰宇印务有限公司
经　　销	全国各地新华书店
开　　本	185mm × 260mm
印　　张	14.5
字　　数	362 千
版　　次	2009 年 9 月第 1 版　2015 年 8 月第 2 版
印　　次	2021 年 8 月第 6 次
定　　价	29.00 元

前　言

电子工艺实习是我国高等院校，尤其是工科院校实践教学中重要的环节。它对设备条件要求不高，投资小、见效快，对提高学生实践能力、培养创新意识和工程工艺意识具有较为普遍的意义。本书对于促进电子工艺实习教学水平的提高具有积极作用。

本书第1版于2009年在天津大学出版社正式出版，这次再版主要对以下几个方面进行了修改和增减。

(1)通过这几年来在电子工艺实习教学中开展的工程教育改革，采用了CDIO教育理念，采用学生自主、教师指导的实习模式，改变过去相对固定的实习产品，由学生自己构思、设计、焊装、调试实习产品，强化学生自主学习、实践以及分析和解决问题的能力。因此，本书增加了第9章自拟(参考)题目实习产品焊装与调试。

(2)由于学缘结构相近，交流较多，本书再版邀请了天津大学仁爱学院电工电子实验中心老师参与了部分内容的编写，并增加了第8章单片机装调内容。

(3)对原有教材中的部分与工艺相关性较小的内容做了删减，同时更新了一些内容，例如印制电路设计软件等。

(4)修改了原教材中的一些错误和纰漏。

(5)附录和部分参考内容(仿真程序、演示视频、学生自拟题目等)均放置在天津大学精品课程——电子工艺实习网站上，网址：http://eeec.tju.edu.cn/sec.asp?mc=教学资源。

本书由苏寒松、李坦*主编，第1章由苏寒松、贺舜*编写，第2章由谢亚利、刘高华、苏寒松、贾月辉*、田颖*编写，第3章由谢亚利、黄元坤、刘高华、曹虹*编写，第4章由李昌禄、苏寒松、刘海斌*编写，第5章由苏寒松、刘希萌、李明媚*编写，第6章由李坦*、谢亚利编写，第7章由李坦*、谢亚利编写，第8章由扈书亮*、刘海斌*编写，第9章由苏寒松编写。(注"*"为天津大学仁爱学院电工电子实验中心教师,其余为天津大学教师)。附录由刘璁、叶振忠编写。

感谢天津大学出版社姚编辑、郃编辑为本书的出版作出的辛勤努力和无私奉献。天津大学电信学院李锵教授对全书进行了认真细致地审阅,给予了很多帮助和支持,在此表示衷心的感谢。

由于编写人员水平和能力有限,且时间仓促,书中难免有错误和不妥之处,敬请读者指正。

编　者

2015 年 6 月

目　　录

第 1 章　安全用电及常用电子工具 …………………………………………（1）
1.1　安全用电 ……………………………………………………（1）
1.1.1　安全电压 ……………………………………………………（1）
1.1.2　电击(触电) ……………………………………………………（2）
1.1.3　常见触电方式 ……………………………………………………（3）
1.1.4　触电急救 ……………………………………………………（4）
1.2　安全用电技术 ……………………………………………………（5）
1.2.1　室内配电 ……………………………………………………（5）
1.2.2　防雷保护 ……………………………………………………（8）
1.2.3　电气防火和防爆 ……………………………………………………（8）
1.2.4　静电的危害及防范 ……………………………………………………（9）
1.3　常用电工电子工具 ……………………………………………………（10）
1.3.1　常用工具 ……………………………………………………（10）
1.3.2　常用焊接工具 ……………………………………………………（11）
1.3.3　常用剪切工具 ……………………………………………………（12）
1.3.4　常用钳口工具 ……………………………………………………（13）
第 2 章　电子元器件基础知识 ……………………………………………………（15）
2.1　电阻器 ……………………………………………………（15）
2.1.1　电阻器的分类 ……………………………………………………（15）
2.1.2　电阻器的型号命名方法 ……………………………………………………（16）
2.1.3　电阻器的主要技术指标与标志方法 ……………………………………………………（16）
2.1.4　电阻器的检测 ……………………………………………………（20）
2.2　电位器 ……………………………………………………（20）
2.2.1　电位器的分类 ……………………………………………………（21）
2.2.2　电位器的型号命名方法 ……………………………………………………（21）
2.2.3　电位器的主要技术指标与标志方法 ……………………………………………………（21）
2.2.4　电位器的检测 ……………………………………………………（22）
2.3　电容器 ……………………………………………………（22）
2.3.1　电容器的分类 ……………………………………………………（23）
2.3.2　电容器的命名方法 ……………………………………………………（23）
2.3.3　电容器的主要技术指标与标志方法 ……………………………………………………（24）
2.3.4　电容器的检测 ……………………………………………………（25）
2.4　电感器 ……………………………………………………（26）
2.4.1　电感器的分类 ……………………………………………………（26）

2.4.2 电感器的主要技术指标与标志方法 …………………………………… (27)
2.4.3 电感器的检测 …………………………………… (28)
2.5 变压器 …………………………………… (28)
2.5.1 变压器的分类 …………………………………… (28)
2.5.2 变压器的主要技术指标 …………………………………… (29)
2.5.3 变压器的检测及使用常识 …………………………………… (30)
2.6 晶体管 …………………………………… (30)
2.6.1 晶体二极管 …………………………………… (30)
2.6.2 晶体三极管 …………………………………… (32)
2.6.3 晶闸管 …………………………………… (33)
2.6.4 场效应晶体管 …………………………………… (34)
2.6.5 国产晶体管型号命名方法 …………………………………… (34)
2.6.6 晶体管的主要技术指标 …………………………………… (36)
2.6.7 晶体管的检测 …………………………………… (37)
2.7 集成电路 …………………………………… (39)
2.7.1 集成电路的分类 …………………………………… (40)
2.7.2 集成电路的命名方法 …………………………………… (40)
2.7.3 使用集成电路注意事项 …………………………………… (41)
2.7.4 集成电路的检测 …………………………………… (42)
2.8 表面安装元器件 …………………………………… (42)
2.8.1 电阻器 …………………………………… (42)
2.8.2 电容器 …………………………………… (44)
2.8.3 电感器 …………………………………… (45)
2.8.4 分立组件 …………………………………… (46)
2.8.5 集成电路 …………………………………… (47)
第3章 电子焊接工艺 …………………………………… (50)
3.1 焊接的基本知识 …………………………………… (50)
3.1.1 焊接的分类 …………………………………… (50)
3.1.2 焊接的方法 …………………………………… (50)
3.2 焊接材料与焊接机理 …………………………………… (51)
3.2.1 焊料 …………………………………… (51)
3.2.2 焊剂 …………………………………… (52)
3.2.3 阻焊剂 …………………………………… (52)
3.2.4 锡焊机理 …………………………………… (52)
3.3 电路手工焊接技术 …………………………………… (53)
3.3.1 焊接用电烙铁 …………………………………… (53)
3.3.2 焊接操作的手法与步骤 …………………………………… (54)
3.3.3 焊接温度与加热时间 …………………………………… (57)
3.3.4 合格焊点及质量检查 …………………………………… (57)

3.3.5　拆焊 …… (59)
3.4　实用电路焊接技艺 …… (61)
3.4.1　焊前的准备 …… (61)
3.4.2　元器件的安装与焊接 …… (62)
3.4.3　创意模型设计与焊接 …… (66)
3.5　表面安装技术 …… (67)
3.5.1　表面安装工艺 …… (67)
3.5.2　表面安装工艺流程 …… (69)
3.5.3　表面安装方式 …… (70)
3.5.4　表面安装焊接材料 …… (70)
3.5.5　表面安装的涂敷方式 …… (72)
3.5.6　表面安装焊接 …… (72)
3.5.7　手工表面安装简介 …… (76)
3.5.8　焊接质量的评估与检测 …… (76)
3.6　电子焊接技术的发展 …… (78)
3.6.1　无锡焊接 …… (78)
3.6.2　电子焊接技术的发展特点 …… (78)
3.7　电气过载、静电释放损害的防护 …… (79)
3.7.1　电气过载、静电释放损害及防护 …… (79)
3.7.2　静电损害防护的警告标识 …… (80)
3.7.3　静电释放损害的防护材料 …… (80)
3.7.4　防静电工作台 …… (80)
3.7.5　电子组件操作准则 …… (80)
第4章　印制电路设计与制作 …… (82)
4.1　概述 …… (82)
4.2　印制电路板结构基础 …… (83)
4.3　印制电路板的电气及机械性能 …… (85)
4.3.1　印制导线的电阻 …… (85)
4.3.2　印制导线的熔断电流 …… (85)
4.3.3　印制导线的电流密度 …… (86)
4.3.4　印制导线的耐压 …… (86)
4.4　印制电路板设计要求 …… (86)
4.4.1　一般要求 …… (86)
4.4.2　元器件的排列与布局 …… (89)
4.4.3　地线的设计 …… (90)
4.4.4　电源线的布局 …… (92)
4.4.5　电磁干扰的抑制方法 …… (92)
4.5　印制电路的计算机辅助设计 …… (94)
4.5.1　概述 …… (94)

4.5.2 计算机辅助印制电路板的设计过程 …… (94)
4.5.3 原理图编辑器操作实例 …… (96)
4.5.4 印制电路板图设计实例 …… (106)
4.6 原理图仿真 …… (117)
4.6.1 概述 …… (117)
4.6.2 Altium Designer 仿真工具的设置和使用 …… (117)
4.6.3 Altium Designer 仿真实例 …… (118)
4.7 印制电路板的制作工艺 …… (121)
4.7.1 印制电路板制作流程简介 …… (121)
4.7.2 印制电路板制造流程分析 …… (121)
4.7.3 印制电路板制造的后期处理工艺 …… (123)
4.7.4 印制电路板的简易制作方式 …… (125)
第5章 自动搜索调频收音机 …… (129)
5.1 自动搜索调频收音机电路原理 …… (129)
5.1.1 主要技术指标 …… (129)
5.1.2 整机电路 …… (129)
5.1.3 单片集成电路 SC1088 …… (129)
5.1.4 工作原理 …… (131)
5.2 自动搜索调频收音机装焊 …… (132)
5.2.1 收音机元器件明细表 …… (132)
5.2.2 表面贴装元器件的装焊 …… (133)
5.2.3 分立元件的检测及装焊 …… (136)
5.3 自动搜索调频收音机调试与总装 …… (138)
5.3.1 通电前的检查 …… (138)
5.3.2 整机静态电流的测量 …… (138)
5.3.3 试听与调试 …… (138)
5.3.4 总装 …… (139)
5.4 自动搜索调频收音机故障检修 …… (139)
5.5 特别提示 …… (139)
第6章 83(3)型晶体管收音机 …… (140)
6.1 83(3)型晶体管收音机整机电路原理 …… (140)
6.1.1 主要技术指标 …… (140)
6.1.2 整机电路 …… (140)
6.1.3 工作原理 …… (140)
6.2 83(3)型晶体管收音机装焊 …… (143)
6.2.1 收音机元器件明细表 …… (143)
6.2.2 元器件的测量 …… (143)
6.2.3 元器件的装焊 …… (144)
6.3 83(3)型晶体管收音机整机调试 …… (147)

6.3.1　通电前的检查 ……………………………………………… (147)
6.3.2　静态工作点检测 ……………………………………………… (147)
6.3.3　试听 ……………………………………………… (148)
6.3.4　整机调试 ……………………………………………… (148)
6.4　83(3)型晶体管收音机故障检修 ……………………………………………… (151)
6.4.1　故障检修方法 ……………………………………………… (151)
6.4.2　典型故障分析举例 ……………………………………………… (156)
第7章　数字万用表 ……………………………………………… (158)
7.1　数字万用表电路原理 ……………………………………………… (158)
7.1.1　数字万用表的基本结构 ……………………………………………… (158)
7.1.2　数字万用表的性能特点 ……………………………………………… (158)
7.1.3　7106 $3\frac{1}{2}$位双积分 A/D 转换器芯片 ……………………………………………… (159)
7.1.4　基本量程数字电压表 ……………………………………………… (166)
7.1.5　多量程直流电压测量电路 ……………………………………………… (168)
7.1.6　多量程交流电压测量电路 ……………………………………………… (168)
7.1.7　多量程直流电流测量电路 ……………………………………………… (168)
7.1.8　电阻测量电路 ……………………………………………… (169)
7.1.9　二极管测量电路 ……………………………………………… (170)
7.1.10　晶体三极管 h_{FE} 测量电路 ……………………………………………… (170)
7.1.11　小数点、HV 字符显示电路 ……………………………………………… (171)
7.1.12　蜂鸣连续性通断测试电路 ……………………………………………… (172)
7.1.13　DT－830B $3\frac{1}{2}$位数字万用表整机电路 ……………………………………………… (173)
7.2　袖珍式 DT－830B 数字万用表的装焊 ……………………………………………… (173)
7.2.1　装焊基本要求与要点 ……………………………………………… (173)
7.2.2　装焊步骤 ……………………………………………… (173)
7.3　DT－830B 数字万用表的调试与校验 ……………………………………………… (181)
7.3.1　零点校验 ……………………………………………… (181)
7.3.2　200.0 mV 基本表的功能检查 ……………………………………………… (182)
7.3.3　基准电压调试 ……………………………………………… (183)
7.3.4　万用表各挡的调试与校验 ……………………………………………… (183)
7.4　检修与典型故障举例 ……………………………………………… (184)
7.4.1　故障检修 ……………………………………………… (184)
7.4.2　典型故障举例 ……………………………………………… (184)
7.4.3　使用数字万用表的注意事项 ……………………………………………… (185)
第8章　51 单片机焊装与调试 ……………………………………………… (187)
8.1　实验板简介 ……………………………………………… (187)
8.1.1　实验板的功能 ……………………………………………… (187)

8.1.2 51单片机实验板的功能分区和工作原理 …………………… (187)
8.2 实验板的焊接流程 …………………… (193)
8.2.1 元器件的分类 …………………… (193)
8.2.2 焊接前的准备 …………………… (195)
8.2.3 检测元件的基本参数 …………………… (195)
8.2.4 焊接电路板 …………………… (195)
8.3 实验板的调试 …………………… (196)
8.4 实验应用程序说明 …………………… (198)
8.4.1 实验系统程序的主程序框图 …………………… (198)
8.4.2 实验系统程序的主程序简要列表 …………………… (198)
8.5 应用程序的调试和下载 …………………… (199)
第9章 自拟(参考)题目实习产品焊装与调试 …………………… (200)
9.1 引言 …………………… (200)
9.2 实习产品构思(C) …………………… (201)
9.2.1 准备阶段 …………………… (201)
9.2.2 构思内容及所遵循的原则 …………………… (201)
9.2.3 参考题目 …………………… (202)
9.3 实习产品设计(D) …………………… (202)
9.3.1 电路原理设计 …………………… (202)
9.3.2 印制电路板图设计 …………………… (205)
9.3.3 结构和外观设计 …………………… (205)
9.4 实习产品制作(I) …………………… (205)
9.4.1 产品使用的元器件测试 …………………… (205)
9.4.2 电路实验验证和电路修改 …………………… (207)
9.4.3 印制电路制作 …………………… (207)
9.4.4 电路焊装 …………………… (207)
9.5 实习产品的测试与展示(O) …………………… (208)
9.5.1 电路功能测试和调整 …………………… (208)
9.5.2 实习产品整体功能测试、调整与展示 …………………… (208)
9.5.3 总结报告和工艺文件 …………………… (209)
参考文献 …………………… (219)

第 1 章　安全用电及常用电子工具

如今用电在人们生活中是再平常不过的事情了,电给人们带来的方便和益处也无处不在。但如果使用不当,电也是具有危险的,尤其是缺乏安全用电常识和不重视用电安全规程,将会产生严重后果,从而造成人身损害和物质财产损失。长期从事电工电子技术的工程技术、研究人员会经常接触各种电气设备,因此了解安全用电应当是不可或缺的基础知识。

1.1　安全用电

1.1.1　安全电压

1. 电力系统

电力系统是由发电、输电、变电、配电和用电所组成的电能生产和消费的一个整体系统。其电能输送过程如图 1-1 所示。

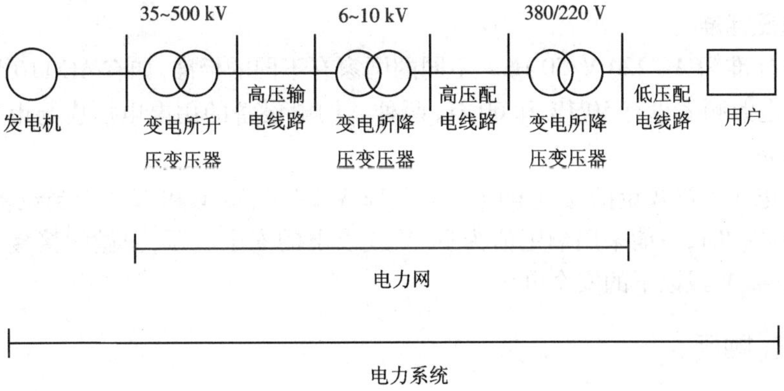

图 1-1　电力系统电能输送过程示意图

2. 低压配电

普通民用设施所用低压电一般由电力变压器从 10 kV 降压而得。三相电力变压器二次侧的 3 个绕组做星形连接并将中性线引出,这样既可输出 220 V 的相电压,也可输出 380 V 的线电压。

配电线路广泛采用三相五线制,如图 1-2 所示。A(L1)、B(L2)、C(L3)为相线, N 为工作零线,PE 为保护零线。单相设备的零线、三相四线设备的中性线应接工作零线(N 线),而电气设备的外壳应接保护零线(PE 线),这样可防止因电气设备绝缘损坏造成金属外壳带电危及人身安全,因为此时形成的大的短路电流,使短路保护装置动作,而切断电源。

PE 线在规定处做重复接地,当靠近电源处断线时,PE 线仍保持接地状态,电气设备绝缘损坏无法形成短路电流,这样便可降低电气设备的金属外壳上所带的电压,以减小触电危害。

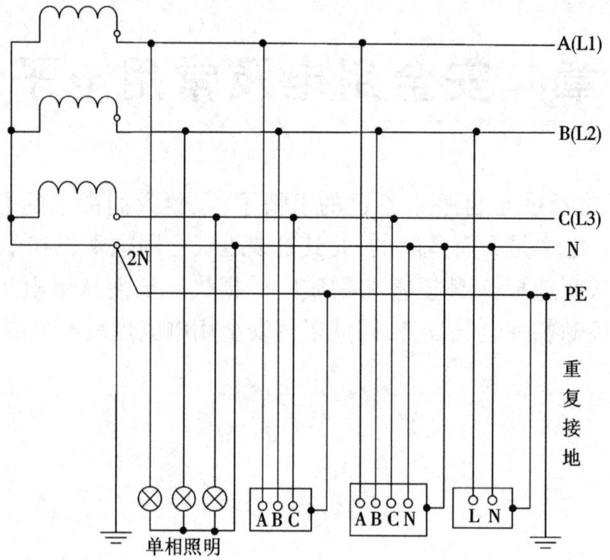

图 1-2　配电线路

因此，重复接地要求 PE 线相隔一段距离多处接地，即在线路、分支线路的末端，线路转角处，引入大负荷用电处做重复接地。

3. 安全电压标准

我国市电标准为 AC 220 V/50 Hz。不同的国家有不同的标准，如有 AC 110 V、AC 120 V、AC 127 V 等，电源频率也有 50 Hz 和 60 Hz 两种。用电设备的用电电压应与电网电压相符，否则会损坏设备。

我国安全电压标准规定的安全电压为 6 V、12 V、24 V、36 V 和 42 V。当设备采用安全电压做直接接触防护时，只能采用额定值为 24 V 或以下的安全电压；而做间接接触防护时，可采用额定值为 42 V 或以下的安全电压。

1.1.2　电击(触电)

1. 电击

一般情况下，人体可看作是阻值很大的导体，因此当人体上加有电压时，就会有电流通过。而当通过人体的电流较大时，人体就会发生剧烈的生理反应，这种现象称作电击(触电)。电击对人体产生的影响显然与作用在人体上的电流有关，同时与人体本身也有关系。

(1)与电流大小有关：电流越大，人体的生理反应越明显、越剧烈，危险越大，越有可能形成永久损害甚至死亡。

(2)与触电时间有关：触电时间越长，越容易引起心颤，造成的危害越严重。

(3)与电流路径有关：电流流经人体可能有多种方式，其中最为危险的是电流流经心脏，较大电流可使心跳停止从而导致死亡。

(4)与电流频率有关：低频电流比高频电流更容易引起心颤，因此危害更大，而 50 ~ 60 Hz 工频电流就是低频电流，因此它对人体危害较大。

(5)与人体电阻有关：人体电阻因人而异，且与人体皮肤状况有关。一般不同的人，人体电阻在几千欧到上百千欧之间，而同一人在皮肤湿润的情况下，人体电阻会大大减小。

因此，人们为了更加准确地评定人体受到的电击强度，定义了电击的概念：通过人体的电流和通电时间的乘积。

工频电流对人体伤害程度见表 1-1。

表 1-1　工频电流对人体伤害程度

	电流大小	导致结果
安全电流值	1 mA 或更小	没有感觉
	1 ~ 8 mA	有感觉，无痛感，可对肌肉进行控制，因此触电者可脱离带电体
危险电流值	8 ~ 15 mA	有痛感，触电者可脱离带电体
	15 ~ 20 mA	疼痛感，触电者已难以脱离带电体
	20 ~ 100 mA	可导致心室颤动
	100 ~ 200 mA	心室颤动并可致死
	200 mA 以上	严重的烧伤，重症肌肉抽搐，心跳停止

2. 电击对人体的伤害

电流对人体的伤害有 3 种：电击、电伤和电磁场生理伤害。

（1）电击：指电流通过人体，破坏人体心脏、肺及神经系统的正常功能。

（2）电伤：指电流的热效应、化学效应和机械效应对人体的伤害，主要是指电弧烧伤、熔化金属溅出烫伤等。

（3）电磁场生理伤害：指在高频磁场的作用下，人会出现头晕、乏力、记忆力减退、失眠、多梦等神经系统的症状。

一般认为，电流通过人体的心脏、肺部和中枢神经系统的危险性比较大，特别是电流通过心脏时，危险性最大。所以，从手到脚的电流路径最为危险。

人体触电时，还容易因剧烈痉挛而摔倒，因此电流通过全身时易造成摔伤、坠落等二次事故。

1.1.3　常见触电方式

1. 人体与供电线路中的相线直接接触受到电击

1）单相触电

作用于人体的 220 V 电压产生的电流流过人体、大地、中性点的接地装置，形成回路，会给触电者造成致命危险，如图 1-3 所示。

作用于人体的电压虽然是 380 V，但当线路的绝缘电阻很大时，通过人体的触电电流一般不大于 30 mA，则电流对人体的危害较小；当线路绝缘不良时，则电流对人仍有很大的危害，如图 1-4 所示。

2）双相触电

人体处于带有 380 V 线电压的两相线之间，具有极大的危险性，如图 1-5 所示。

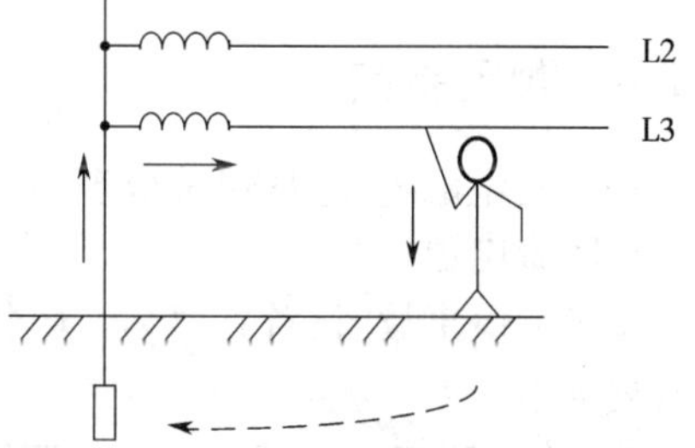

图 1-3　中性点接地电网的单相触电

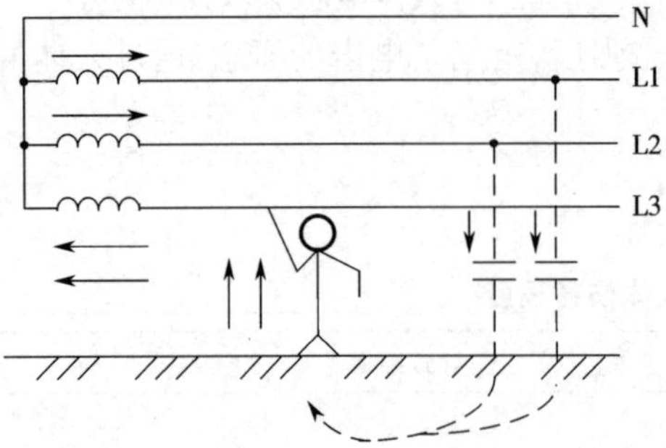

图 1-4　中性点不接地电网的单相触电

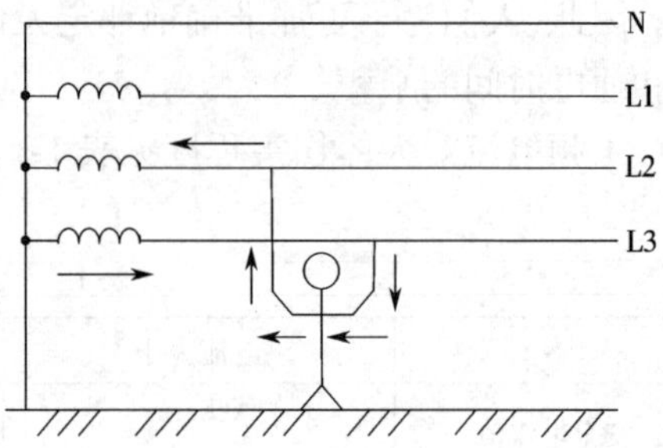

图 1-5　双相触电

2. 高压触电

1)高压电弧触电

人与高压带电体距离较近,由放电现象产生的电流流过人体导致高压电弧触电,如图 1-6 所示。高压危险,一定不要靠近。

2)高压跨步电压触电

高压电线落在地面上,则在距离落地点不远的范围内,不同距离的两点之间存在电压。因此,当人的双脚间存在足够大的电压时,就会发生跨步电压触电,如图 1-7 所示。

图 1-6　高压电弧触电

图 1-7　高压跨步电压触电

3)接触电压触电

人体与电气设备的带电外壳接触而触电。

1.1.4　触电急救

一旦发生触电,应尽快采取现场急救,具体方法可参考如下。

1. 解脱电源

发生触电事故时,首先要马上切断电源,使人体脱离电流伤害的状态,这是能否抢救成功的首要因素。

(1)出事附近有电源开关或电源插头时,可立即将闸刀打开或将插头拔掉,以切断电源。

(2)当带电的导线触及人体引起触电时,如果无法采用其他方法使人体脱离电源,可用绝缘的物体(如木棒、竹竿、手套等)将导线移掉。

(3)必要时可用绝缘工具(如带有绝缘柄的电工钳、木柄斧头以及锄头等)切断电源。

2. 简单诊断救护

当伤员脱离电源后,应立即检查伤员全身情况,特别是呼吸和心跳,发现呼吸、心跳停止时,应立即就地抢救。

(1)轻症,即神志清醒、呼吸心跳均自主者,就地平卧,严密观察,暂时不要站立或走动,防止继发休克或心衰。

(2)呼吸停止,心跳存在者,就地平卧,解松衣扣,通畅气道,立即进行口对口人工呼吸。

(3)心跳停止,呼吸存在者,应立即作胸外心脏按压。

(4)呼吸心跳均停止者,则应在人工呼吸的同时施行胸外心脏按压,以建立呼吸循环,恢复全身器官的氧供应。现场抢救最好能两人分别施行口对口人工呼吸及胸外心脏按压,以1:5的比例进行,即人工呼吸1次,心脏按压5次。如此交替进行,一直坚持到医务人员到现场接替抢救。

(5)处理电击伤时,应注意有无其他损伤。如触电后弹离电源或自高空跌下,常并发颅脑外伤、血气胸、内脏破裂、四肢和骨盆骨折等。如有外伤、灼伤均需同时处理。

(6)现场抢救中,不要随意移动伤员,若确需移动,抢救中断时间不应超过30 s。

1.2 安全用电技术

1.2.1 室内配电

一般的电路实验室除少数大功率电动机采用较高一级的电压外,一般进户线电压为380/220 V。室内配电如图1-8所示,由配电箱(主配电箱、分配电箱)、配电线路组成。配电箱内一般配置有多个低压断路器(俗称自动开关、自动空气开关或自动空气断路器)、漏电保护器等。

1. 低压断路器

低压断路器是按规定条件,对配电电路或用电设备实行通断操作并起保护作用的开关电器。它作为配电系统中的重要保护控制电器,当电路发生过负荷、短路等不正常情况时,能自动分断电路,也可用于不频繁地接通、分断电路。

低压断路器主要由感觉元件、传递元件和执行元件三部分组成。由感觉元件接收电路中的不正常信号或操作人员发出的信号,通过传递元件(自动脱扣机构等),使执行元件(触头及灭弧系统)动作,从而分断或接通电路。

1)低压断路器的工作原理

图1-9(a)为低压断路器的工作原理图。它主要是由触头灭弧系统、各种脱扣器和操作机构等组成。开关的主触头2是靠操作机构进行合闸和分闸的,从而提供主电路电流通道,允许长时间通过额定电流。开关的自由脱扣机构是一套连杆机构,在主触头闭合后将其锁在合闸位置。若电路中发生故障(过载、短路等),自由脱扣机构就在有关脱扣器的操纵下动作,使钩子3脱开,于是主触头2在释放弹簧1的作用下迅速分断。灭弧系统的作用是在开关通、断转换时,先与主触头接通,而后与主触头分断,使电弧集中在主触头上并迅速熄灭,起到保护主触头的作用。

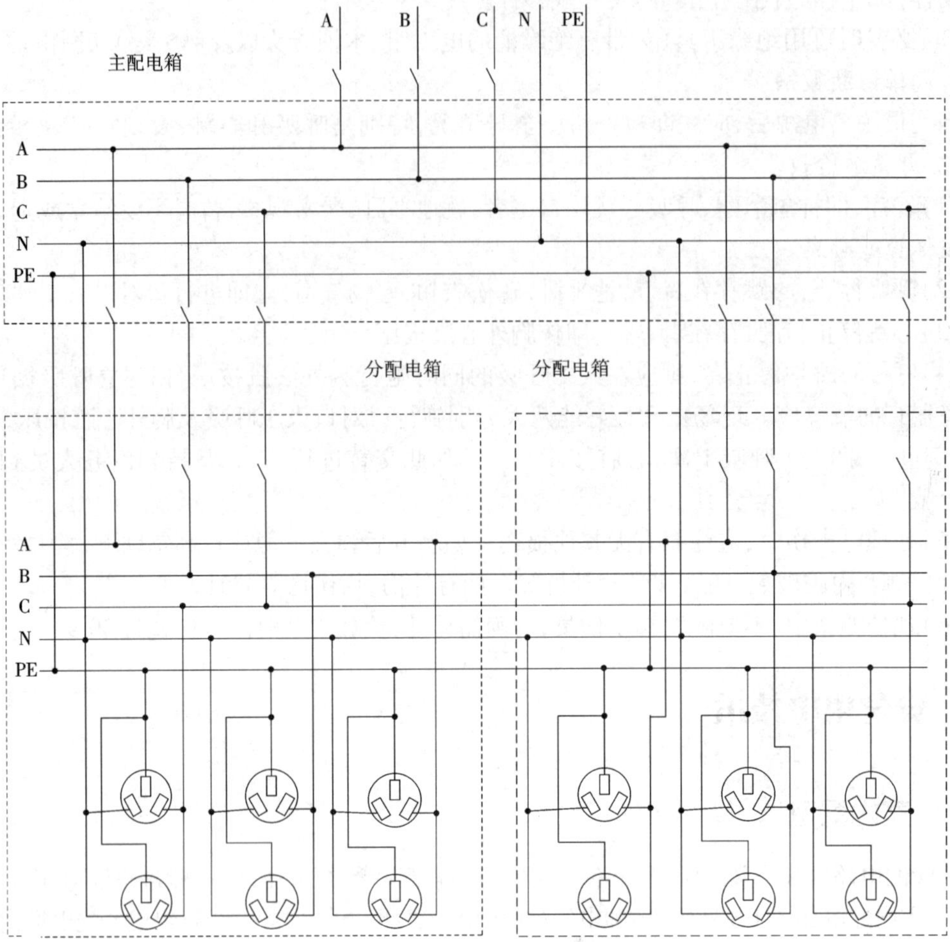

图 1-8　室内配电示意图

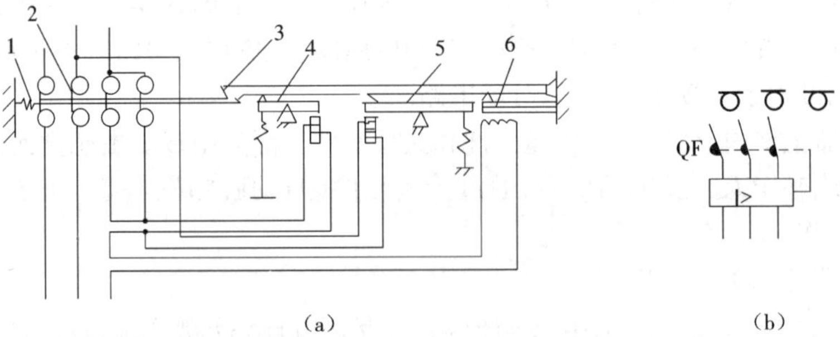

图 1-9　低压断路器

(a)工作原理图　(b)符号

1—释放弹簧;2—主触头;3—钩子;4—电磁脱扣器;5—失压脱扣器;6—热脱扣器

2)低压断路器的选用

(1)一般的教学实验室在容量不大的情况下,可选用结构紧凑、体积小、安全可靠、操作简便、廉价的塑料外壳式低压断路器。

(2)开关的额定电压应与线路电压相符,额定电流和脱扣器整定电流应满足最大负荷电流的需要。

(3)开关的极限通断能力,应大于被保护线路的最大短路电流。

具体型号可根据供电和负载等要求查阅有关手册选用。

2. 漏电保护开关

漏电保护开关是在规定的条件下,当漏电电流达到或超过给定值时,能自动断开电路的机械开关电器或组合电器。目前,广泛使用的是电流型漏电保护开关。它安装简便,并能有效地防止人体触电和漏电造成的火灾。

电流型漏电保护开关的工作原理如图 1-10 所示。它是由检测元件(电流互感器)、中间环节(包括放大器、比较器、脱扣器等)、执行元件(主开关)以及实验元件等几个部分组成。

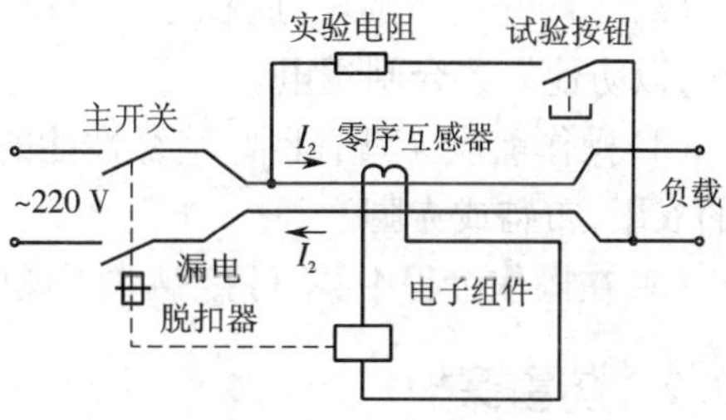

图 1-10 电流型漏电保护开关工作原理图

当电流型漏电保护开关正常工作时,流经电流互感器的电流大小相等、方向相反,检测输出为零,开关闭合,电路正常工作;当发生人身触电或设备漏电时,产生接地电流,电流互感器检测到不平衡电流,达到一定数值时,电流互感器二次输出电压经放大器使漏电脱扣器工作,将主开关电源切断。

漏电保护开关主要为防止人身直接或间接接触触点,从安全角度考虑,应选用额定电流为 30 mA 以下、动作时间为 0.1 s 的高灵敏度、快速动作型漏电保护开关。如果是在潮湿等恶劣环境下,可选取动作电流更小的漏电保护开关,但用电线路和电器都不可避免地存在漏电,一般取额定不动作电流为 5 mA,额定电压三相选择 500 V、单相 250 V 的漏电保护开关。

图 1-10 中的按钮与电阻组成检测电路,选择电阻使此支路电流为最小动作电流,即可测试漏电保护开关是否正常。日常使用中应每月进行一次动作实验,如有异常要及时检修或更换。

3. 室内配电的基本要求

(1)室内配线分为明线和暗线两种,无论是哪一种,都要做到安全可靠、布局合理、整齐美观。对相线颜色的要求比较严格,一般用黄、绿、红表示 A、B、C 三个相序,工作零线为淡蓝色,保护零线为黄绿相间的绝缘导线。

(2)配线中,支线的组数和开关数(一般和漏电保护开关联用)视负载的类型和电气设备的漏电大小而定。

(3)配线的额定电压应不小于线路的工作电压,一般 380/220 V 动力线使用额定电压不低于 500 V 的绝缘导线,导线的截面应满足电气和力学性能的要求。

(4)敷设暗线,穿过墙壁时应加套管保护,在易发火灾、潮湿、有爆炸危险和腐蚀性气体的场合采用铁管保护,一般可采用塑料管。

(5)采用明线的场合,应用带护套的绝缘导线,要横平竖直、整齐美观,最好放在线槽内。

(6)电线不能与大功率电力线平行,更不能穿在同一管内,环境所限必须平行走线时,应相距 50 cm 以上。

(7)线的位置应避开热源,便于检查、维修。

(8)明线路与动力线路需分别控制以避免相互影响,照明控制开关可安装在墙壁上。每一支路的负荷电流不应超过开关允许的负荷电流。照明线路的敷设应使照明灯具均匀排列,使实验桌面照度不低于 150 lx。

4. 检修电路的安全措施

(1)在检修电路时,应先拉下总开关以切断电源,严格遵守停电操作的规定。

(2)切断电源后,操作者应在停电设备的各电源端用仪表或验电笔验电,经验明无电后再进行检修。

(3)为防止突然通电,应在已拉下的总闸处挂上“禁止合闸”的警告牌,或一人监护,一人操作,以防他人误合闸送电。

(4)操作前应穿具有良好绝缘性能的胶鞋,或在脚下垫上干燥的木板、木凳等。不得穿潮湿的衣服、布鞋或赤脚。

(5)在操作过程中,不可接触非干燥的木结构、建筑物及未与大地绝缘的人体。

1.2.2 防雷保护

1. 雷电的危害

雷电是自然界中的一种放电现象。当雷电直击大地或地面上的突出物(建筑、架空线路等)而放电产生特大电流(直击雷)或在雷击点附近由静电或电磁感应产生过电压(感应雷),雷击于架空线路和金属管道上的雷电侵入波以及雷电的电磁感应、机械效应、热效应等的破坏力较大,主要危害如下。

(1)使人直接受到雷击或接触电压、跨步电压造成的电击伤害。

(2)击毁杆、塔建筑物及供电线路。

(3)击穿电气设备的绝缘,烧毁电气设备引起火灾或爆炸。

2. 防雷措施

应根据安全要求,有针对性的安装避雷器、针、网、带等防雷装置,并将建筑物内的金属设备、金属管路、结构钢筋等接地,对电力系统、建筑、设备等做防雷保护。

1.2.3 电气防火和防爆

1. 电气火灾、爆炸

因电气原因引起的火灾称为电气火灾。当事故现场存在足量的易燃、易爆物质,因线路或电气设备内部故障产生电火花、电弧或高温,可能引起爆炸。火灾和爆炸会造成人身伤害、设备损坏,从而给国家和个人造成巨大损失。

2. 引起火灾和爆炸的原因

(1)电气线路或设备过负荷或缺相运行。

(2)导线接头或导线与开关、电气设备连接处接触不良,引起电阻增大、温度升高,导致局部过热。

(3)电气设备机械故障,绝缘能力降低。

(4)遭雷击等。

由上述原因引起导线绝缘层过热着火燃烧或由产生的火花、电弧、高温引燃爆炸性物质，会引起火灾和爆炸性事故。

3. 防范措施

（1）合理选择、安装、使用与维护电气线路和设备，保持接地、接零、重复接地与静电接地良好，重要的设备应安装避雷器。

（2）在使用过程中，发现设备外壳或手持部位有麻电感觉、熔断丝烧断（或跳闸）、异常声音、机内打火、烟雾烧焦等现象要及时处理。

（3）电路中导线载流量应不小于自动开关脱扣器整定电流（或熔断器额定电流）的1.25倍。

（4）防止电路、设备过负荷或缺相运行，经常检查，发现接头松动、过热应及时处理，陈旧老化、绝缘破损严重的导线应及时更换。

（5）禁止带负荷拉合开关（刀闸），避免火花、电弧、高温的产生。

4. 电气火灾的扑救

1）断电灭火

发生电气火灾后，立即切断电源，可用消防水、泡沫灭火剂、干沙等一般灭火方法扑救。

2）带电灭火

电气火灾发生后，来不及、不能或无法断电时，只能带电灭火。

（1）应使用二氧化碳、干粉灭火器等；严禁使用导电的灭火剂，如泡沫灭火器、喷射水流等。

（2）扑救人员及使用的消防器材应与带电部分保持安全距离。高压电气设备及线路接地短路时，室内扑救人员不得进入距离故障点4 m以内范围，室外扑救人员不得进入距离故障点8 m以内范围，如确实需要必须穿绝缘靴，戴绝缘手套。

（3）发电机、电动机等旋转电机不能用黄沙灭火，否则将严重损坏部件。

1.2.4　静电的危害及防范

1. 静电的危害

静电可产生很高的电压，在绝缘体上消散很慢，也可在与它不相接的金属导体上感应出电荷，产生高电压，并会在导体的尖端集中形成很强的电场而引起尖端放电，造成危害。

（1）由于静电电压高，容易放电和产生火花，会引燃可燃气体发生火灾，在有煤粉、铝粉、氢气等场所甚至会引起爆炸。

（2）使人受到电击伤害。

（3）干扰仪器仪表的使用，甚至使其失灵。

（4）影响产品质量。

2. 静电的防范与消除

（1）利用接地法消除导体上的静电。

（2）利用静电中和器或装置，产生符号相反的电子或离子，中和物体的静电荷从而消除静电。

（3）在绝缘体表面增湿，降低表面电阻，加速静电泄漏。

（4）利用抗静电剂，降低合成纤维等的表面电阻，加速静电泄漏。

1.3 常用电工电子工具

常用电工电子工具是电子产品和电气设备制作、组装过程中必备的工具。合理使用这些工具就能高效、保质和顺利地完成工作。按照它们的使用特点可分为以下几类,见表1-2。

表1-2 常用电工电子工具分类

类别	名称	类别	名称
常用工具	测电笔(验电器)	剪切工具	钢丝钳
	螺丝刀(螺丝旋具)		斜口钳(断线钳)
	电工刀		剥线钳
	活扳手		剪刀
	钢板尺(直尺)	钳口工具	尖嘴钳
焊接工具	电烙铁		平嘴钳
	吸锡电烙铁		圆嘴钳
	恒温电烙铁		镊子

1.3.1 常用工具

1. 测电笔

测电笔又称验电器,是检验导线和电气设备是否带电的一种电工常用工具,分高压和低压两类。图1-11为低压测电笔。

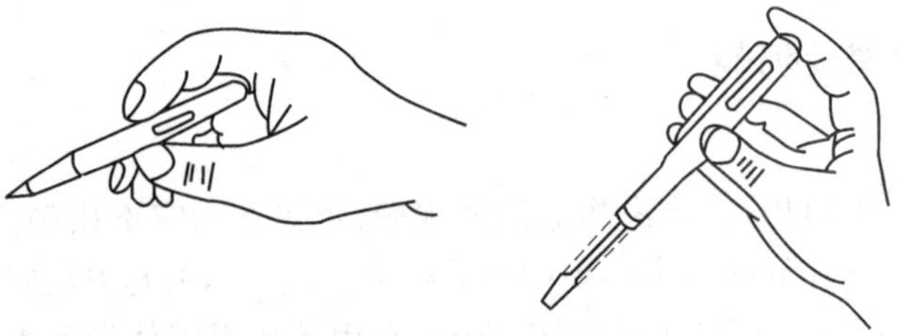

图1-11 低压测电笔

为便于携带,测电笔通常做成笔状,前段是金属探头,内部依次装安全电阻、氖管和弹簧。弹簧与笔尾的金属体相接触。当用测电笔测试带电体时,电流经带电体、测电笔、人体及大地形成通电回路,当带电体与大地之间的电位差超过60 V时,电笔中的氖管就会发光。低压测电笔检测的电压范围为60~500 V。

使用前,务必先在正常电源上验证氖管能否正常发光,以确认测电笔验电可靠性。使用时,必须手指触及笔尾的金属部分,并使氖管小窗避光,朝向自己,以便观测氖管的亮暗程度,避免因光线太强造成误判。

2. 螺丝刀

螺丝刀又称螺丝旋具,是用来紧固或拆卸螺钉的常用工具。其规格按刀具长度分有

50 mm、100 mm、150 mm 和 200 mm 四种，按头部形状可分为一字形和十字形两种，如图 1-12 所示。

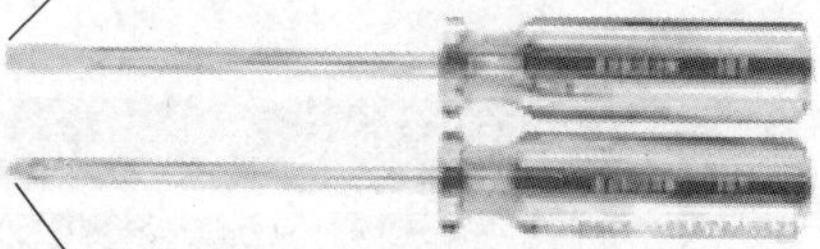

图 1-12　螺丝刀

螺丝刀使用方法如下。

(1)螺丝刀较大时，除拇指、食指和中指要夹住握柄外，手掌还要顶住柄的末端以防旋转时滑脱。

(2)螺丝刀较小时，用拇指和中指夹着握柄，同时用食指顶住柄的末端用力旋动。

(3)螺丝刀较长时，用右手压紧手柄并转动，同时左手握住螺丝刀的中间部分(不可放在螺钉周围，以免将手划伤)，以防止螺丝刀滑脱。

注意事项如下。

(1)带电作业时，手不可触及螺丝刀的金属杆，以免发生触电事故。

(2)不应使用金属杆直通握柄顶部的螺丝刀。

(3)为防止金属杆触到人体或邻近带电体，金属杆应套上绝缘管为宜。

3. 电工刀

电工刀用于切削导线的绝缘层、电缆绝缘、木槽板等，规格有大号、小号之分。电工刀没有绝缘保护，禁止带电作业。使用电工刀，应避免切割坚硬的材料，以保护刀口，如图 1-13 所示。

4. 活扳手

活扳手是用来拧紧或拆卸六角螺钉(母)、螺栓的专用工具。它主要由呆板唇、活板唇、扳口、涡轮、轴销和手柄等组成，如图 1-14 所示。使用时要根据螺母的大小选用相应规格的活扳手，并调整开口。

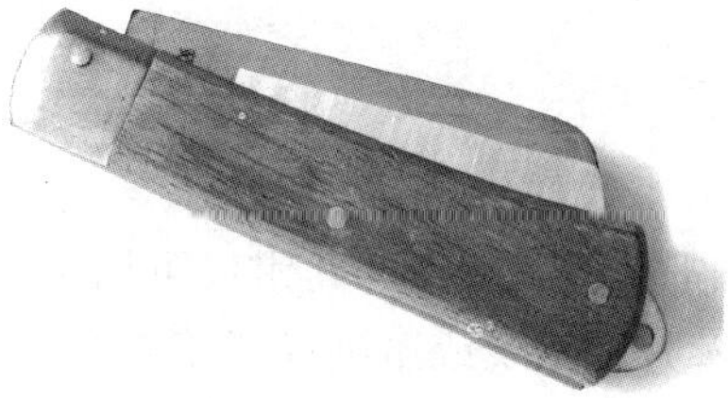
图 1-13　电工刀

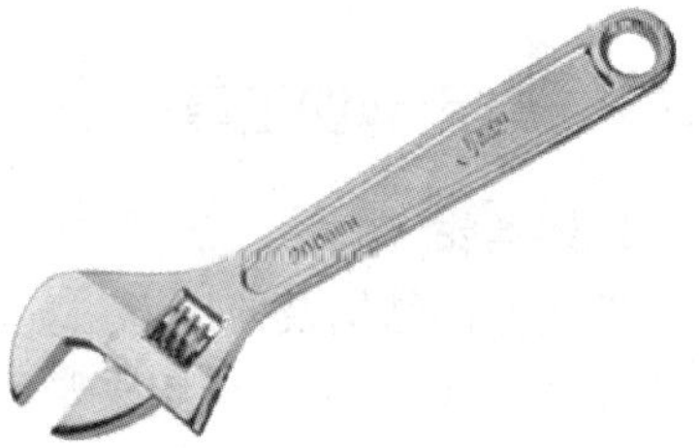
图 1-14　活扳手

5. 钢板尺

钢板尺又可称为直尺，如图 1-15 所示，用来进行长度测量。

1.3.2　常用焊接工具

1. 电烙铁

电烙铁是一种常用的手工锡焊工具，主要用于焊接和拆焊电子元器件、电路接点等。它主要由烙铁头、外壳、手柄、烙铁芯和电源插头等组成，如图 1-16 所示。常见的手工电烙铁从加热方式上分，有内热式和外热式，它们都是利用电流的热效应进行焊接工作的。其规格有 25 W、30 W、35 W、100 W 四种。显然由欧姆定律导出公式 $R = U/I = U^2/P$ 可知，功率较大的电烙铁，其电热丝电阻较小。例如，一般 25 W 电烙铁的内阻约为 2 kΩ。

电烙铁的结构和使用将在第 3 章中详细介绍。

图 1-15　钢板尺

图 1-16　电烙铁

2. 吸锡电烙铁

吸锡电烙铁是将活塞式吸锡器与电烙铁融为一体的拆焊工具，它具有使用方便、灵活、适用范围宽等特点。其不足之处是每次只能对一个焊点进行拆焊。其结构如图 1-17 所示。

3. 恒温电烙铁

恒温电烙铁的烙铁头内装有磁铁式温度控制器，用来控制通电时间，实现恒温的目的。在焊接温度不宜过高、焊接时间不宜过长的元器件时，应选用恒温电烙铁。恒温电烙铁外形如图 1-18 所示。

图 1-17　吸锡电烙铁

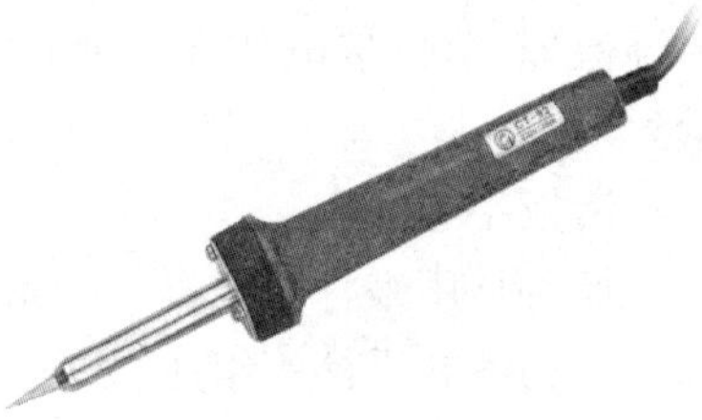

图 1-18　恒温电烙铁

1.3.3　常用剪切工具

1. 钢丝钳

钢丝钳的结构及使用方法如图 1-19 所示，在电工作业时，用途广泛。其钳口可用来弯绞或钳夹导线线头；齿口可用来紧固或起松螺母；刀口可用来剪切导线或钳削导线绝缘层；铡口可用来铡切导线线芯、钢丝等较硬线材。钢丝钳规格有 150 mm、175 mm、200 mm 三种，均带有橡胶绝缘套管，适用于 500 V 以下的带电作业。

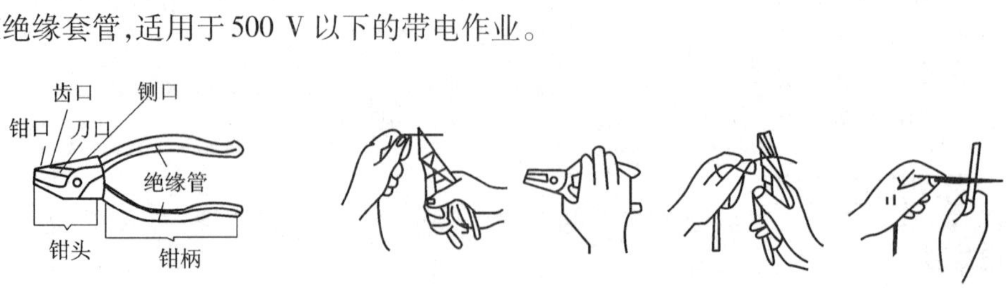

（a）　　（b）

图 1-19　钢丝钳

（a）结构　（b）使用方法

使用钢丝钳时注意事项如下。

(1)使用前,先检查钢丝钳绝缘是否良好,以免带电作业时造成触电事故。

(2)在带电剪切导线时,不得用刀口同时剪切不同电位的两根线(如相线与零线、相线与相线等),以免发生短路事故。

2. 斜口钳

斜口钳又称断线钳,是专用于钳切元器件引脚和金属导线的工具,如图 1-20 所示。钳切时要使钳头向下,以防切下的线头飞出伤人。

3. 剥线钳

剥线钳是专用于剥削较细小导线绝缘层的工具,由钳口和手柄两部分组成。其外形如图 1-21 所示。使用剥线钳剥削导线绝缘层时,先将要剥削的绝缘长度用标尺定好,然后将导线放入相应的刃口中(比导线直径稍大),剥线钳钳口分为 0.5 ~ 3 mm 等多个直径切口,用于匹配不同规格线芯线直径;再用手将钳柄一握,导线的绝缘层即被剥离。切口过大难以剥离绝缘层,切口过小会切断芯线。

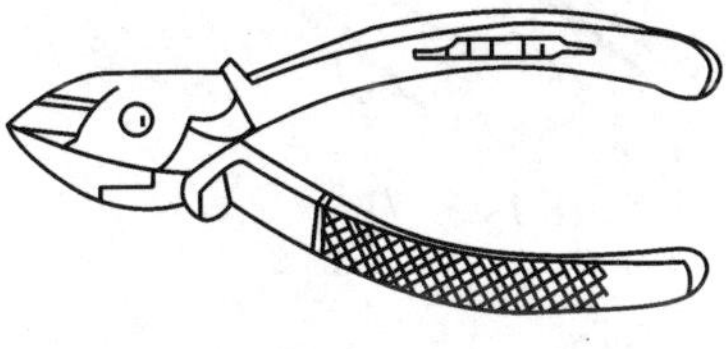

图 1-20　斜口钳

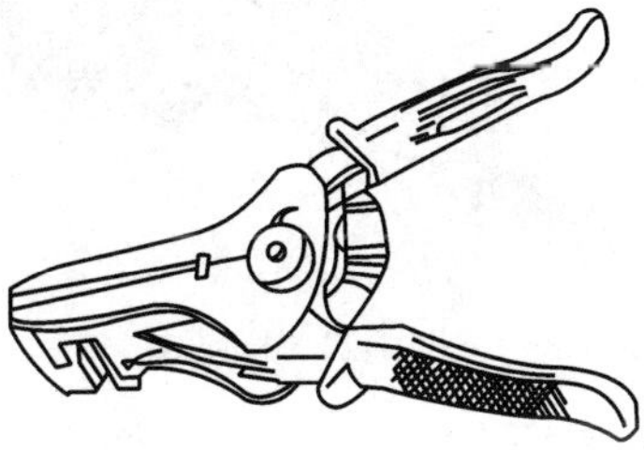

图 1-21　剥线钳

4. 剪刀

剪刀是一种用来剪断导线、元器件引脚和绝缘纸(带)等材料的工具。

1.3.4　常用钳口工具

1. 尖嘴钳

尖嘴钳用于夹捏元器件或导线,特别适宜于狭小的工作区域,规格有 130 mm、160 mm、180 mm 三种。其外形如图 1-22 所示。尖嘴钳可用来剪断较细小的导线,可用来夹持较小的螺钉、螺帽、垫圈、导线等,也可用来对单股导线整形(如平直、弯曲等)。尖嘴钳手柄套有绝缘耐压 500 V 的绝缘套,若使用尖嘴钳带电作业,应检查其绝缘是否良好,并在作业时金属部分不要触及人体或邻近的带电体。

2. 平嘴钳

平嘴钳是一种用来拉直导线,对较粗导线或较粗元器件引脚成形的工具,如图 1-23 所示。其使用时也要注意绝缘。

3. 圆嘴钳

圆嘴钳是一种用来绕制导线端头、元器件引脚圆环形的工具,如图 1-24 所示。

4. 镊子

镊子是一种夹持电子元器件、导线等细小物体的工具,如图 1-25 所示。

图 1-22 尖嘴钳

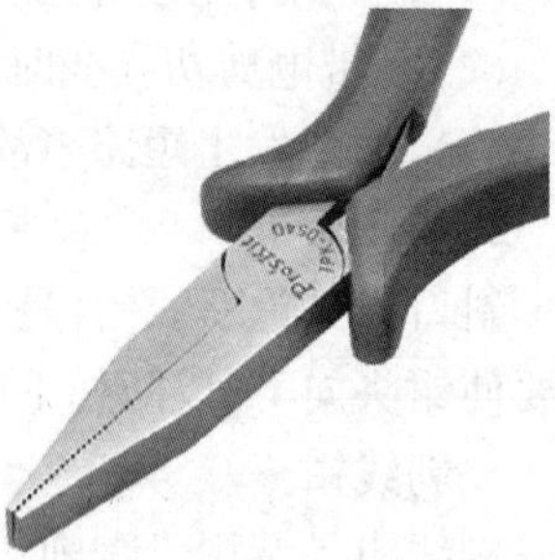

图 1-23 平嘴钳

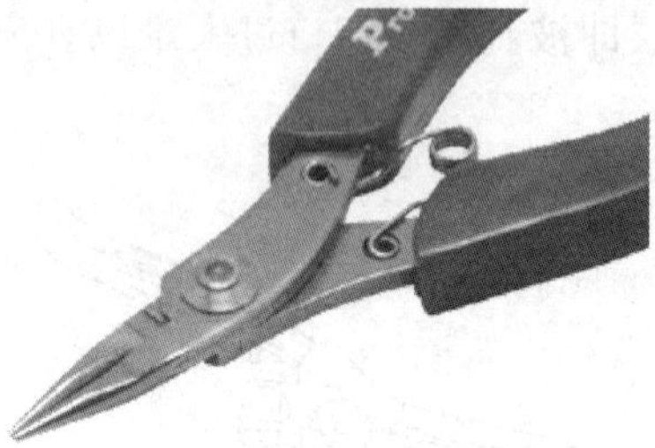

图 1-24 圆嘴钳

图 1-25 镊子

第 2 章 电子元器件基础知识

在电子电路中常用的电子元器件有电阻器、电位器、电容器、电感器、变压器、晶体管、集成电路等。下面分别简单加以介绍。

2.1 电阻器

在电工和电子技术中应用的具有电阻性能的实体元件称为电阻器,用字母“R”表示。其主要用途是:稳定和调节电路中的电流和电压,组成分流器和分压器;调节时间常数及作为电路中的匹配元件或消耗电能的负载。

电阻器一般分为固定电阻器、可变电阻器(电位器)以及敏感电阻器三大类,图形符号如图 2-1 所示。

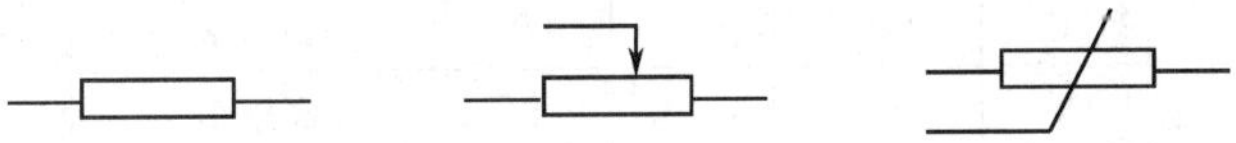

(a)　　(b)　　(c)

图 2-1 电阻器的图形符号

(a)固定电阻器 (b)可变电阻器 (c)敏感电阻器

电阻器的阻值以欧姆为单位,用“Ω”表示。字母 Ω、kΩ(千欧)、MΩ(兆欧)、GΩ(吉欧)、TΩ(太欧)分别表示电阻值的乘数为 1、10^3、10^6、10^9、10^{12}。它们之间的换算关系为

$$1\ \Omega = 10^{-3}\ \text{k}\Omega = 10^{-6}\ \text{M}\Omega = 10^{-9}\ \text{G}\Omega = 10^{-12}\ \text{T}\Omega$$

2.1.1 电阻器的分类

电阻器通常有以下 3 种分类方式:①按制作材料分类;②按用途分类;③按结构分类。电阻器分类见表 2-1。

表 2-1 电阻器分类

分类方式	类型	
按制作材料分类	合金型	线绕电阻器、块金属电阻器
	薄膜型	金属膜电阻器、碳膜电阻器、氧化膜电阻器、化学沉积膜电阻器
	合成型	有机实心电阻器、无机实心电阻器、有机合成膜电阻器
按用途分类	通用型电阻器、高频型电阻器、高阻型电阻器、高温型电阻器、精密型电阻器、高压型电阻器、功率型电阻器、特殊型电阻器	
按结构分类	固定电阻器、可变电阻器(微调电阻器)、电位器	

2.1.2 电阻器的型号命名方法

电阻器的型号命名由四部分组成：第一部分为主称，用字母表示；第二部分为材料，用字母表示；第三部分为特征，用字母或数字表示；第四部分为序号，用数字表示。这四部分所代表的含义见表2-2。

表2-2 电阻器型号命名方法

第一部分 主称		第二部分 材料		第三部分 特征		第四部分 序号
符号	含义	符号	含义	符号	含义	一般用数字表示
R	电阻器	C	化学沉积膜	1	普通型	
W	电位器	H	有机合成膜	2	普通型	
		I	玻璃釉膜	3	超高频型	
		J	金属膜	4	高阻型	
		N	无机实心	5	高温型	
		S	有机实心	6	高湿型	
		T	碳膜	7	精密型	
		X	线绕	8	高压型	
		Y	氧化膜	9	特殊型	
				G	功率型	

电阻器命名示例：RJ71型金属膜精密电阻器。其中，R表示主称(电阻器)，J表示材料(金属膜)，7表示特征(精密型)，1表示序号。

2.1.3 电阻器的主要技术指标与标志方法

1. 标称阻值与允许偏差

标称阻值：电阻器设计确定的、在电阻器上标注的阻值。

允许偏差：实际阻值与标称阻值之间所允许的最大偏差范围称为允许偏差，简称允差。在实际生产电阻器的过程中许多因素会影响到每批产品的一致性，不可避免地具有离散化的特点，因而应选取一种合理的标称系列值以便于选用。这个系列名称为《电阻器和电容器优先数系》(GB/T 2471—1995)，适用于电阻器的电阻值、电容器的电容量值。此标准有E192、E96、E48、E24、E12、E6、E3系列。表2-3是以E24、E12、E6标准系列为例作介绍。

表 2-3　数系表

系列	E24	E12	E6	E24	E12	E6
允许偏差	允许偏差 ±5%	允许偏差 ±10%	允许偏差 ±20%	允许偏差 ±5%	允许偏差 ±10%	允许偏差 ±20%
标称阻值	3. 3	1. 0	1. 0	1. 0	3. 3	3. 3
	1. 1			3. 6		
	1. 2	1. 2		3. 9	3. 9	
	1. 3			4. 3		
	1. 5	1. 5	1. 5	4. 7	4. 7	4. 7
	1. 6			5. 1		
	1. 8	1. 8		5. 6	5. 6	
	2. 0			6. 2		
	2. 2	2. 2	2. 2	6. 8	6. 8	6. 8
	2. 4			7. 5		
	2. 7	2. 7		8. 2	8. 2	
	3. 0			9. 1		

数系表中规定 E24 系列的允许偏差为 ±5%，E12 系列的允许偏差为 ±10%，E6 系列的允许偏差为 ±20%。不难看出，每一数列标称值的每两个数值之间是由允许偏差相衔接的。可使生产出的具有离散化特点的元件归入某一系列值中，也可让使用者根据精度要求在相应系列中选取接近使用规格的元件。允许偏差为 ±5%、±10%、±20% 的电阻器是普通电阻器，用罗马大写字母 Ⅰ、Ⅱ、Ⅲ 表示。精密电阻器的允许偏差有 ±2%，±1%，±0. 5%，…，±0. 001% 等。

当允许偏差小于 ±5% 和因特殊要求而 E24 系列不能满足需要时，应当考虑选用精密电阻器，优先数系为 E48、E96、E192 系列（可参考《电阻器和电容器优先数系》）。

2. 标称阻值与允许偏差的标志方法

电阻器的标称阻值和允许偏差通常都标注在电阻本体上，标志方法有直标法、文字符号法、色标法、数码表示法。

1）直标法

直标法将元器件的主要信息用阿拉伯数字和字母直接标注在元器件本体上，如图 2-2 所示。

电阻器本体标注为 RS－680 Ω－J，表明这是一只有机实心，标称值 680 Ω，允许偏差 ±5% 的电阻器。其中，允许偏差的文字符号见表 2-4。

图 2-2　直标法

表 2-4　允许偏差的文字符号

允许偏差	±0. 005%	±0. 01%	±0. 02%	±0. 05%	±0. 1%	±0. 25%
字母符号	E	L	P	W	B	C
允许偏差	±0. 5%	±1%	±2%	±5%	±10%	±20%
字母符号	D	F	G	J	K	M

若未标出阻值单位，则其单位为 Ω，未标注偏差时则默认为 ±20%。功率较大的电阻还

会直接标出额定功率。

2）文字符号法

文字符号法多用于标注晶体管、集成电路。在电阻器和电容器上用文字符号代码标注的内容主要体现在标称值和允许偏差这两个指标上。

文字符号代码标志示例见表2-5。

表2-5 电阻值文字符号代码标志示例

电阻值(数字代码)	文字符号代码标志	电阻值(数字代码)	文字符号代码标志
0.1 Ω	R10	3.32 kΩ	3K32
1 Ω	1R0	10 kΩ	10K
3.32 Ω	3R32	100 kΩ	100K
10 Ω	10R	59.04 Ω	59R04
33.2 Ω	33R2	590.4 Ω	590R4
100 Ω	100R	5.904 kΩ	5K904
1 kΩ	1K0	59.04 kΩ	59K04

图2-3 文字符号法

表2-4中所示字母在代替了小数点的同时还表明了电阻器的单位，如图2-3所示。电阻器本体标注为6K8－J，表明这是一只标称值6.8 kΩ，允许偏差±5%的电阻器。

3）色标法

色标法是用不同的色带标注在电阻本体上，用以表示电阻器的标称值和允许偏差。部分电容器和电感器也采用色标法，色标法适用于体积较小的元件。色带颜色与数值的对照见表2-6。

表2-6 色带颜色与数值的对照

颜色	棕	红	橙	黄	绿	蓝	紫	灰	白	黑	金	银	无色
有效数字	1	2	3	4	5	6	7	8	9	0	—	—	—
乘数	10^1	10^2	10^3	10^4	10^5	10^6	10^7	10^8	10^9	10^0	10^{-1}	10^{-2}	—
允许偏差	±1%	±2%	—	—	±0.5%	±0.25%	±0.1%	—	—	—	±5%	±10%	±20%

电阻器有三色带、四色带、五色带3种标注方法。四色带表示普通电阻器，五色带表示精密电阻器。三色带电阻器缺少表示允许偏差的第四条色环，它的允许偏差是±20%。四色带和五色带的含义如图2-4和图2-5所示。

通过色环识别电阻器的标称值和允许偏差实例如图2-6所示。

4）数码表示法

用三位数字在元件表面标注标称值的方法称为数码表示法。使用这种标注方法主要原因是电子元器件制造技术不断地发展，元件体积越来越小型化；而元件允许偏差基本控制在10%之内，允许偏差一项被省略，一般使用三位数字表示其标称值。从左至右前两位是有效

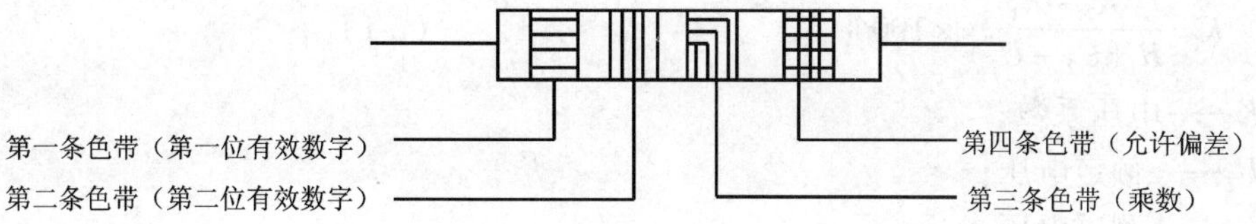

图 2-4　四色带标注方法

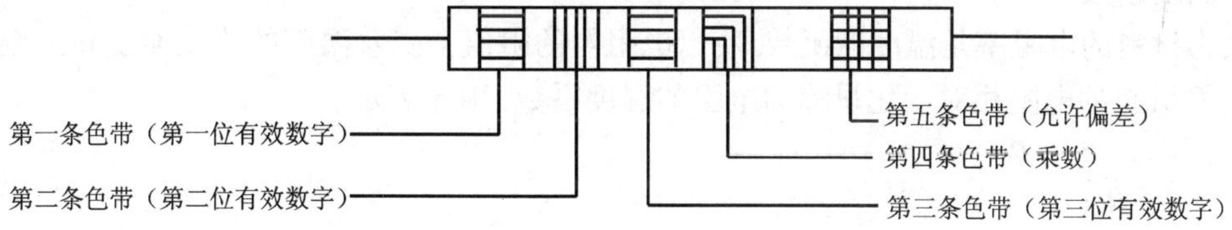

图 2-5　五色带标注方法

图 2-6　电阻器标称值的色标法

数字，第三位是乘数。电阻器的基本单位为 Ω，电容器的基本单位为 pF，电感器的基本单位为 μH。例如电阻器标注 104 表示 $10 \times 10^4 = 100\ 000\ \Omega = 100\ \text{k}\Omega$，如图 2-7 所示。

图 2-7　数码表示法

3. 额定功率

电阻器实质是把吸收的电能转换为热能的换能元件，在消耗电能的同时，电阻器自身温度升高。因此，电阻器在规定的气压和温度条件下，长期连续工作不损坏、不显著改变其工作稳定性所允许承受的最大功率称为额定功率。常用电阻器的额定功率有 1/8 W、1/4 W、1/2 W、1 W、2 W、3 W、5 W、10 W 等，图形符号如图 2-8 所示。

图 2-8　电阻器功率符号

4. 非线性

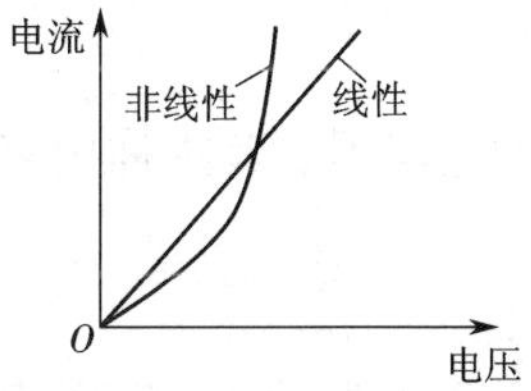

图 2-9　电阻器的非线性

当流过电阻器的电流与加在电阻器两端的电压不成正比时称为非线性。一般金属型电阻器线性度比较好，非金属型电阻器线性度较差。电阻器的非线性曲线如图 2-9 所示。

电阻器的非线性用电压系数表示，就是在规定的范围内电压每改变 1 V 电阻值的平均相对变化量。

$$K=\frac{R_2-R_1}{R_1(U_2-U_1)}\times 100\% \qquad (2\text{-}1)$$

式中 K——电压系数；

U_2——额定电压；

U_1——测试电压；

R_1、R_2——在 U_1、U_2条件下所测的电阻值。

5. 温度系数

因为材料的电阻率是温度的函数，所以电阻器的阻值会随着温度的改变而变化。温度每变化1 ℃引起的电阻相对变化量称为电阻的温度系数，用 α 表示。

$$\alpha=\frac{R_2-R_1}{R_1(t_2-t_1)} \qquad (2\text{-}2)$$

式中 R_1，R_2——温度为 t_1 和 t_2时电阻器的阻值。

温度升高、阻值增大时，电阻器具有正温度系数；反之，温度升高、阻值减小，电阻器具有负温度系数。温度系数的绝对值越小，电阻器的温度稳定性就越高。

6. 极限工作电压

可以连续加在电阻器两个引出端上的最大直流电压或交流电压有效值称为极限工作电压（元件的极限电压取决于电阻器的尺寸和制造工艺）。施加的电压超出所承受的极限时就会发生电击穿现象，损坏电阻器。

2.1.4 电阻器的检测

（1）测量时将两只表笔分别接触电阻器的两个引脚，切忌用两只手同时握住表笔和电阻器的两个引脚，这样会将人体电阻并联在被测电阻器上引起测量误差。

（2）测量电路中的电阻器至少要拆下一个引脚，使其脱离电路进行测量。

（3）用指针式万用表测量前先调零，读取的数值应乘以测量挡位的倍率并标明单位，若变换量程需重新调零后再进行测量。

（4）用数字万用表测量小电阻时，应以实际测量值减去两表笔短路时的显示值。

（5）为保证测量准确，要选择与标称值接近的量程。例如测量一只100 Ω的电阻器时，若使用数字表应拨至与标称值接近的“200 Ω”挡，使用指针表测量应选用使指针尽量处于表头的中间位置的挡位，以降低测量误差，若需精确测量可用电桥。

（6）当测量敏感电阻器时，若敏感源（光敏源、热敏源、气敏源等）发生变化，阻值也应明显变化，否则敏感电阻出现故障。

2.2 电位器

阻值连续可变的电阻器称为电位器，换言之电位器是一种可变的电阻器。其主称用字母“W”表示。电位器的图形符号如图2-10所示。

电位器的阻值以欧姆为单位，通常使用的阻值范围有 Ω、kΩ、MΩ。

电位器有三个引出端，其中两个为固定端，图中带箭头的折线是滑动端。滑动端在固定电阻体上做机械运动，使其与固定端之间的电阻值发生变化。在电路中常用电位器来调节电

图 2-10　电位器图形符号
(a)一般电位器　(b)带开关单刀单掷式电位器

阻值或电位。

2.2.1　电位器的分类

电位器的种类很多(见表 2-7),可按电阻体的材料、用途、结构特点、阻值变化规律、调节方式、驱动方式等进行分类。电位器按材料可分为合金型、薄膜型、合成型三大类,与电阻器材料类型大致相同。

表 2-7　电位器分类

分类方式	类　型
按驱动方式分类	手动调节、电动调节
按调节方式分类	直滑式、旋转式、推拉式
按用途分类	普通型、精密型、功率型、微调型、专用型
按结构特点分类	单联、多联、单圈、多圈、抽头式、带开关
按阻值变化规律分类	线性变化—X、非线性变化(对数变化—D、指数变化—Z)、特殊用途(函数型变化,如正余弦函数等)

2.2.2　电位器的型号命名方法

电位器的型号命名方法与电阻器基本相同,参阅电阻器相关章节。

2.2.3　电位器的主要技术指标与标志方法

1. 标称阻值与允许偏差

电位器的标称阻值与允许偏差的定义可参阅电阻器相关章节。

2. 额定功率

电位器的两个固定端上长期连续负荷所允许耗散的最大功率称为额定功率。电位器的额定功率系列:0.025、0.25、0.5、1、1.6、2、3、5、16、25、40、63、100,单位为 W。

3. 阻值变化规律

阻值变化规律是指电位器旋转角度或行程与作为分压器使用时输出电压的关系。通常有线性变化型、指数变化型、对数变化型,分别用 X、Z、D 表示,如图 2-11

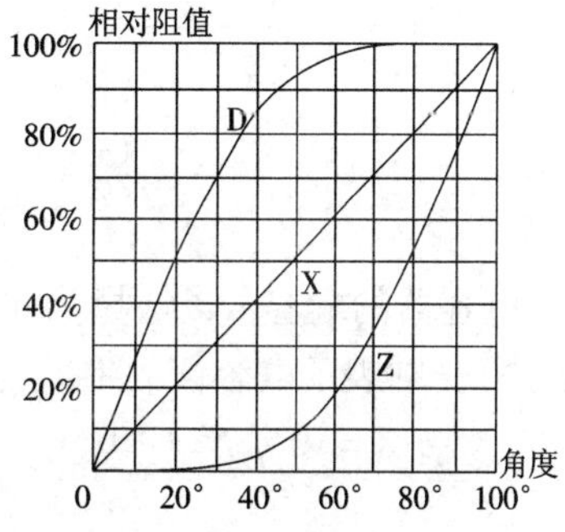

图 2-11　阻值变化规律

所示。

4. **滑动噪声**

电位器的动触点在电阻体上滑动时，由于电位器滑动端与固定端之间的电压出现无规则的起伏导致产生电噪声，这种现象称为电位器的滑动噪声。

2.2.4 电位器的检测

1. **带开关电位器的检测**

检测带开关电位器的开关是否接通，检测方法有：①听，通常在旋转轴柄电位器正常接通时会发出“咔嚓”的声音；②测，将万用表调至“Ω×1”挡，电位器开关接通时电阻值为 0 Ω，断开时电阻值无穷大(∞)，否则说明此电位器的开关部分有问题需修理或更换。

2. **标称值的检测**

1)固定端检测

选择与标称值接近的电阻挡，再用红黑表笔分别接触两个固定引脚，测量值与标称值接近(在它的允许偏差范围之内)，如相差甚远则说明已损坏。

2)滑动端检测

在测量滑动端分别与两个固定引脚之间的阻值时，需旋转电位器的轴柄，阻值是从标称值变化至 0 Ω，或从 0 Ω 变化至标称值。进行这一步测量时，用指针表测量更为直观，其目的有两个：一是检测两个固定引脚与滑动端之间的阻值是否正常；二是在旋转时密切注视指针应连续平稳转动，如出现突跳说明此电位器有缺陷。

2.3 电容器

两导体间夹一层绝缘介质制成的能储存电能的元件称为电容器。其主称用字母“C”表示。电容器的图形符号如图 2-12 所示。

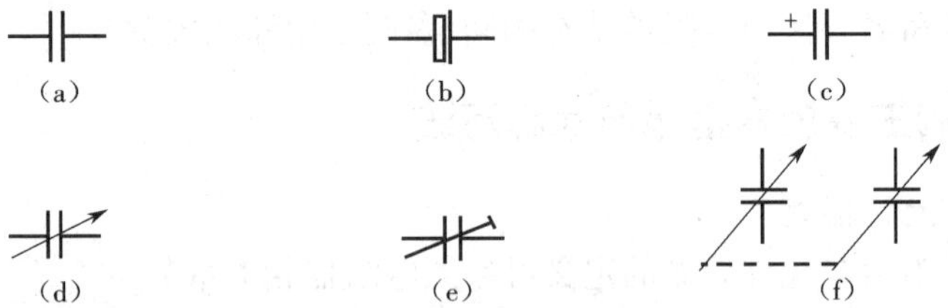

图 2-12 电容器的图形符号

(*a*)一般电容器 (*b*)电解电容器 1 (*c*)电解电容器 2

(*d*)可变电容器 (*e*)微调电容器 (*f*)双联可变电容器

电容器的电容量以法拉为单位，用“F”表示。字母 F(法拉)、μF(微法)、nF(纳法)、pF(皮法)分别表示电容值的乘数为 1、10^{-6}、10^{-9}、10^{-12}。它们之间的换算关系为

$$1\ F=10^{6}\ \mu F=10^{9}\ nF=10^{12}\ pF$$

2.3.1　电容器的分类

电容器的分类见表 2-8。

表 2-8　电容器的分类

分类方式	类　型	
按介质材料分类	有机介质	纸介电容器、纸膜复合介质电容器、有机薄膜介质电容器、混合介质电容器
	无机介质	云母电容器、玻璃膜电容器、玻璃釉电容器
		瓷介电容器(瓷片电容器、瓷管电容器、独石电容器)
	电解质	铝电解电容器、钽电解电容器、铌电解电容器、钛电解电容器
	气体介质	空气电容器、真空电容器、充气电容器
按容量变化分类	固定电容器、可变电容器、微调电容器	
按用途分类	耦合电容器、滤波电容器、低频电容器、旁路电容器、高频电容器、高压电容器、低压电容器	

2.3.2　电容器的命名方法

电容器的型号命名方法与电阻器的命名方法相同,分为四部分:第一部分为主称,用字母 *C* 表示;第二部分用字母表示产品的主要材料;第三部分用一个数字或一个字母表示产品的主要特征;第四部分用数字表示序号。表 2-9 仅列出第二和第三部分的内容。

表 2-9　电容器的命名方法

第二部分　材料		第三部分　特征(含义)				
符号	含义	符号	瓷介电容	云母电容	有机介质	电解电容
A	钽电解	1	圆形	非密封	非密封(金属箔)	箔式
B	非极性有机薄膜介质	2	管形(柱形)	非密封	非密封(金属化)	箔式
C	1 类陶瓷介质	3	叠片	密封	密封(金属箔)	烧结粉非固体
D	铝电解	4	多层(独石)	独石	密封(金属化)	烧结粉固体
E	其他材料电解	5	穿心		穿心	
G	合金电解	6	支柱型		交流	交流
H	复合介质	7	交流	标准	片式	无极性
I	玻璃釉介质	8	高压	高压	高压	
J	金属化纸介质	9			特殊	特殊
L	极性有机薄膜介质	G	高功率			
N	铌电解					
O	玻璃膜介质					
Q	漆膜介质					
S	3 类陶瓷介质					
T	2 类陶瓷介质					

续表

第二部分 材料		第三部分 特征(含义)				
符号	含义	符号	瓷介电容	云母电容	有机介质	电解电容
V	云母纸介质					
Y	云母介质					
Z	纸介质					

电容器命名示例:CB14 非极性有机薄膜介质电容器。其中:C 表示主称(电容器),B 表示材料(非极性有机薄膜介质),1 表示特征(非密封),4 表示序号。

2.3.3 电容器的主要技术指标与标志方法

1. 标称容量与允许偏差

电容器的标称容量与允许偏差的定义参照电阻器章节中相关内容。

2. 标称容量与允许偏差的标志方法

1)直标法

电容器的主要参数如额定电压、标称值直接标注在电容的本体上。图 2-13 所示为一只额定电压为 450 V、标称值为 470 μF 的电解电容器。

2)文字符号法

文字符号法是以 2 ~4 个数字和 1 个字母的组合来表示标称值的方法。字母所处位置就是小数点的位置,同时也表明了该电容器的容量单位。如 2n2 表示 2.2 nF,如图 2-14 所示。

3)数字表示法

电容器数字表示法的基本单位是 pF。例如一只瓷介电容器的本体上标有 333 数字标志,前两位表示有效数字,第三位表示乘数,则其标称值为 33×10^{3} pF = 33 000 pF = 0.033 μF,如图2-15所示。

特例:数字表示法中,如果第三位是 9 则表示倍数为 10^{-1}。如 229 表示 22×10^{-1} pF = 2.2 pF 。

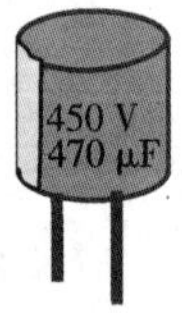

图 2-13 直标法

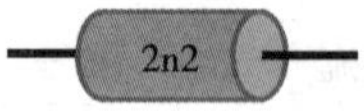

图 2-14 文字符号法

图 2-15 数字表示法

3. 额定电压

额定电压是指在规定的工作环境温度下,电容器能够连续长时间工作所能承受的最高电压值。额定电压一般是指直流工作电压,通常还将其称为耐压,单位用“V” 表示。额定电压值包括 1.6 V、4 V、6.3 V、10 V、16 V、25 V、32 V、40 V、63 V、100 V、160 V、250 V、400 V、1 600 V 等。

4. 温度系数

温度系数是指在一定温度范围内，温度每变化 1 ℃时电容的相对变化量。温度系数越小，电容器的性能越好。

5. 损耗因数

损耗因数又称电容器的损耗角正切值。当交流电流通过电容器时，其上有一个交流电压降，对于理想的电容器，其两端的交流电压乘上流过的电流所得的值称为无功损耗功率，此时电容器不会发热。实际电容器会产生微小的热量，其发热的功率称为有功损耗功率。有功损耗功率与无功损耗功率之比称为损耗角正切值，该值越小电容器的质量越好。

6. 绝缘电阻与漏电流

绝缘电阻也称漏电阻，电容器在一定的工作温度和电压条件下，由于介质不是绝对绝缘的，因此也会有电流流过，该电流称为电容器的漏电流。绝缘电阻越大，漏电流越小，电容器的质量越好。小容量和大容量的绝缘性能的判定方法有些区别，小容量电容器通常用绝缘电阻判定绝缘性能的好坏，大容量电容器（如电解电容器）通常用漏电流判定绝缘性能的好坏。

7. 频率特性

电容器的电参数是随电场频率而变化的，在高频条件下工作的电容器，由于介电常数比低频时小，电容量也相应减小，损耗也随频率的升高而增加。另外，在高频工作时，电容器的分布参数，如极片电阻、引脚和极片之间的电阻、极片的自身电感、引脚电感等，都会对电容器产生影响，所有这些都使得电容器的使用频率受到限制。

2.3.4　电容器的检测

电容器检测应注意以下几个方面。

（1）对电容器的外观进行检查，看外观有无破损、引脚有无松动等。

（2）可使用指针式万用表来检测电容器的漏电电阻，从而确定电容器的好坏。电容器应具有足够的绝缘电阻，一般应大于 10 MΩ，绝缘电阻越小漏电越严重，有时在正常工作电压下也会造成击穿。

（3）检测 1 μF 以下的小容量固体电容器时，将指针式万用表拨至“R×1K”或“R×10K”挡，红黑表笔接触电容器两端测量的瞬间，指针会稍微有些摆动而后回摆至无穷大方向，说明该电容器是好的，否则此电容器可能失效或引脚断开。摆动的幅度反映其容量的大小。一般情况下测试 0.01 μF 左右的电容器时表针只是稍微动一下，再小的电容器就无法判断。当表针慢慢回摆，最后停留在某处，反映其漏电情况。测量的瞬间指针不摆动，说明电容器内部断路，当指针停留在 0 Ω 附近，说明电容器短路。

此法不能使用数字万用表，因为数字万用表在模数转换时有延时，并且电流较小，不适宜测量。但是，可用数字万用表设置的电容挡测量电容量。

（4）检测电解电容器。

①初步辨别电解电容器的正负极性。引脚的区分方式，长引脚为正极，短引脚为负极；也可以根据电容器本体上所标注的负极标志来区分，如图 2-16 所示。

②电解电容器漏电电阻的测量及极性的判别。根据电容器的标称值选择指针式万用表合适的电阻量程，测量其正反向漏电电阻。假设黑表笔接正极，红表笔接负极，指针则会向表头的右侧（0 Ω 方向）偏转，然后再向左侧（∞ 方向）回摆，当充电过程结束后指针停留在某一

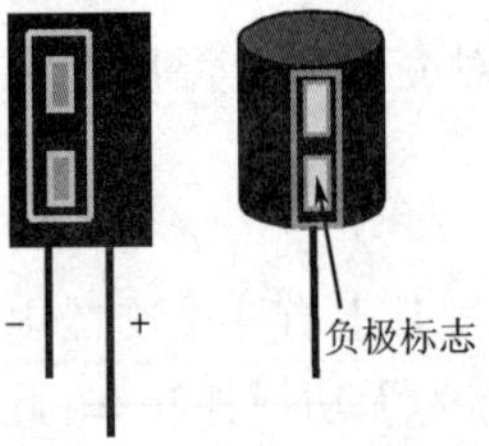

图 2-16　正负极标志

位置上，即指示该电解电容器的正向漏电电阻。反之红表笔接正极，黑表笔接负极，重复上述过程，表针指示反向漏电电阻。电解电容器的特点是正向漏电电阻大于反向漏电电阻，漏电电阻越大说明此电解电容器的性能越好。

如果从电解电容器的外观判断不出其正负极时，可按照电解电容器正向漏电电阻大于反向漏电电阻的特点，将两次测量结果进行比较，进而作出判断。需要说明的是：当被测的电解电容器容量较大时，在交换表笔进行第二次测试时应先将电解电容器短路，以便将上次测量过程中所充的电荷放掉，然后再进行第二次测量，这样可保证第二次测量数据的准确度，否则极易损坏表头。

此外可以使用电容电感测量仪器进行容量检测。

(5)可变电容器的检测。

将万用表调到最高电阻挡，红黑表笔分别接在动片和定片上，电阻值应在 10^8 Ω 以上，在缓慢旋转电容器动片的过程中，若指针出现跳动，甚至指向 0 Ω，说明电容器有漏电或碰片故障。

2.4　电感器

电感器是一种用绝缘导线缠绕在绝缘管、铁芯、磁芯上用于储存能量的电子元件。电感器的应用范围很广，常用于调谐、振荡、耦合、匹配、滤波、陷波、延迟、补偿、偏转聚焦等电路中。其主称用字母“L”表示。电感器的图形符号如图 2-17 所示。

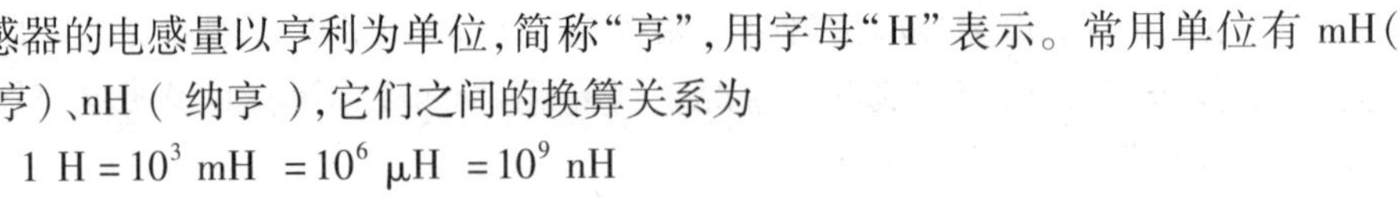

图 2-17　电感器的图形符号

(a)空心电感器　(b)铁芯电感器　(c)磁芯电感器　(d)磁芯有间隙电感器　(e)磁芯可调电感器

电感器的电感量以亨利为单位，简称“亨”，用字母“H”表示。常用单位有 mH(毫亨)、μH（微亨）、nH（ 纳亨 ），它们之间的换算关系为

$$1\ H = 10^3\ mH = 10^6\ \mu H = 10^9\ nH$$

2.4.1　电感器的分类

电感器的分类见表 2-10。

表 2-10　电感器的分类

分类方式	类　型
按线绕结构分类	线绕电感器(单层线圈、多层线圈、蜂房式线圈)
	非线绕电感器(印刷电感器)
按导磁体性质分类	实心电感器(磁芯电感器、铜芯电感器、铁芯电感器)
	空心电感器
按用途分类	阻流电感器(阻流圈)、偏转电感器、振荡电感器、校正电感器、滤波电感器、补偿电感器、隔离电感器
按工作性质分类	高频电感器、中频电感器、低频电感器
按电感量变化分类	固定电感器、可调电感器

2.4.2　电感器的主要技术指标与标志方法

1. 标称电感量与允许偏差

电感量 L 是表示电感线圈自感应能力的一个物理量。由于电感器是用绝缘导线绕制而成的电磁感应元件,因此电感器的电感量大小取决于线圈匝数、绕制方式、有无磁芯及磁导体材料。绕制的圈数(匝数)越多且越密集则电感量越大。有磁芯电感器的电感量大,磁芯磁导率大的电感线圈的电感量大。

电感器的允许偏差与电阻器、电容器相同,分为三个精度等级:Ⅰ级 ±5%,Ⅱ级 ±10%,Ⅲ级 ±20%。

2. 标称值与允许偏差的标志方法

1)直标法

将电感器的标称值和允许误差及最大工作电流等主要参数直接标注在电感器的本体上。如"3.9 mH,Ⅰ"表示一只电感量为 3.9 mH,允许偏差为 ±5% 的电感器,如图 2-18 所示。

2)文字符号法

文字符号法是由数字和一个字母组合表示标称值的方法。字母所处位置就是小数点的位置,同时也表明了该电感器的电感量单位,采用这种标志方法的一般是小功率电感器。通常用 N 或 R 代表小数点。例如 4N7 表示电感量为 4.7 nH,4R7 则表示电感量为 4.7 μH。

3)色标法

有关色标法的详细内容可参照电阻器相关章节。图 2-19 所示电感器的色环依次为黄、紫、金、银色,其中黄色"4"和紫色"7"为有效数值,金色表示乘数"10^{-1}",银色表示Ⅱ级精度,基本单位是 μH。则这只电感器的标称值是 4.7 μH,允许偏差为 ±10%。

4)数码标志法

用三位数字标注在电感器本体上来表示电感量。(参考电阻器相关章节)

3. 品质因数

品质因数又称 Q 值,是考量电感器品质的一个重要参数。它是指电感器在某一频率的交流电压下工作时所呈现的感抗与等效损耗电阻之比。电感器的 Q 值越高,损耗越小、效率越高。

线圈导线的直流电阻、线圈骨架的介质损耗、铁芯屏蔽罩等引起的损耗都会对品质因数

图 2-18 直标法

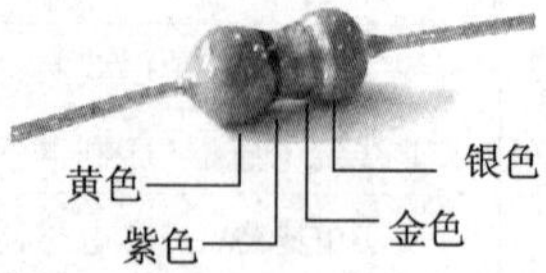

图 2-19 色标法

产生一定的影响。

4. 分布电容

电感器并非是纯感性元件,线圈的匝间、磁芯与线圈之间都存在着电容。分布电容越小,说明该电感器的稳定性能越好。

5. 额定电流

电感器在正常工作时允许通过的最大电流值称为额定电流,如果工作电流超过额定电流,电感器就会发热而导致参数发生变化,严重时还会烧毁。

2.4.3 电感器的检测

(1)电感器在使用前应先进行外观检查,看有无破损,引脚、线圈有无松动。

(2)电感器的实际电感量和品质因数应用电容电感测量仪进行检测。

(3)在实际使用中,通常都是利用万用表电阻挡,按照电感器绕组的连接方式检测有无短路和开路现象。特别是带有屏蔽罩的电感器,金属屏蔽罩与各绕组间应当是处于开路状态,否则说明有短路现象。

2.5 变压器

由两组或两组以上的线圈组成的电感器称为变压器。它可以用来实现电路中的交流电压、电流和阻抗的变换,是电子产品中常用的部件,用字母“T”或“B”表示。

变压器的图形符号如图 2-20 所示。

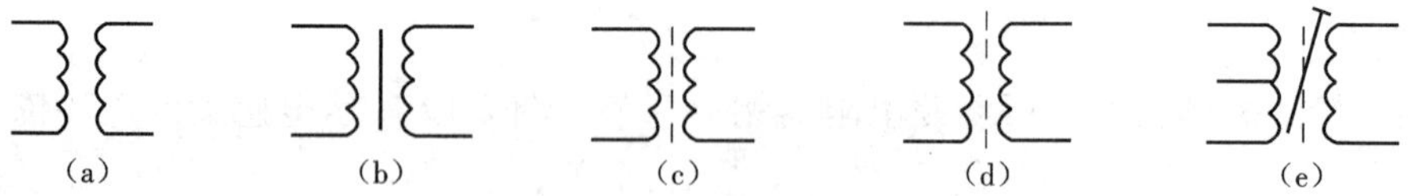

图 2-20 变压器的图形符号

(a)空心变压器 (b)铁芯变压器 (c)磁芯变压器 (d)磁芯有间隙变压器 (e)中频变压器

2.5.1 变压器的分类

变压器的分类方法也很多,具体见表 2-11。

表2-11　变压器的分类

分类方式	类　别
按冷却方式分类	自然冷式变压器、风冷式变压器、水冷式变压器、强迫油循环风(水)冷式变压器、水内冷式变压器
按防潮方式分类	开放式变压器、密封式变压器、罐封式变压器
按磁、铁芯形状分类	"E"形变压器、"C"形变压器、环形变压器、其他
按工作频率分类	高频变压器、中频变压器、低频变压器
按用途分类	电源变压器、音频变压器、耦合变压器、隔离变压器、脉冲变压器、自耦变压器、调压变压器

2.5.2　变压器的主要技术指标

1. 变压比

变压比又称电压比,用 n 表示,是线圈初级线圈匝数与次级线圈匝数之比,即

$$n=\frac{N_1}{N_2}=\frac{U_1}{U_2} \tag{2-3}$$

式中　N_1——变压器初级线圈的匝数;

N_2——变压器次级线圈的匝数;

U_1——初级线圈两端输入电压;

U_2——次级线圈两端输出电压。

2. 额定功率

额定功率是指在规定的工作频率和电压下,变压器能长期工作而不超过规定温升时的输出功率。

3. 效率

效率是指在额定负载时,变压器次级输出功率与初级输入功率之比的百分数,变压器的容量越大则效率越高,100 W 以上时效率可达90%以上,20 W 以下的变压器效率为70%~80%。一般电源、音频变压器应注重效率,而中频、高频变压器不考虑效率。

4. 绝缘电阻

绝缘电阻是指各绕组之间、各线圈与铁芯之间的绝缘电阻。

5. 工作频率

工作频率指变压器能正常工作的频率范围。变压器要在各自规定的频率范围内工作,不同频率范围的变压器是不能互换使用的。

6. 温升

温升是指变压器满载工作时,铁芯和铜线由于电磁能量损耗而使温度上升的数值。在使用变压器时,应注意变压器频率特性,尤其是在高频电路中由于趋肤效应严重,使线圈阻抗增大而升温。另外,在高频信号作用下,在铁芯处形成的涡流会使铁芯温升加剧,如变压器选用不当就可能烧毁变压器。

7. 空载电流

空载电流为变压器的次级不接负载(开路),初级加上额定电压时流过的电流,一般不超过额定电流的10%。空载电流大的变压器,损耗大、效率低。

2.5.3 变压器的检测及使用常识

1. 变压器的检测

(1)变压器在使用前应先进行外观检查,看有无破损,引脚、线圈有无松动。

(2)变压器的实际电感量应用电容电感测量仪进行检测。

(3)在实际使用中,通常用万用表电阻挡,按照变压器各绕组间的连接方式进行检测有无短路或开路现象。初级和次级、引出端和外壳都应当是开路状态,否则是绝缘不良。

2. 变压器的使用常识

(1)电源变压器在使用前,一定要分清初级线圈和次级线圈。降压变压器的初级直流电阻应该大于次级直流电阻,升压变压器则相反。如将一只降压变压器的次级误当初级错误地接入电路中,会将变压器烧毁。

(2)使用变压器时应当注意同名端,变压器的同名端是指线圈绕线相同的起端 1、3 或者末端 2、4,表示在接通电源的瞬间这两点电压极性相同,通常用星号或者圆点标注,如图 2-21 所示。

变压器同名端的判别如图 2-22 所示,在变压器的任一绕组上接一个低电压,如 1.5 V 干电池,其他绕组接一个小量程的直流电流表(或电压表),在接通干电池的瞬间,表针向正方向偏转,则 1、3 两端为同名端。

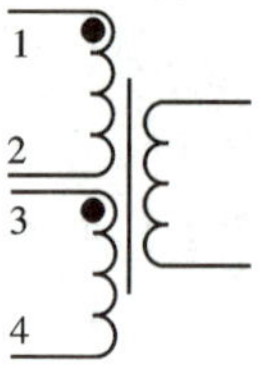

图 2-21 同名端示意图

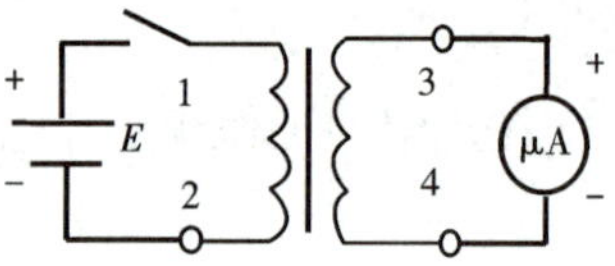

图 2-22 同名端判别示意图

2.6 晶体管

晶体管包括晶体二极管、晶体三极管、晶闸管、场效应晶体管等。

2.6.1 晶体二极管

晶体二极管是由一个 PN 结构成的具有单向导电性能的半导体器件。在电路中用“VD”“D”表示,其图形符号如图 2-23 所示。

1. 二极管的结构

二极管采用半导体工艺方法将 P 型和 N 型半导体紧密结合在一起,在其交界的地方形成的空间电荷区称为 PN 结。将 PN 结引出两个电极,封装后即构成晶体二极管。从 P 区引出的电极是正极,从 N 区引出的电极是负极。其结构如图 2-24 所示。

2. 二极管的特性

二极管是由一个 PN 结构成的,它的重要特性就是具有单向导电性,当 PN 结的 P 区加上正电压、N 区加上负电压,即正向偏置时,PN 结导通,二极管处于正向导通状态,呈现的电阻

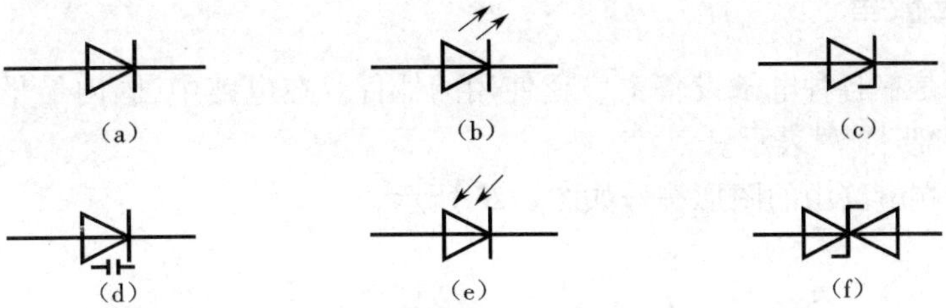

图 2-23　二极管的图形符号

(a)普通二极管　(b)发光二极管　(c)稳压二极管　(d)变容二极管　(e)光敏二极管　(f)双向击穿二极管

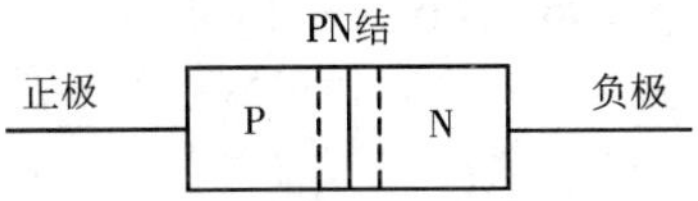

图 2-24　二极管结构示意图

很小(称正向电阻),有较大的电流流过;反之,将 PN 结的 P 区加上负电压,N 区加上正电压,PN 结反向截止,呈现的电阻很大(称反向电阻),这时几乎没有电流流过。这就是二极管的单向导电性能,如图 2-25 所示。

图 2-25　二极管的单向导电性能

(a)导通状态　(b)截止状态

3. 二极管的分类

二极管的分类见表 2-12。

表 2-12　晶体二极管的分类

分类方式	类　型
按半导体材料分类	硅二极管、锗二极管、磷化镓二极管、砷化镓二极管
按封装分类	金属封装二极管、陶瓷封装二极管、塑料封装二极管、玻璃封装二极管
按结构分类	点接触二极管、面接触二极管
按工作原理分类	隧道二极管、雪崩二极管、变容二极管
按功率分类	小功率二极管、中功率二极管、大功率二极管
按工作频率分类	低频二极管、高频二极管、超高频二极管
按用途与功能分类	检波二极管、整流二极管、开关二极管、稳压二极管、阻尼二极管、发光二极管、光敏二极管、激光二极管、双向触发二极管、磁敏二极管、压敏二极管

2.6.2 晶体三极管

晶体三极管是在各种电子设备中广泛使用的器件。在电路中,国内最早用“BG”“Q”表示,近年来多用“VT”“V”表示。

晶体三极管在电路中的图形符号如图 2-26 所示。

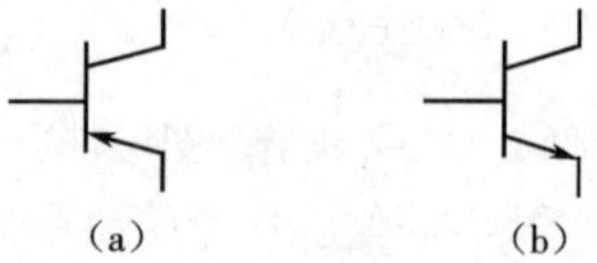

图 2-26 晶体三极管的图形符号
(a) PNP 型三极管 (b) NPN 型三极管

1. 晶体三极管的结构

晶体三极管是在一块半导体晶片上制成两个 PN 结,外部引出 3 个电极(引脚)。其中,中间共用的一个电极称为基极(用字母 b 表示),其他的两个电极分别称为集电极(用字母 c 表示)和发射极(用字母 e 表示)。它们各自拥有不同的导电区域,中间区域称为基区,两端的区域一个称为发射区,另一个称为集电区。基区与发射区交界面形成的 PN 结称为发射结,基区与集电区交界面形成的 PN 结称为集电结。

依据 N 型、P 型半导体材料的不同组合,可以形成 NPN 型和 PNP 型两类晶体三极管,如图 2-27 所示。

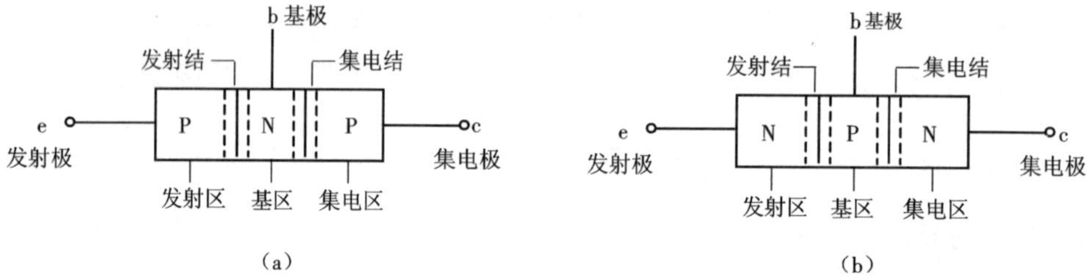

图 2-27 晶体三极管结构
(a) PNP 型 (b) NPN 型

2. 晶体三极管的特性

晶体三极管因其具有电流放大作用而得到广泛应用。晶体三极管发挥其放大作用的必要条件是发射结加正向电压(即正偏)、集电结加反向电压(即反偏),如图 2-28 所示。

在 NPN 型晶体三极管的基极和发射极之间加一个较小的正向电压 U_{be}(称为基极电压),在集电极和发射极之间加一个较大的反向电压 U_{ce}(称为集电极电压),则 $U_b > U_e$、$U_c > U_b$,所以发射结正偏、集电结反偏,满足了晶体三极管的放大条件。例如,适当调节 R_b,使 $I_b = 20$ μA,毫安表测得集电极电流 $I_c = 1$ mA;再调节 R_b,使 $I_b = 40$ μA,$I_c = 2$ mA。由此可见,基极电流小的变化可以控制集电极电流大的变化,这就是三极管的放大特性。通常用 β 表示管子的放大能力,称为放大系数,通常也用 h_{fe} 表示:

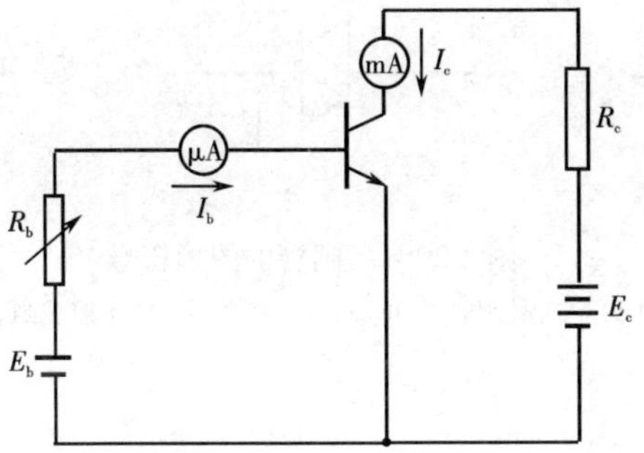

图 2-28　晶体三极管放大电路

$$\beta=\frac{\Delta I_c}{\Delta I_b} \tag{2-4}$$

3. 晶体三极管的分类

晶体三极管的分类见表 2-13。

表 2-13　晶体三极管的分类

分类方式	类　型
按材料分类	硅材料晶体三极管、锗材料晶体三极管、磷化镓材料晶体三极管、砷化镓材料晶体三极管
按制造工艺分类	扩散型晶体三极管、合金型晶体三极管、平面型晶体三极管
按导电极性分类	PNP 型晶体三极管、NPN 型晶体三极管
按封装分类	金属封装晶体三极管、陶瓷封装晶体三极管、塑料封装晶体三极管、玻璃封装晶体三极管
按功率分类	小功率晶体三极管、中功率晶体三极管、大功率晶体三极管
按工作频率分类	低频晶体三极管、高频晶体三极管、超高频晶体三极管
按用途与功能分类	低噪声晶体三极管、开关晶体三极管、微波晶体三极管、光敏晶体三极管、磁敏晶体三极管、高反压晶体三极管、达林顿晶体三极管、低频放大晶体三极管、中高频放大晶体三极管、带阻尼晶体三极管

2.6.3　晶闸管

晶闸管是一种大功率开关型半导体器件，又称可控硅。晶闸管可分为单向晶闸管、双向晶闸管、可关断晶闸管、特殊晶闸管。单向晶闸管又分为普通晶闸管、高频（快速）晶闸管，双向晶闸管分为四象限三端双向晶闸管、三象限双向晶闸管，特殊晶闸管有正（反）向阻断管、逆导管等。

由于晶闸管具有控制特性好、功能强、效率高、体积小、寿命长等优点，因此被广泛应用在电子设备和电子产品的可控整流、变频、调压、无触点开关等电路中。常用晶闸管的图形符号如图 2-29 所示。

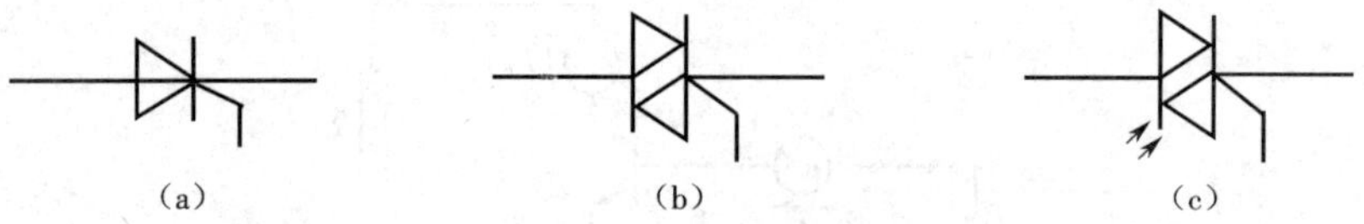

图 2-29 晶闸管的图形符号
(a)单向晶闸管 (b)双向晶闸管 (c)光控晶闸管

2.6.4 场效应晶体管

场效应晶体管是一种高输入阻抗的电压控制型半导体三极管。场效应晶体管按照其沟道所采用的半导体材料的不同又分为N沟道场效应晶体管和P沟道场效应晶体管。沟道的含义就是电流通道。

场效应晶体管按照其结构的不同分为结型场效应晶体管和MOS型场效应晶体管(绝缘栅型场效应晶体管)。结型场效应晶体管又分为N沟道结型场效应晶体管和P沟道结型场效应晶体管。MOS型场效应晶体管分为N沟道耗尽型、P沟道耗尽型、N沟道增强型、P沟道增强型和双栅MOS型场效应晶体管。一般双栅MOS型场效应晶体管是耗尽型的。

场效应晶体管有输入阻抗高、温度稳定性好、信号失真小、噪声低、输入功耗小、体积小、寿命长、制造工艺简单、成品率高等特点。

场效应晶体管的图形符号如图2-30所示。

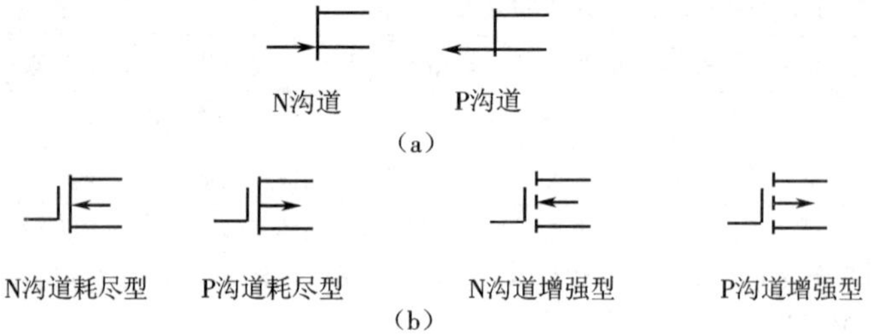

图 2-30 场效应晶体管的图形符号
(a)结型场效应晶体管 (b)MOS型场效应晶体管

2.6.5 国产晶体管型号命名方法

晶体管的型号由五部分组成,如图2-31所示。(场效应管、复合管、PIN型管、激光器件、半导体特殊器件的型号只有第三、四、五部分。)

晶体管的命名方法见表2-14,前三项内容可以体现晶体二极管、晶体三极管的基本特征。第一部分数字表示器件的电极数目(2或3),第二部分用字母表示材料和极性,第三部分用字母表示器件的类型。

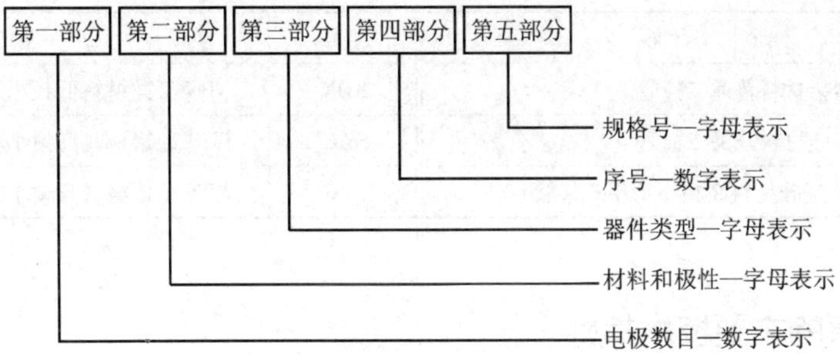

图 2-31　晶体管的型号命名方法

表 2-14　晶体管的型号命名方法

第一部分		第二部分　材料		第三部分　特征		第四部分	第五部分
数字表示器件电极数目		字母表示器件的材料和极性		字母表示器件的类型		数字表示器件序号	字母表示规格号
符号	含义	符号	含义	符号	含义		
2	二极管	A	N 型锗材料	P	普通管		
		B	P 型锗材料	V	微波管		
		C	N 型硅材料	W	稳压管		
		D	P 型硅材料	C	参量管		
3	三极管	A	PNP 锗材料	Z	整流管		
				L	整流堆		
		B	NPN 锗材料	S	隧道管		
				N	阻尼管		
		C	PNP 硅材料	U	光电器件		
				K	开关管		
		D	NPN 硅材料	X	低频小功率($f_{hfb}<3$ MHz,$P_c<1$ W)		
		E	化合物材料	G	高频小功率($f_{hfb}\geq3$ MHz,$P_c<1$ W)		
				D	低频大功率($f_{hfb}<3$ MHz,$P_c\geq1$ W)		
				A	高频大功率($f_{hfb}\geq3$ MHz,$P_c\geq1$ W)		
				B	雪崩管		
				J	阶跃恢复管		
				BT	半导体特殊器件		
				FH	复合管		
				PIN	PIN 型管		
				JG	激光器件		

下面介绍几个国产晶体管型号,见表 2-15。

表 2-15 国产晶体管命名示例

型号	含义	型号	含义
2AP	N 型锗材料普通二极管	3DX	NPN 型硅材料低频小功率三极管
2CK	N 型硅材料开关二极管	3AG	PNP 型锗材料高频小功率三极管
3DG	NPN 型硅材料高频小功率三极管	3BG	NPN 型锗材料高频小功率三极管

2.6.6 晶体管的主要技术指标

1. 晶体二极管的主要技术指标

1)最大整流电流 I_{om}

最大整流电流 I_{om} 是指晶体二极管在连续正常工作时允许通过的最大正向电流值。

2)最高反向工作电压 U_r

最高反向工作电压 U_r 是指晶体二极管正常工作时所能承受的最大反向电压值。

3)反向电流 I_r

反向电流 I_r 是指在给定的反向电压和环境温度下测得的晶体二极管的反向漏电流。反向电流的大小反映了晶体二极管单向导电性能的好坏。

4)最高工作频率 f_m

晶体二极管的 PN 结具有结电容,二极管工作时结电容的充放电会受工作频率的影响,工作频率越高,结电容充放电的影响越大,最终会影响其单向导电性。

2. 晶体三极管的主要技术指标

1)电流放大系数

电流放大系数也称为电流放大倍数,用来表示晶体三极管的放大能力。根据晶体三极管工作状态的不同,电流放大系数又分为直流电流放大系数和交流电流放大系数。

Ⅰ. 直流电流放大系数

直流电流放大系数也称为静态电流放大系数或直流放大倍数,是指在静态无信号输入时,晶体三极管集电极电流 I_c 与基极电流 I_b 的比值,用 h_{FE} 或 β 表示。

通常根据电路的需求来选择放大倍数合适的晶体三极管。有些晶体三极管会在它的本体上标注色点或者在型号后面缀有字母符号来表明此管放大倍数的范围。

3DG201 是国产晶体三极管系列,在晶体三极管的本体上打上不同的色点区分放大倍数的范围,见表 2-16。

表 2-16 3DG201 晶体三极管放大倍数色标表示值

色点颜色	棕	红	橙	黄	绿	蓝	紫	灰	白	黑
h_{FE} 范围	~15	15~25	25~40	40~55	55~80	80~120	120~180	180~270	270~400	400~

注:不同厂家、不同型号的产品,色点代表的放大系数数值会略有不同,本表仅供参考。

90××、80××系列晶体三极管为韩国命名的晶体三极管,如 9011、9012、9013、9014 等,放大倍数范围以 A、B、C、D、E、F、G、H 等字母符号来表示。例如 9013E,后缀字母"E"所表示的

h_{FE}范围是78~112;8050C,后缀字母"C"所表示的h_{FE}范围是120~200。在这里只是举例加以说明,如有需要可查阅相关资料。

Ⅱ.交流电流放大系数

共发射极交流电流放大倍数β表示在共发射极电路中,集电极交流电流变化量与基极交流电流变化量之比,即$\beta=\frac{\Delta I_c}{\Delta I_b}$。共基极交流电流放大倍数$\alpha$表示在共基极电路中,集电极交流电流变化量与发射极交流电流变化量之比,即$\alpha=\frac{\Delta I_c}{\Delta I_e}$。$\beta$和$\alpha$之间的换算关系为

$$\beta=\frac{\alpha}{1-\alpha},\alpha=\frac{\beta}{1+\beta}$$

2)耗散功率

耗散功率又称集电极最大允许耗散功率,指在规定的范围内,集电极电流通过集电结时消耗的功率,用P_{CM}表示。P_{CM}与晶体三极管集电结的结温和集电极的电流有着密切联系,如果集电极的电流越大,集电结的结温会越高,如果超过了晶体三极管的最高允许结温T_{jm},晶体三极管就会因为过热而损坏。因此,晶体三极管只有工作在允许的耗散功率以内,才能保证其正常的工作。

3)特征频率f_t

晶体三极管的放大倍数β与工作频率有关。通常电流放大系数β随着频率的升高而下降,β值降至1时所对应的频率称为特征频率f_t。这时,晶体三极管不再具有电流放大能力。

4)集电极最大允许电流I_{CM}

集电极最大允许电流I_{CM}是指晶体三极管集电极允许通过的电流的极限参数。一般规定,当β值下降到额定值的2/3时的集电极电流为I_{CM}。当集电极电流I_c超过I_{CM}这个极限参数时,β值会下降,严重时晶体二极管的性能会变坏。

5)反向击穿电压

晶体三极管的反向击穿电压是晶体三极管的重要参数,它反映了晶体三极管耐压特性,决定了晶体三极管电路承受反向电压的上限。在晶体三极管的使用中,每个结都可能处于反偏状态,因此晶体管要考虑的反向击穿电压包括:共发射极电路中,基极开路,集电极与发射极之间的击穿电压(BV_{CEO});共基极电路中,发射极开路,集电极与基极之间的击穿电压(BV_{CBO});共基极电路中,集电极开路,发射极与基极之间的击穿电压(BV_{EBO})。

2.6.7　晶体管的检测

1.晶体二极管的检测

(1)辨别晶体二极管的正负极性。通常可根据晶体二极管引脚的长短、本体上所标注的色环来区分正负极。如发光二极管,长引脚一端为正极,短引脚一端为负极。再如IN4148型晶体二极管本体有黑色色环一端为负极,另一端为正极。

(2)用指针式万用表辨别晶体二极管极性和质量好坏。

①辨别晶体二极管的极性:将指针式万用表置于"R×100"挡或"R×1K"挡,用红黑表笔分别接触二极管的两个引脚,这时电表指针将指示出一定的电阻值。如果指示的阻值较小,在几百欧至几千欧范围内,说明晶体二极管正偏,接黑表笔(带正电)的一端为正极,另一端为

负极;反之,测得的电阻值较大,约在几百千欧以上,说明晶体二极管反偏,这时接黑表笔的一端为负极,另一端为正极。

②二极管质量好坏的判断:若测得的正反向电阻值差别越大,即正向电阻越小,反向电阻越大,说明此晶体二极管的单向导电性能越好。如果测得的正反向电阻均无穷大,说明晶体二极管内部断路;反之,正反向电阻都为零,说明晶体二极管内部短路。以上两种情况都说明晶体二极管已损坏。

(3)测量晶体二极管的注意事项如下。

①不能在电路上测量晶体二极管,因为电路中存在其他支路的并联作用,将引起错误的判断。可从电路中先焊下晶体二极管的一个管脚再测量;也可以采用比对法,与相同的电路在处于相同的状态下进行比对测量,判断该晶体二极管的好坏。

②测量时一般用"R×100"挡或"R×1K"挡,而不用"R×1"挡或"R×10K"挡。因为"R×1"挡的等效电阻很小,测量时流过晶体二极管的电流较大,容易烧毁晶体二极管;而"R×10K"挡的表内电源电压较高,容易击穿晶体二极管。

③由于PN结上电压与电流关系是非线性的,所以用不同的电阻挡测量时,流过晶体二极管的电流不同,那么各挡测量出的$R_{d正}$、$R_{d反}$的数值也就不同。

(4)用数字万用表测量二极管时,将万用表置于二极管挡,红黑表笔分别接两个引脚,当显示正向压降为0.5~0.7 V时,说明该管是硅二极管;如果测量数值为0.2~0.3 V,则说明该管是锗二极管。另外,还可判定红表笔所接的是晶体二极管的正极,黑表笔所接的是晶体二极管的负极。如果将红黑表笔对调重新测量,在液晶屏的首位显示"1",其后没有任何数字,则说明反向偏压超量程。而且通过以上两次的测量可断定此晶体二极管完好。利用上述方法可对发光二极管进行判断。发光二极管正向导通时显示的数值在1.9 V左右,无质量问题的发光二极管在测量时会发光。

(5)可使用晶体管图示仪测量晶体二极管的伏安特性。

2.晶体三极管的检测

晶体三极管的检测方法很多,例如万用表判断法、逐点测曲线法以及晶体管图示仪测绘曲线,其中常用的是万用表判断和晶体管图示仪测绘曲线。

1)用指针式万用表测量晶体三极管

辨别晶体三极管的引脚、极性及质量的方法是将万用表置于"R×100"挡或"R×1K"挡,一般PNP型管使用"R×100"挡,NPN型管用"R×1K"挡进行测量,对于大功率管可以使用"R×10"挡。

(1)管型和基极的判别。无论是PNP管还是NPN管,内部都有两个PN结,根据PN结的单向导电性很容易把基极判别出来。以NPN型管为例,将黑表笔接在任意一个引脚上,用红表笔分别测量其他两个引脚,如果测得的电阻值都很小,说明黑表笔所接的引脚是基极,并可判断此管是NPN型晶体三极管。然后,再将红表笔接在已认定的基极引脚,黑表笔分别测量其他两个引脚,此时测得的阻值应很大,通过这一步的测试可确认此晶体三极管质量无问题。PNP型晶体三极管的确认与NPN型晶体三极管的确认正相反,使用红表笔接假定的基极,黑表笔分别接其他两个引脚,所测阻值均较小。然后,再用黑表笔去接假定的基极,红表笔分别接其他两个引脚,所测阻值均较大,根据测试可判断假设的基极正确,还可确定此管是PNP型晶体三极管,质量完好。

(2)发射极、集电极的判别。在基极确定后,再来确定发射极和集电极。将不确定的两个引脚先假设其中一脚为发射极,另一脚为集电极。用黑表笔接集电极,红表笔接发射极。判别过程如图 2-32 所示。

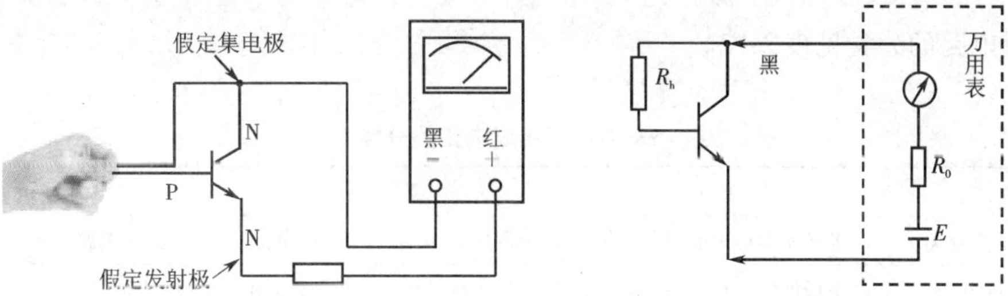

(a) (b)

图 2-32 发射极和集电极的判别

(a)示意图 (b)等效电路

用手同时接触集电极和基极(接触时,不要将它们短路),相当于在集电极、基极间加偏置电阻,此时表针发生偏转,记住表针偏转的位置;再将假设的发射极与集电极对调,进行同样的测量并记住此次测量时表针偏转的位置,对两次测试结果进行比较,表针偏转幅度大(集电极电流较大)的那一次假设是正确的。即接黑表笔的是集电极,接红表笔的是发射极。在判别 PNP 型晶体三极管时,采用的测试方法与上述相同,只是将红表笔接假定的集电极,黑表笔接假定的发射极即可。

2)用数字万用表测量晶体三极管

辨别晶体三极管的管型、基极及质量,将数字万用表置于二极管符号的挡位。

(1)晶体三极管的管型、基极的辨别,以 NPN 型管为例。红表笔接触晶体三极管 3 个引脚中任意 1 个引脚,黑表笔分别接触其他 2 个引脚,若液晶屏分别显示的数字是 0.5 ~ 0.7 V,表示晶体三极管的发射结和集电结为正偏,红表笔接触的正是基极并可认定此管为 NPN 型晶体三极管(注意:测量中如发现正向偏压大于 0.8 V,表明此管已经损坏)。然后将红黑表笔对调后进行测量,即用黑表笔接触基极,红表笔分别接触另外 2 个引脚,若液晶屏显示溢出的“1”,说明此管的质量完好。

(2)测量 β 值与集电极、发射极的区分,以 NPN 型管为例。将数字万用表置于 h_{FE} 挡,将已判别出基极并假定集电极、发射极后的三极管的 3 个引脚插入相应的标有 e、b、c 的 3 个插孔中(基极不可以插错),这时将测出的放大倍数记录下来,然后将假设的集电极、发射极对调再进行同样的测量,比较两次测量结果,以放大倍数大的那次假设为正确。

(3)使用晶体管图示仪测量。

使用晶体管图示仪测量,可测得晶体三极管的特性曲线,再由曲线求取各有关参数。

2.7 集成电路

集成电路是按电路结构的要求将所需要的电阻器、电容器、电感器、晶体二极管、晶体三极管、场效应晶体管等及其连线利用半导体工艺或薄膜、厚膜工艺制作在同一块基片上,形成具有一定功能并封装成一个整体的微型电路称为集成电路。集成电路的英文是 Integrated Circuits,按字头缩写为 IC。集成电路具有体积小、重量轻、价格低、损耗小、可靠性高等优点。

2.7.1 集成电路的分类

集成电路的分类见表 2-17。

表 2-17 集成电路的分类

分类方法	类 型
按制作工艺分类	半导体集成电路、膜集成电路(薄膜集成电路、厚膜集成电路)、混合集成电路
按集成度分类	小规模集成电路、中规模集成电路、大规模集成电路、超大规模集成电路
按功能分类	数字集成电路、模拟集成电路(线性集成电路、非线性集成电路)

2.7.2 集成电路的命名方法

国产集成电路的命名由五部分组成,如图 2-33 所示。集成电路命名方法示例:CMOS 双 D 触发器集成电路,如图 2-34 所示。集成电路型号的命名见表 2-18。

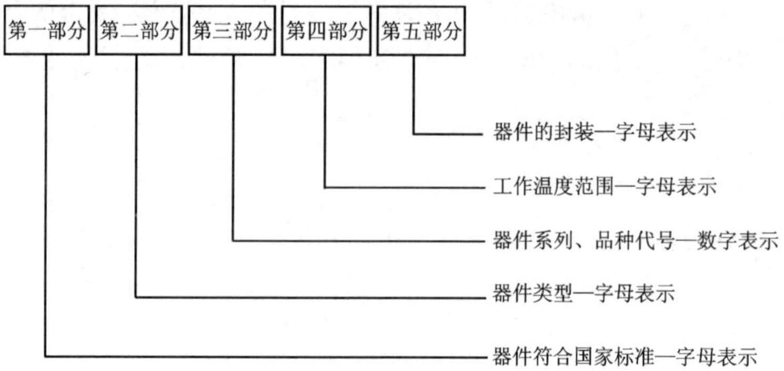

图 2-33 集成电路的命名方法

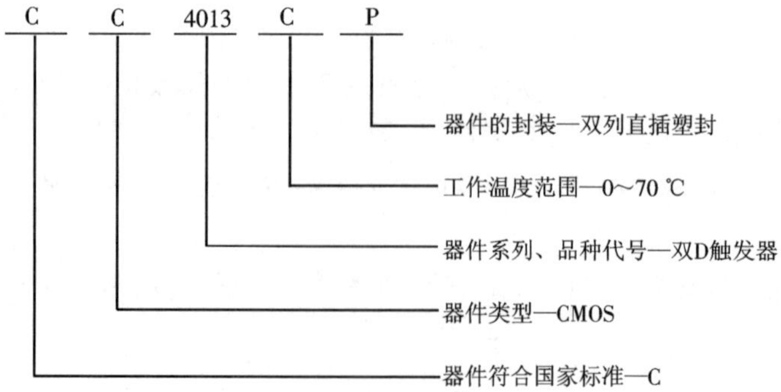

图 2-34 CMOS 双 D 触发器集成电路的命名方法

表 2-18　集成电路型号的命名

第一部分		第二部分		第三部分	第四部分		第五部分	
用字母表示器件符合国家标准		用字母表示器件类型		用数字表示器件系列和品种代号	用字母表示器件的工作温度范围		用字母表示器件的封装	
符号	含义	符号	含义	符号	符号	含义	符号	含义
C	中国制造	T	TTL	数字	C	0 ~ 70 ℃	W	陶瓷封装
		H	HTL		E	-40 ~ 85 ℃	B	塑料封装
		E	ECL		R	-55 ~ 85 ℃	F	全密封扁平
		C	CMOS		M	-55 ~ 125 ℃	D	陶瓷直插
		F	线性放大器				P	塑料直插
		D	音响、电视电路				J	黑陶瓷直插
		W	稳压器				K	金属菱形
		J	接口电路				T	金属圆形
		B	非线性电路					
		M	存储器					
		μ	微型机电路					

2.7.3　使用集成电路注意事项

由于国内外的集成电路不论其封装形式或是引脚的排列均种类繁多。因此，在使用时一定要清楚引脚的排序，如错误地将集成电路接入电路中，将会影响正常工作甚至烧毁集成电路。目前，常见的集成电路有单列直插集成电路、双列直插集成电路、四列集成电路等。

(1) 单列直插集成电路的引脚只有一列且引脚直插，与双列直插集成电路相同，都会在集成电路的表面做一个明显的标记。识别第一引脚时将标有型号以及有标记的一面向上，标记所对应的引脚为第一引脚。按常规从第一引脚逆时针排序，如图 2-35 所示。

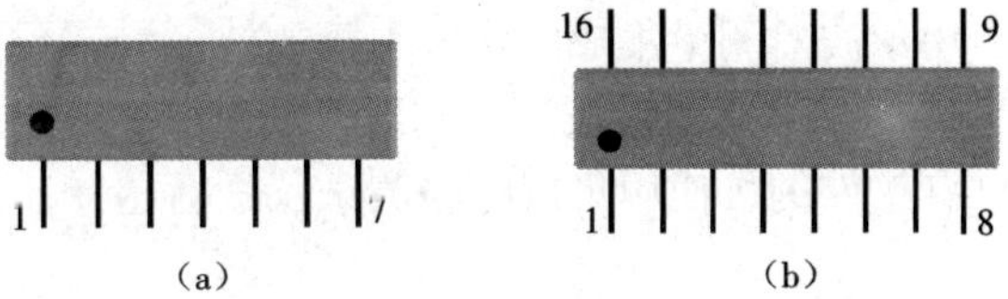

图 2-35　集成电路引脚识别
(a) 单列　(b) 双列

(2) 对于没有明显表明第一引脚标记的单列直插式集成电路，在辨别时可将印有型号的一面朝上，引脚向下，最左端的第一只引脚是起始端，然后依次排序。

(3) 图 2-36 所示是一只 18 脚的双列直插集成电路。辨别引脚时先将型号文字正放，集成电路的左侧有一半圆形凹槽，以凹槽为准逆时针排序。

(4) 图 2-37 所示是一只四列集成电路，84 只引脚。在辨别此集成电路时，应将型号文字正放，左上方有缺角，以缺角为准逆时针依次排序。

图 2-36　双列直插集成电路

图 2-37　四列集成电路

2.7.4　集成电路的检测

集成电路的检测方法如下。

1）比对法

（1）集成电路在接入电路之前，对各引脚之间的直流电阻值进行测量，将测量的数据与正常的同型号的集成电路各引脚之间的直流电阻值作为参照进行比对，以确定其是否正常之后再焊接至电路中。

（2）集成电路在接入电路之后，可通过在电路上测量集成电路的各引脚对地的电压值、电阻值与有关资料相比对或者与相同电路正常工作时的 I_c 进行比对，判断其正常与否，需注意比对时设置的状态要一致。

2）替换法

集成电路在接入电路之后，在遇到查找不出问题的情况下可利用替换法，用同型号的完好集成电路替换下电路中的集成电路，判断被测集成电路质量好坏。这是一种快捷解决问题的方法。

3）波形法

用示波器测量集成电路各引脚的波形，应与标准的波形一致。

4）集成电路测试仪法

有条件的可使用集成电路测试仪进行检测。

2.8　表面安装元器件

2.8.1　电阻器

表面安装电阻器属于表面安装的无源元件，一般按两种方式进行分类。按特性及材料分类，有厚膜电阻器、薄膜电阻器、大功率线绕电阻器。按外形结构分类，有矩形片式电阻器、圆柱形电阻器、异型电阻器。

1. 矩形片式电阻器

1）结构

矩形片式电阻器结构如图 2-38 所示，由基板、电阻膜、保护膜、电极四大部分组成。基板大都采用 Al_2O_3 陶瓷制成，必须具有良好的电绝缘性。电阻膜采用二氧化钌（RuO_2）电阻浆料印制在陶瓷基板上，经烧结而成。由于 RuO_2 成本比较高，近年来又采用了一些低成本的电阻浆料来降低成本。保护膜一般是用低熔点的玻璃浆料覆盖在电阻膜上经烧结而成的，主要是保护电阻体和使电阻体表面具有绝缘性。为了使电阻器具有良好的可焊性和可靠性,电极一般采用三层结构,内层电极是连接电阻体的内部电极,一般用 Ag-Pd 合金印刷、烧制而成;中间层电极是镀镍层,又称阻挡层,主要作用是防止内电极脱落;电极为可焊层,应具有良好的可焊性,一般采用铅锡合金。

2)形状和尺寸

矩形片式电阻器如图 2-39 所示,在实用中多以形状尺寸(长×宽)来命名,图中给出的是 1/4 W 电阻器的尺寸。表 2-19 给出了矩形片式电阻器公制和英制尺寸的对照。(1 in = 2.54 cm)

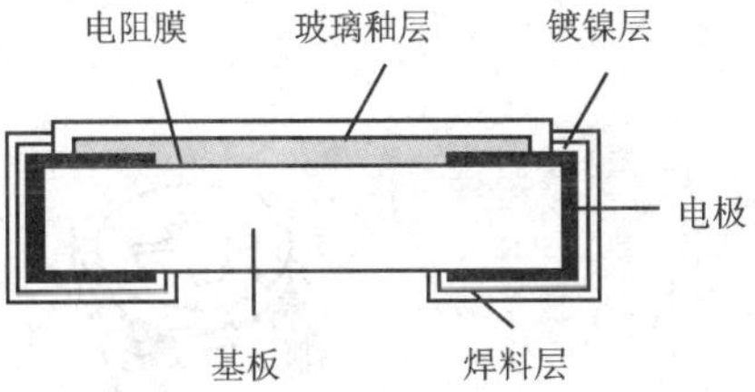

图 2 38　矩形片式电阻器的结构

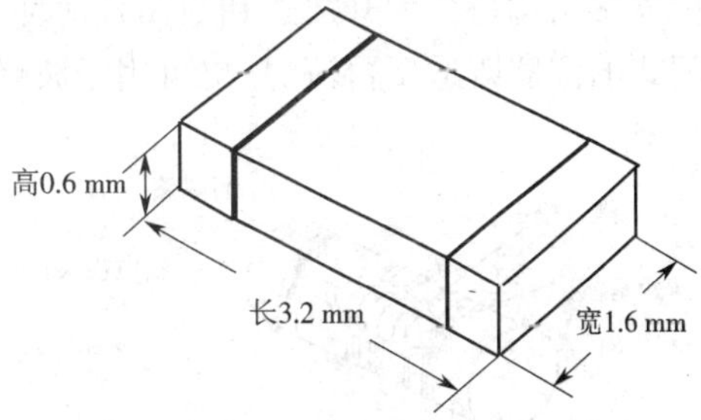

图 2-39　矩形片式电阻器外形尺寸

表 2-19　矩形片式电阻器外形尺寸(公制与英制)对照

型　号	1206	0805	0603	0402	0201
公制/mm	3.2×1.6	2.0×1.2	1.6×0.8	1.0×0.5	0.6×0.3
英制/in	0.12×0.06	0.08×0.05	0.06×0.03	0.04×0.02	0.02×0.01

3)型号标识

矩形片式电阻器的命名方法与所有片式元件一样,目前尚没有统一标准,各生产厂商自成系统,下面以 RI11 型矩形片式电阻器为例说明片式电阻器的命名方法,如图 2-40 所示。

矩形片式电阻器的标识,通常采用在片式电阻器上用 3 个数字表示的方式,数字表示有以下几种方法:阻值小于 10 Ω 的,在 2 个数字之间补加"R";阻值在 10 Ω 以上的,则最后 1 个数值表示增加零的个数。如 4.7 Ω 记为 4R7,100 Ω 记为 101,100 kΩ 记为 104,3.9 kΩ 记为 392,如图 2-41 所示。

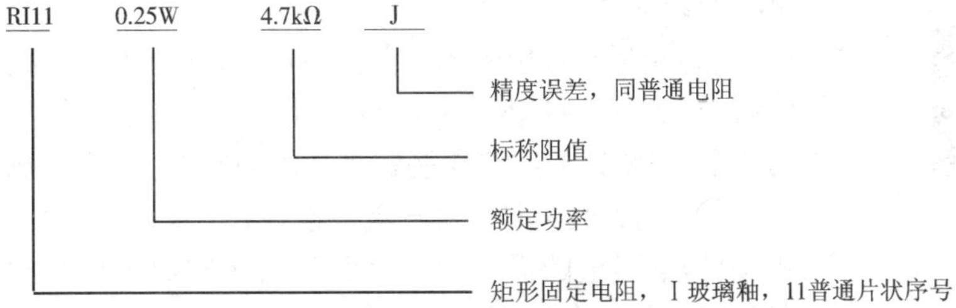

图 2-40　矩形片式电阻器命名方法

图 2-41　电阻器外形图

2. 圆柱形电阻器

圆柱形电阻器是由带引脚电阻器去掉引脚演变而来的，电阻体是在高铝陶瓷基体上涂金属膜或碳膜，在两端压上金属帽电极，在电阻体上采用刻螺纹槽的方法调整电阻值，并在表面涂上耐热漆密封，最后在上面涂上色码标志。其结构外形如图 2-42 所示，目前常用的圆柱形电阻器额定功率有 1/10 W，1/8 W，1/4 W 3 种，对应的尺寸（直径×长）分别是 $\phi 2$ mm×2.0 mm，$\phi 1.5$ mm×3.5 mm，$\phi 2.2$ mm ×5.9 mm。电阻标称值的标注一般用色码法。

3. 电位器

表面组装电位器包括片状、圆柱状、扁平矩形结构等各类电位器。适合表面组装的微调电位器按结构可分为开放式和封闭式两种。开放式电位器只适合于再流焊，如图 2-43 所示。封闭式电位器既适于再流焊，也可用于波峰焊。

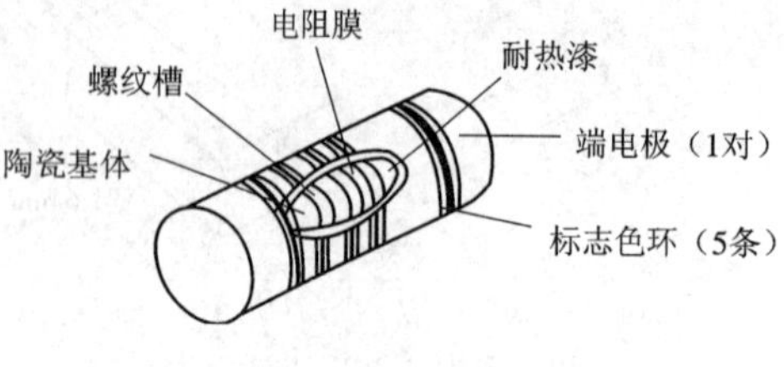

图 2-42 圆柱形电阻器

图 2-43 开放式电位器

2.8.2 电容器

表面安装电容器简称片式电容器，目前已发展成为多品种、多系列。按外形、结构和用途来分，可以分为片式瓷介电容器、片式钽电解电容器、铝电解电容器、云母电容器、片式薄膜电容器、片式微调电容器。目前，生产和应用比较多的主要有两种：陶瓷系列（瓷介）电容器和钽电容器。其中，瓷介电容器少数为单层结构，大多数为多层叠状结构，又称（Multi-Layer Ceramic，MLC）。MLC 根据用途分为Ⅰ类陶瓷（国产型号为 CC41）和Ⅱ类陶瓷（国产型号为 CT41）两种，Ⅰ类是具有温度效应的温度补偿型电容器，Ⅱ类是高介电常数类电容器，其特点是体积小、容量大，适用于旁路、滤波等。下面简要介绍几种常见的片式电容器。

1. 瓷介电容器

瓷介电容器分为矩形和圆柱形两种。

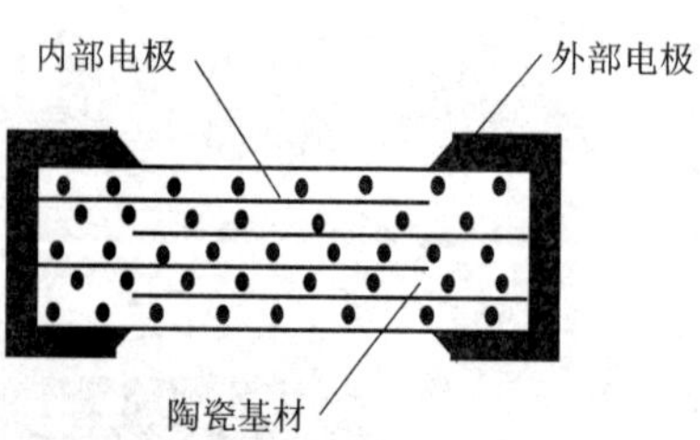

图 2-44 矩形瓷介电容器结构

（1）圆柱形电容器是单层结构，生产量比较少。这里不作详细介绍。

（2）矩形瓷介电容器少数为单层，大多数为多层叠状结构，如图 2-44 所示。在制作时将作为内电极材料的白金、钯或银的浆料印制在生坯陶瓷膜上，经叠层烧结后，再涂覆外电极。内电极一般采用交替层叠的形式，根据电容量的需要，少则两三层，多则数十层。它以并联方式与两端面的外电极连接，分成左右两个外电极端。外电极的结构与片式电阻器一样，也采用三层结构。

2. 片式钽电解电容器

片式钽电解电容器通常称为钽电容。钽电容具有尺寸比较小、单位体积容量大的优点，有 3 种类型：裸片型、塑封型、圆柱形。钽电容主要适用于小信号低电压电路，其电容量和额定电压的适应范围比插装元件明显要小些。实践证明，固态电解质钽电容比液态电解质钽电容器能更好地满足表面组装的要求。

值得注意的是，钽电容的外壳一般是有色塑料封装，印有深色标记线一端为正极。在钽电容本体上一般均有容量值和耐压值的标识。

塑封形钽电解电容器是常见的矩形钽电解电容器，广泛应用于电子产品中。

3. 铝电解电容器

片式铝电解电容器体积大、价格便宜，主要用于各种消费类电子产品。铝电解电容器按外形和封装材料的不同可分为矩形铝电解电容器（树脂封装）和圆柱形铝电解电容器（金属封装）两类，如图 2-45 所示。

4. 云母电容器

云母电容器采用天然云母作为电介质，做成矩形片状。由于它具有耐热性好、损耗低、Q 值和精度高、易做成小电容量等特点，因而特别适合在高频电路中使用，近年来已在无线通信、计算机硬件系统中大量应用。将银浆料印在云母上，然后进行层叠，经热压后形成电容坯体，再完成电极连接，便得到了云母电容器，如图 2-46 所示。

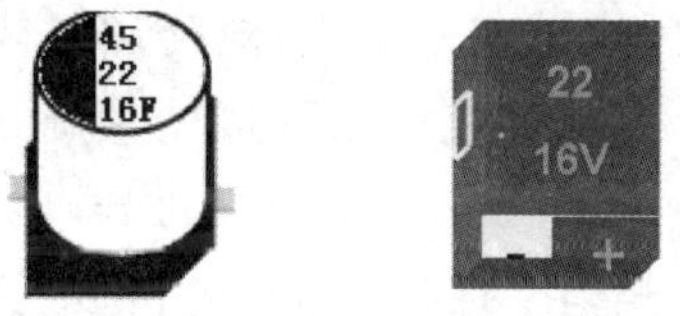

（a）　（b）

图 2-45　铝电解电容器的分类

（a）金属封装型　（b）树脂封装型

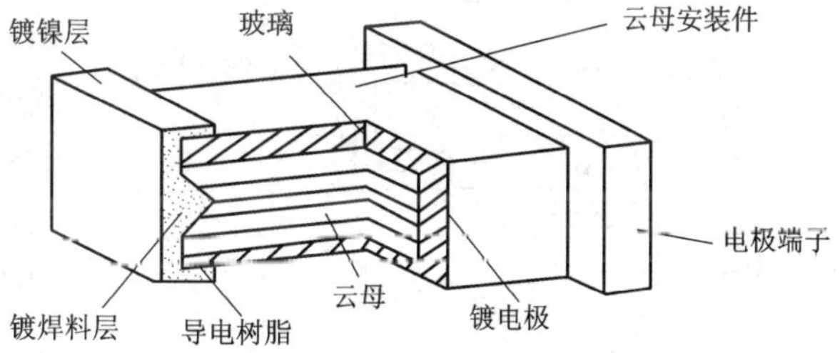

图 2-46　片式云母电容器

2.8.3　电感器

片式电感器除了与传统的插装电感器有相同功能外，还特别在 LC 调谐器、LC 滤波器、LC 延迟线等多功能器件中，表现出独到的优越性。

片式电感器的种类较多，按形状可分为矩形和圆柱形；按磁路可分为开路型和闭路型；按电感量变化可分为固定的和可调的；按结构和制造工艺可分为绕线型、多层型和卷绕型。目前，用量较大的是绕线型和多层型片式电感器。片式电感器的类型见表 2-20。

表 2-20　片式电感器的类型

类型	形状	种类
固定电感器	方形	绕线型、多层型、固态型
	圆柱形	绕线型、卷绕印制型、多层卷绕型

续表

类型	形状	种类
可调电感器	矩形	绕线型(可调线圈、中频变压器)
LC 复合元件	矩形	LC 滤波器、LC 调谐器、中频变压器、LC 延迟线
	圆柱形	LC 滤波器、陷波器
特殊产品	LC、I、RC、LR 网络	

1. 绕线型片式电感器

绕线型电感器的结构仍是传统的结构,它是在选用的磁芯上绕上线圈,再加上端电极。为使片式电感器小型化,绕线型电感器选用的是高性能、小尺寸的磁芯和较细的导线。由于磁芯种类和工艺的不同,绕线型片式电感器有很多种,主要包括工字形、槽形、棒形和腔体结构绕线型等几类。

绕线型片式电感器的电感量范围宽、Q 值高、工艺简单,因此在片式电感器中使用得最多,但存在体积较大、耐热性较差的缺陷。

2. 多层型片式电感器

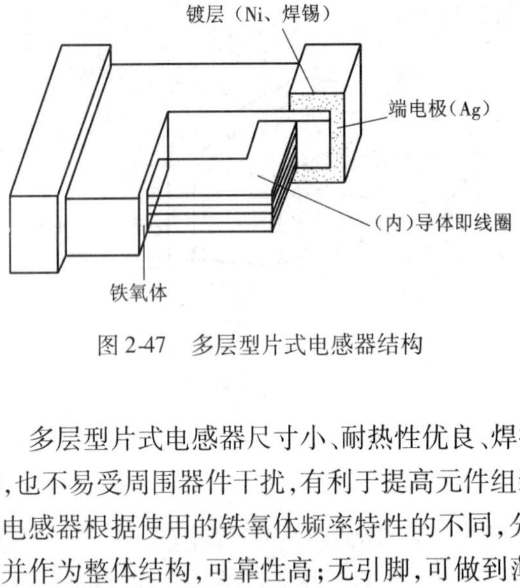

图 2-47 多层型片式电感器结构

多层型片式电感器(Multilayer Chip Inductor, MLCI)的结构是把铁氧体软片(或铁氧体浆料)和导体浆料一层一层地交替重叠起来,然后烧结成一个整体,磁路呈闭合状态。导电浆料经烧结后形成的螺旋式导电带相当于传统电感器的线圈,被导电带包围的铁氧体相当于磁芯,导电带外围的铁氧体使磁路闭合,因此 MLCI 具有体积小、可靠性高及适应高密度安装的特点。其结构如图 2-47 所示。

多层型片式电感器尺寸小、耐热性优良、焊接性能好,闭合磁路的结构使它不干扰周围器件,也不易受周围器件干扰,有利于提高元件组装密度,但它的电感量和 Q 值较低。多层型片式电感器根据使用的铁氧体频率特性的不同,分为 D、A、E、C 4 个等级。线圈密封在铁氧体中并作为整体结构,可靠性高;无引脚,可做到薄型化、小型化。多层型片式电感器广泛应用在电视、音响、汽车电子、通信和混合电路中。

2.8.4 分立组件

1. 二极管

用于表面组装的二极管有 3 种封装形式。第一种是圆柱形的无引脚二极管,其封装结构是将二极管芯片装在具有内部电极的细玻璃管中,玻璃管两端装上金属帽作正负电极,外形如图 2-48(a)所示,尺寸有 $\phi1.5\ \text{mm} \times 3.5\ \text{mm}$ 和 $\phi2.7\ \text{mm} \times 5.2\ \text{mm}$ 两种。第二种片状二极管为塑封矩形薄片,尺寸为 $3.8\ \text{mm} \times 15\ \text{mm} \times 1.1\ \text{mm}$,可用在 VHF 频段到 S 频段,采用塑料编带包装,如图 2-48(b)所示。第三种是 SOT23 封装形式的片状二极管,如图 2-48(c)所示。根据管内二极管的数目和连接方式,除图示的共阳极对管外,还有共阴极对管、串联管、单管等多种类型。SOT23 封装形式也用于封装高速开关二极管和高压二极管。

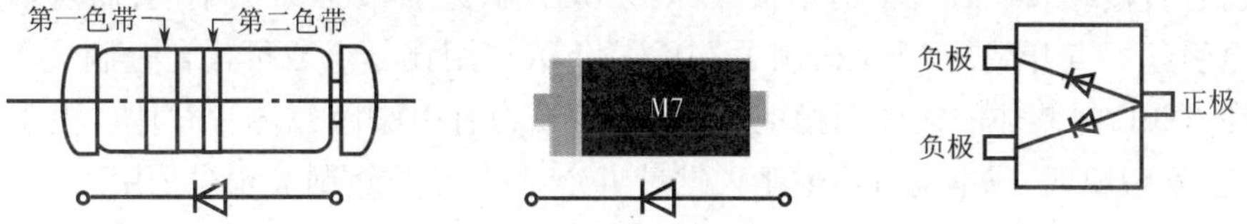

(a)　(b)　(c)

图 2-48　二极管的封装形式

(a)圆柱形无引脚二极管　(b)矩形片状二极管　(c)SOT23 封装的二极管

2. 三极管

表面贴装三极管具有体积小、功耗低等特点,有普通管、高反压管、达林顿管等多种类型,特别适合在高频电路中使用,功耗为 150 ~ 300 mW 的小功率晶体管多采用 SOT23 封装形式,外形如图 2-49 所示;大功率晶体管一般采用 SOT89 封装形式并粘贴散热片,功耗可达 0.3 ~ 3 W。

图 2-49　三极管外形图

2.8.5　集成电路

集成电路封装不仅起到集成电路芯片内键合点与外部进行电气连接的作用,也为集成电路芯片提供了一个稳定可靠的工作环境,对集成电路芯片起到机械或环境保护的作用,从而使得集成电路芯片能够发挥正常的功能,并保证其具有高稳定性和可靠性。总之,集成电路封装质量的好坏,对集成电路总体的性能优劣影响很大。因此,封装应具有较强的力学性能以及良好的电气性能、散热性能和化学稳定性。

1. **小外形集成电路**(Small Out-line Integrated Circuit, SOIC)

小外形集成电路又称小外形封装(Small Out-line Package, SOP),它由双列直插式封装(Dual In-line Package, DIP)演变而来,是 DIP 集成电路的缩小形式。这种集成电路的引脚在封装体的两侧,引脚的形状有翼形、J 形、I 形,如图 2-50 所示。其中,翼形引脚的焊接比较容易,生产、测试也比较方便,但占用 PCB 板的面积大;J 形引脚就能节省较多的印刷电路板(Printed Circuit Board, PCB)面积,从而可以提高装配密度。SOP 常用的引脚间距有 1.27 mm、1.0 mm 和 0.76 mm,引脚数为 8 ~ 56 个。

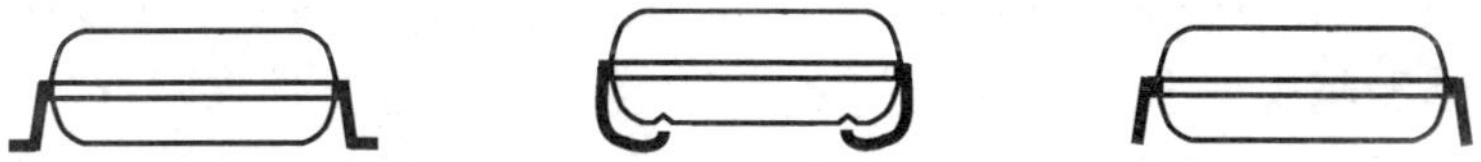

(a)　(b)　(c)

图 2-50　SOP 的引脚形式

(a)翼形　(b)J 形　(c)T 形

2. 无引脚陶瓷芯片载体(Leadless Ceramic Chip Carrier, LCCC)

陶瓷芯片载体封装的芯片是全密封的,具有很好的环境保护作用,一般用于军品中。陶瓷芯片载体分为无引脚和有引脚(Lead Ceramic Chip Carrier, LDCC)两种结构,由于LCCC没有金属线,若直接组装在有机电路基板上,则会由于温度、热膨胀系数不同,而在焊点上造成应力,甚至引起焊点开裂,因而又研制了LDCC。LDCC用铜合金或可代合金制成J形或翼形引脚,焊在LCCC封装体的镀金凹槽的端点上,而成为有引脚陶瓷芯片载体。由于这种附加引脚的工艺复杂烦琐、成本高且不适于大批量生产,故目前这类封装很少采用。

LDCC的外壳是采用90% ~96%的氧化铝或氧化铍瓷片,经印制布线后叠片加压,在保护气体中高温烧结而成,然后粘贴半导体芯片,完成芯片与外壳端子间的连接,再加上顶盖进行密封封装。由于这种方式会使腔体尺寸变小,因而只能用较小的芯片封装。

3. 塑封有引脚芯片载体(Plastic Leaded Chip Carrier, PLCC)

图2-51 PLCC封装

陶瓷封装器件的生产历史比塑封器件要长,做成表面组装形式时,通常将端子电极用印制烧结的方法做在载体的侧面或底面,如图2-51所示。当与电路板组装连接时,因载体电极与基板焊盘间不存在缓冲作用,故连接部位易受到组装应力的影响。同时,陶瓷封装器件的生产工艺要求高,价格也比塑封器件高得多。基于此,20世纪80年代前后,塑封器件以其优异的性能/价格比在表面贴装技术(Surface Mount Technology, SMT)市场上占具绝对优势,得到广泛应用。但是陶瓷封装器件也有优越性,它属于密封型器件,具有良好的导热性能和耐腐蚀性,能在恶劣的环境条件下可靠工作,它的环境工作温度可达 -55 ~125 ℃。因此,陶瓷封装器件在军事通信、航空、航天、船舶等尖端和在恶劣环境中使用的设备中得到广泛应用。

4. 方形扁平封装(Quad Flat Package, QFP)

图2-52 QFP封装

随着大规模集成电路的集成度空前提高,特别是专用集成电路(Application Specific Integrated Circuit, ASIC)的广泛应用,芯片的引脚正朝着多引脚、细间距方向发展。QFP是专为小引脚距表面组装IC而研制的新型封装形式。QFP的封装结构如图2-52所示。QFP是为适应IC容量增加、I/O数量增多而出现的封装形式,目前已被广泛使用。常见封装为门阵列的ASIC器件。

5. 门阵列式球形封装(Ball Grid Array,BGA)

电子产品向小型化、便携化和高性能方向发展,对电路组装技术和I/O引脚数提出了更高的要求,芯片体积越来越小,芯片引脚越来越多,给生产和返修带来困难。20世纪80年代中后期至90年代,周边端子型的IC(以QFP为代表)得到了很大发展和广泛应用。但由于组装工艺的限制,QFP的尺寸(40 mm^2)、引脚数目(360根)和引脚间距(0.3 mm)已达到了极限,为了适应I/O数据的快速增长,新型的封装形式——门阵列式球形封装投入实际使用。

BGA在工作时芯片的温度更接近环境温度,其散热性良好。但BGA封装也具有一定的局限性,主要表现在 BGA 焊接后检查和维修比较困难,必须使用 X 射线透视或 X 射线分层检测,才能确保焊接的可靠性,且设备费用大,易吸湿,使用前应烘干处理。

BGA 通常由芯片、基座、引脚和封壳等组成,根据芯片的位置、引脚的排列、基座的材料和密封方式的不同,BGA 的封装结构也不同。按芯片放置方式分类,分为芯片表面向上和向下两种;按引脚排列分类,分为球栅阵列均匀全分布、球栅阵列交错全分布、球栅阵列周边分布、球栅阵列带中心散热和接地点的周边分布等;按密封方式分类,分为模制密封和浇注密封等;从散热角度分类,分为热增强型、膜腔向下型和金属球栅阵列(Metal Ball Grid Array,MBGΛ);按基座材料分类,分为塑封球栅阵列(Plastic Ball Grid Array,PBGA)、陶瓷球栅阵列(Ceramic Ball Grid Array,CBGA)、陶瓷柱栅阵列(Ceramic Colume Grid Array, CCGA)和载带球栅阵列(Tape Ball Grid Array,TBGA)。PBGA 和 CBGA 的封装结构如图 2-53 和图 2-54 所示。

图 2-53　QFP 封装

图 2-54　CBGA 封装

第 3 章　电子焊接工艺

3.1　焊接的基本知识

在电子产品的装配过程中，焊接是一种使金属连接的方法，是一项重要的基础工艺技术，也是一项基本的操作技能。它利用加热手段，在两种金属的接触面，通过焊接材料的原子或分子的相互扩散作用，使两种金属间形成一种永久的牢固结合。利用焊接的方法进行连接而形成的接点叫焊点。

3.1.1　焊接的分类

1. 熔焊

熔焊是一种利用加热被焊件，使其熔化产生合金而焊接在一起的焊接技术，如气焊、电弧焊、超声波焊等。

2. 接触焊

接触焊是一种不用焊料与焊剂就可获得可靠连接的焊接技术，如点焊、碰焊等。

3. 钎焊

钎焊是用加热熔化成液态的金属把固体金属连接在一起的焊接技术。在钎焊中，起连接作用的金属材料称为焊料。焊料的熔点高于 450 ℃的称为硬钎焊，低于 450 ℃的称为软钎焊。一般电子产品焊接都为锡焊，锡焊属于软钎焊，它的焊料是铅锡合金，熔点比较低，所以在电子元器件的焊接工艺中得到广泛应用。

3.1.2　焊接的方法

随着焊接技术的不断发展，焊接方法也在手工焊接的基础上出现了自动焊接技术，即机器焊接，同时无锡焊接也开始在电子产品装配中采用。

1. 手工焊接

手工焊接是采用手工操作的传统焊接方法。根据焊接前接点的连接方式不同，手工焊接的方法分为绕焊、钩焊、搭焊、插焊等不同方式，如图 3-1 所示。

(1)绕焊是指将被焊接元器件的引脚或导线缠绕在接点上进行焊接。其优点是焊接强度最高。此方法应用很广泛，对有一定机械强度要求的接点通常采用这种方法。

(2)钩焊是指将被焊接元器件的引脚或导线钩接在被连接件的孔中进行焊接。它适用于不便缠绕但又要求有一定机械强度和便于拆焊的接点上。

(3)搭焊是指将被焊接元器件的引脚或导线搭在接点上进行焊接。它适用于易调整或改动的焊接点。

(4)插焊是指将被焊接元器件的引脚或导线插入洞形或孔形接点中进行焊接。它适用于元器件带有引脚、插针或插孔及印制电路板的常规焊接。插焊相关内容在后面的章节中作

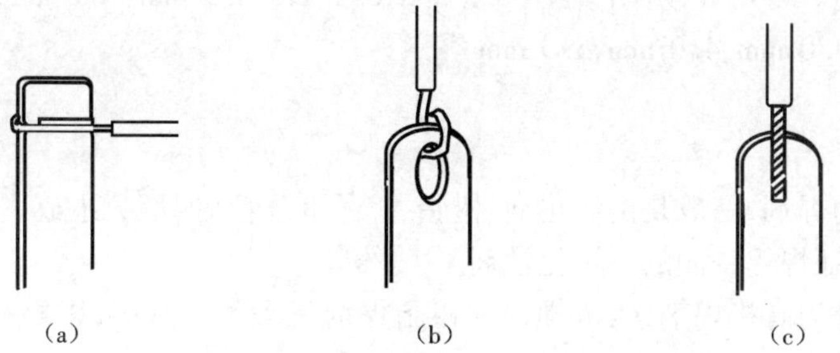

图 3-1　手工焊接方法
(a)绕焊　(b)钩焊　(c)搭焊

介绍。

2. 机器焊接

(1)浸焊是指将装好元器件的印制电路板在熔化的锡锅内浸锡,一次完成印制电路板上全部焊接点的焊接。此方法主要用于小型印制电路板的焊接。

(2)波峰焊是指采用波峰焊机一次完成印制电路板上全部焊接点的焊接。此方法已成为印制电路板焊接的主要方法。

(3)再流焊是指用焊锡膏将元器件粘在印制电路板上,通过加热使焊锡膏中的焊料熔化而再次流动,达到将元器件焊接到印制电路板上的目的。这是目前微型元件和贴片元器件焊接的重要而先进的焊接技术。

3.2　焊接材料与焊接机理

焊接材料包括焊料和焊剂。了解焊料和焊剂的性质、作用原理及选用知识,对提高焊接技术很有帮助。

3.2.1　焊料

焊料是易熔金属,其熔点应低于被焊金属。焊料熔化时,在被焊金属表面形成合金而与被焊金属连接到一起。焊料按成分可分为锡铅焊料、铜焊料、银焊料等。在一般电子产品装配中,主要使用锡铅焊料,俗称焊锡。

铅锡合金是锡与铅以不同比例熔合成的合金,具有一系列锡与铅所不具备的优点。如手工焊接常用的焊锡合金,铅占 38.1%、锡占 61.9%,此合金称为共晶合金,也叫共晶焊锡。它的熔点与凝固点都是 183 ℃,是锡铅焊料中性能最好的一种。它具有以下优点。

(1)熔点低,使焊接时加热温度降低,可防止元器件损坏。

(2)熔点与凝固点温度相同,可使焊点快速凝固,不会因半熔状态时间间隔长而造成焊点结晶疏松,强度降低。这一点对自动焊接具有重要意义,因为自动焊接传输中不可避免地存在振动。

(3)流动性好,表面张力小,有利于提高焊点质量。

(4)机械强度高,导电性好。

手工焊接常用的焊锡丝,是将焊锡制成管状,内部充加助焊剂。助焊剂一般是优质松香添加一定的活化剂。常用焊锡丝直径有 0.5 mm,0.8 mm,0.9 mm,1.0 mm,1.2 mm,1.5 mm,2.0 mm,2.5 mm,3.0 mm,4.0 mm,5.0 mm 等。

3.2.2 焊剂

焊剂又称为助焊剂,一般是由活化剂、树脂、扩散剂、溶剂四部分组成,主要作为清除焊件表面的氧化膜、保证焊锡浸润的一种化学剂。

焊剂大致可分为有机焊剂、无机焊剂和树脂焊剂三大类。其中,以松香为主要成分的树脂焊剂在电子产品生产中占有重要地位,是专用型的焊剂。

焊剂具有以下的作用。

(1)除去氧化膜。其实质是助焊剂中的氯化物、酸类同氧化物发生还原反应,从而除去氧化膜。反应后的生成物变成悬浮的渣,漂浮在焊料表面。

(2)防止氧化。液态的焊锡及加热的焊件金属都容易与空气中的氧接触而氧化。焊剂熔化后,漂浮在焊料表面,形成隔离层,因而防止了焊接面的氧化。

(3)减小表面张力,增加焊锡的流动性,有助于焊锡浸润。

(4)使焊点美观。合适的焊剂能够整理焊点形状,保持焊点表面的光泽。

3.2.3 阻焊剂

焊接中,特别是在浸焊及波峰焊中,为提高焊接质量,需要耐高温的阻焊涂料,使焊料只在需要的焊点上进行焊接,而把不需要焊接的部分保护起来,起到一种阻焊作用,这种阻焊材料称为阻焊剂。

阻焊剂具有以下优点。

(1)防止桥接、短路及虚焊等情况的发生,降低印制电路板的返修率,提高焊点的质量。

(2)因印制电路板板面部分被阻焊剂覆盖,焊接时受到的热冲击小,降低了印制电路板的温度,使板面不易起泡、分层,同时也起到保护元器件和集成电路的作用。

(3)除了焊盘外,其他部位均不上锡,这样可以节约大量的焊料。

(4)使用带有色彩的阻焊剂,可使印制电路板的板面显得整洁美观。

3.2.4 锡焊机理

锡焊的机理是将焊料、焊件同时加热到最佳焊接温度,使不同金属表面相互浸润、扩散,形成多组织的结合层。这是锡焊的关键,如果没有形成结合层仅仅是焊料堆积在母材上则为虚焊。

熔化的焊料在金属表面形成均匀、平滑、连续并附着牢固的焊料层的过程叫浸润,也叫润湿。浸润程度主要取决于焊件表面的清洁程度及焊料表面张力。在焊料的表面张力小,焊件表面无油污,并涂有焊剂的条件下,焊料的浸润性能较好。浸润性能的好坏一般用润湿角表示,润湿角是指焊料外缘在焊件表面交界点处的切线与焊件表面的夹角。润湿角大于 90°时,焊料不润湿焊件;润湿角等于 90°时,浸润性能不良;润湿角小于 90°时,焊料润湿焊件。上述浸润状况如图 3-2 所示。润湿角越小,浸润性能越好,焊接质量越高。

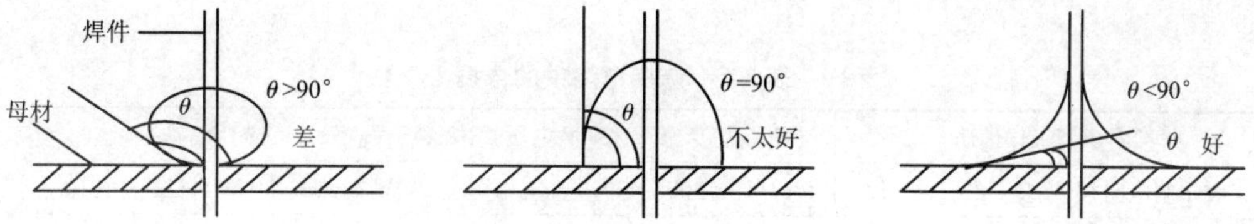

图 3-2　润湿角对焊接质量的影响

3.3 电路手工焊接技术

手工焊接适用于小批量生产、试制、维修以及某些不便于机器焊接的场合。

3.3.1 焊接用电烙铁

电烙铁是手工施焊的主要工具。按加热方式分为直热式、感应式、气体燃烧式等,按电烙铁的功率分有 20 W、30 W、35 W、50 W、100 W 等,按功能分有单用式、两用式、调温式等。

常用的电烙铁一般为直热式。直热式又分为外热式、内热式、恒温式三大类。加热体亦称为烙铁芯,由镍铬电阻丝绕制而成。加热体位于烙铁头外面的称为外热式,位于烙铁头内部的称为内热式。恒温式电烙铁则通过内部的温度传感器及开关进行温度控制,实现恒温焊接。它们的工作原理相似,在接通电源后,加热体升温,烙铁头受热温度升高,达到工作温度后,就可熔化焊锡进行焊接。直热式电烙铁结构如图 3-3 所示。

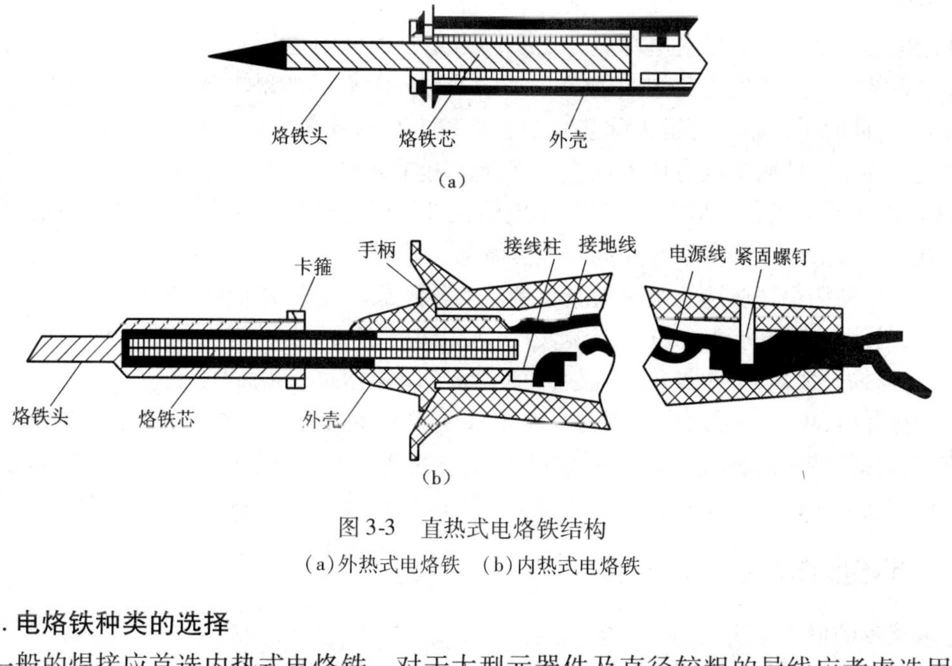

图 3-3　直热式电烙铁结构
(a)外热式电烙铁　(b)内热式电烙铁

1. 电烙铁种类的选择

一般的焊接应首选内热式电烙铁。对于大型元器件及直径较粗的导线应考虑选用功率较大的外热式电烙铁。当要求工作时间长,被焊元器件少时,则应考虑选用长寿命型的恒温电烙铁,如焊表面封装的元器件。表3-1为选择电烙铁的依据,仅供参考。

表3-1 选择电烙铁的依据

焊接对象及工作性质	烙铁头温度/℃(220 V电压)	选用烙铁
一般印制电路板、安装导线	300~400	20 W内热式、30 W外热式、恒温式
集成电路	350~400	20 W内热式、恒温式
焊片、电位器、2~8 W电阻、大电解电容、大功率管等	350~450	35~50 W内热式、恒温式,50~75 W外热式
8 W以上大电阻、直径2 mm以上导线	400~550	100 W内热式、150~200 W外热式
汇流排、金属板等	500~630	300 W内热式
维修、调试一般电子产品		20 W内热式、恒温式、感应式、储能式、两用式

2. 电烙铁功率的选择

晶体管收音机、收录机等采用小型元器件的普通印制电路板和IC电路板的焊接应选用20~25 W内热式电烙铁或30 W外热式电烙铁,这是因为小功率的电烙铁具有体积小、重量轻、发热快、便于操作、耗电少等优点。

对一些采用较大元器件的电路如电子管收音机、扩音器及机壳底板的焊接则应选用功率大一些的电烙铁,如50 W以上的内热式电烙铁或75 W以上的外热式电烙铁。

电烙铁的功率选择一定要合适,过大易烫坏晶体管或其他元件;过小则易出现假焊或虚焊,直接影响焊接质量。

3. 电烙铁的正确使用

使用电烙铁前首先要核对电源电压是否与电烙铁的额定电压相符,注意用电安全,避免发生触电事故。电烙铁使用前均需进行"上锡"处理。上锡后如果出现烙铁头挂锡太多而影响焊接质量,此时千万不能为了去除多余焊锡而甩电烙铁或敲击电烙铁,因为这样可能将高温焊锡甩入周围人的眼中或身体上造成伤害,也可能在甩或敲击电烙铁时使烙铁芯的瓷管破裂、电阻丝断损或连接杆变形发生移位,使电烙铁外壳带电造成触电伤害。去除多余焊锡或清除烙铁头上残渣的正确方法是在湿布或湿海绵上擦拭。

电烙铁在使用中还应注意经常检查手柄上的紧固螺钉及烙铁头的锁紧螺钉是否松动,若出现松动,易使电源线扭动、破损而引起烙铁芯引脚相碰,造成短路。电烙铁使用一段时间后,还应将烙铁头取出,清除氧化层,以避免发生日久烙铁头取不出的现象。

焊接操作时,由于焊剂加热会挥发出气体,如果长时间吸入对人体有害,因此在焊接时电烙铁应与口鼻保持距离,通常以30 cm为宜。电烙铁使用后,一般放在方便操作的右方烙铁架中。与焊接有关的工具应整齐有序地摆放在工作台上,养成文明操作的良好习惯。

3.3.2 焊接操作的手法与步骤

1. 电烙铁的使用方法

使用电烙铁的目的是为了加热被焊件而进行焊接,不能烫伤、损坏导线和元器件,为此必须正确掌握手持电烙铁的方法。

手工焊接时,电烙铁要拿稳、对准,可根据电烙铁的大小和被焊件的要求不同,决定手持电烙铁的手法,通常有 3 种手持方法,如图 3-4 所示。

(a)　(b)　(c)

图 3-4　电烙铁的握法

(a)反握法　(b)正握法　(c)握笔法

(1)反握法,如图 3-4(a)所示。这种方法焊接时动作稳定,长时间操作不易疲劳,适于大功率烙铁的操作和热容量大的被焊件。

(2)正握法,如图 3-4(b)所示。这种方法适于中等功率烙铁或带弯头烙铁的操作。一般在操作台上焊印制电路板等焊件时,多采用正握法。

(3)握笔法,如图 3-4(c)所示。这种方法类似于写字时手拿笔的姿势,易于掌握,但长时间操作易疲劳,烙铁头会出现抖动现象,适于小功率的电烙铁和热容量小的被焊件。

2. 焊锡丝的拿法

手工焊接中一手握电烙铁,另一手拿焊锡丝,帮助电烙铁吸取焊料。拿焊锡丝的方法一般有两种,如图 3-5 所示。

(a)　(b)

图 3-5　锡丝的拿法

(a)连续锡丝　(b)断续锡丝

(1)连续锡丝拿法,即用拇指和食指握住焊锡丝,其余三手指配合拇指和食指把焊锡丝连续向前送进,如图 3-5(a)所示。它适用于成卷焊锡丝的手工焊接。

(2)断续锡丝拿法,即用拇指、食指和中指夹住焊锡丝,如图 3-5(b)所示。这种拿法,焊锡丝不能连续向前送进,适用于小段焊锡丝的手工焊接。

由于焊锡丝成分中铅占有一定的比例,因此操作时应戴手套或操作后洗手,以避免食入人体,造成不必要的伤害。

3. 焊接操作的基本步骤

为了保证焊接的质量,掌握正确的操作步骤至关重要。正确的操作步骤分为五步,图 3-6 和图 3-7 为焊接五步操作法示意图。

(1)准备施焊:左手拿焊丝,右手握烙铁,随时处于待焊状态。要求烙铁头表面保持干净,并镀有一层焊锡。

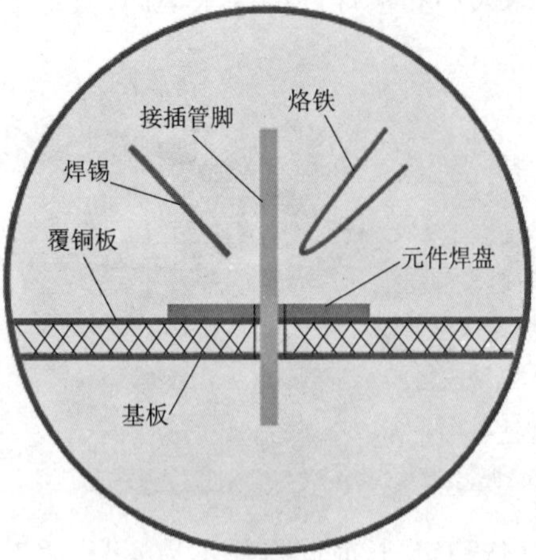

图 3-6 手工焊接示意图

(2)加热焊件:应注意加热整个焊件,使焊件均匀受热。烙铁头放在两个焊件的连接处,时间为1~2 s。对于在印制电路板上焊接元器件,要注意使烙铁头同时接触焊盘和元器件的引脚。

(3)送入焊丝:焊件加热到一定温度后,焊丝从烙铁对面接触焊件。注意不要把焊丝送到烙铁头上。

(4)移开焊丝:当焊丝熔化一定量后,立即将焊丝向左上45°方向移开。

(5)移开烙铁:焊锡浸润焊盘或焊件的施焊部位后,向右上45°方向移开烙铁,完成焊接。

对于热容量小的焊件,如印制电路板与较细导线的连接,可简化为三步操作,即准备施焊、加热与送丝、去丝与移烙铁。烙铁头放在焊件上后即放入焊丝,焊锡在焊接面上扩散达到预期范围后,立即拿开焊丝并移开烙铁,注意去丝时间不得滞后于移开烙铁的时间。上述整个过程只有2~4 s,各步时间的控制、时序的准确掌握、动作的熟练协调,都要通过大量的训练和用心体会。有人总结出了五步操作法,用数数的方法控制时间,即烙铁接触焊点后数1、2(约2 s),送入焊丝后数3、4即移开烙铁。焊丝熔化量靠观察决定。但由于烙铁功率、焊点热容量的差别等因素,实际操作中掌握焊接火候必须具体情况具体对待。

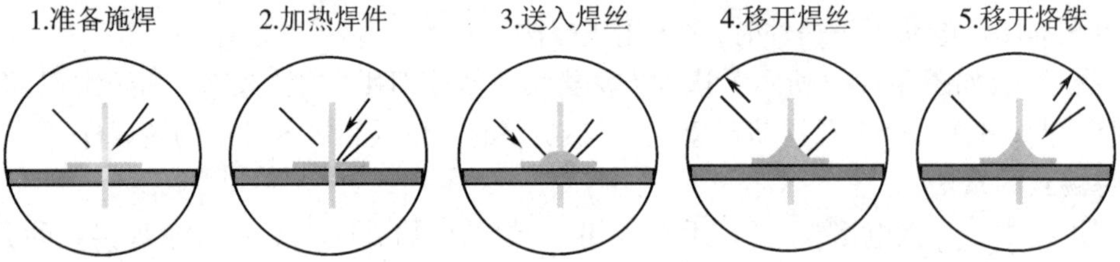

图 3-7 手工焊接的五步操作

4. 焊接操作手法

具体操作手法在达到优质焊点的目标下可因人而异,但人们经过长期的实践总结出如下较为实用的操作手法。

(1)保持烙铁头清洁。焊接时烙铁头长期处于高温状态,又接触焊剂、焊料等,烙铁头的表面很容易氧化并粘上一层黑色的杂质,这些杂质容易形成隔热层,使烙铁头失去加热作用。因此,要随时将烙铁头上的杂质除去,使其随时保持洁净状态,一般用湿布或湿海绵擦拭烙铁头。

(2)加热要靠焊锡桥。所谓焊锡桥,就是靠烙铁上保持少量的焊锡作为加热时烙铁头与焊件之间传热的桥梁。

(3)采用正确的加热方法。不要用烙铁头对焊件施压。在焊接时,对焊件施压并不能加快传热,却加速了烙铁头的损耗,更严重的是对元器件造成不易察觉的隐患。

(4)在焊锡凝固前保持焊件为静止状态。用镊子夹住焊件施焊时,一定要等焊锡凝固后再移去镊子。因为焊锡凝固的过程就是结晶的过程,在结晶期间受到外力(焊件移动或抖动)会改变结晶条件,形成大粒结晶,造成所谓的“冷焊”,使焊点内部结构疏松,造成焊点强度降低,导电性能差。

(5)采用正确的方法撤离烙铁。焊点形成后烙铁要及时撤离。烙铁撤离时轻轻旋转一下,可使焊点保持适当的焊料,这是实际操作中总结出的经验。

(6)焊锡量要合适。过量的焊锡会造成浪费,还容易在高密度的印制电路板线路中造成不易察觉的短路。焊锡过少会降低焊点的强度。要遵循的原则是将焊锡覆盖在大小不同的焊盘上。

(7)不要使用过量的焊剂。适量的焊剂会提高焊点的质量。如过量使用松香焊剂后,当加热时间不足时,容易形成“夹渣”缺陷。焊接开关、接插件时,过量的焊剂容易流到触点处,会造成接触不良。

(8)不要使用烙铁头作为运载焊料的工具。有人习惯用烙铁头沾上焊锡去焊接,这样容易造成焊料氧化、焊剂挥发。因为烙铁头温度一般在 300 ℃左右,焊锡丝中的焊剂在高温下很容易分解失效,这样焊接的焊点是不可靠的。

3.3.3　焊接温度与加热时间

从锡焊机理和锡焊条件中可知,适当的温度对形成良好的焊点是必要的。掌握焊接温度是焊接技术的关键。合适的焊接温度与焊接时间是形成良好的焊点和不损坏焊件的保证。如果焊接时加热时间不足,那么会造成焊料不能充分浸润焊件,形成夹渣(松香)、虚焊;而过度加热会有以下的危害和外部特征。

(1)焊点外观变差。如果焊锡已浸润焊件后还继续加热,造成熔态焊锡过热,烙铁撤离时容易造成拉尖,同时焊点表面出现粗糙颗粒,失去光泽,焊点发白。

(2)焊剂失效。焊接时所加松香焊剂在温度较高时容易分解碳化(一般松香 210 ℃开始分解),失去助焊剂作用,而且夹到焊点中造成焊接缺陷。如果发现松香变黑,是长时间或反复加热所致。

(3)印制电路板上的铜箔剥落。铜箔是采用黏合剂固定在绝缘基板上的。过多的受热会破坏黏合层,导致印制电路板上的铜箔剥落。

3.3.4　合格焊点及质量检查

1. 对焊点的要求

1)可靠的电气连接

电子产品工作的可靠性与电子元器件的焊接紧密相连。一个焊点要能稳定、可靠地通过一定的电流,没有足够的连接面积是不行的。焊点如果存在虚焊、假焊会直接影响电子产品的正常工作,而且在检修时往往会被表面的假象掩盖,给检修工作带来不必要的麻烦。

2)足够的机械强度

焊接不仅起电气连接的作用,同时也是固定元器件、保证机械连接的手段,因而就有了机械强度问题。常用的铅锡焊料抗拉强度只有普通钢材的 1/10,要想增加强度,就要有足够的连接面积。如果存在虚焊点、焊锡未浸满焊盘、焊锡量过少或有裂纹等问题,就会大大降低焊点的机械强度。

3）光洁整齐的外观

良好的焊点要求焊料用量恰到好处，外表有金属光泽，没有桥接、拉尖等现象，导线焊接时不伤及绝缘皮。良好的外表是高质量焊接的反映。表面有金属光泽，是焊接温度合适、生成合金层的标志，而不仅仅是外表美观的要求。

2. 典型焊点的外观要求

图 3-8　焊点的外观特征

焊点的外观特征如图 3-8 所示。其主要要求是：

（1）形状为近似圆锥而表面微凹呈慢坡状（以焊接导线为中心，对称成裙装拉开），虚焊点表面往往成凸形，可以鉴别出来；

（2）焊料的连接面呈半弓形凹面，焊料与焊件交界处平滑，接触角尽可能小；

（3）焊点表面有光泽且平滑；

（4）无裂纹、针孔、夹渣。

3. 常见焊点的缺陷与分析

造成焊接缺陷的原因有很多。在材料与工具一定的情况下，采用什么方式焊接及操作者是否有责任心，是决定性因素。导线焊接与元器件焊接的常见缺陷如图 3-9 和表 3-2 所示。

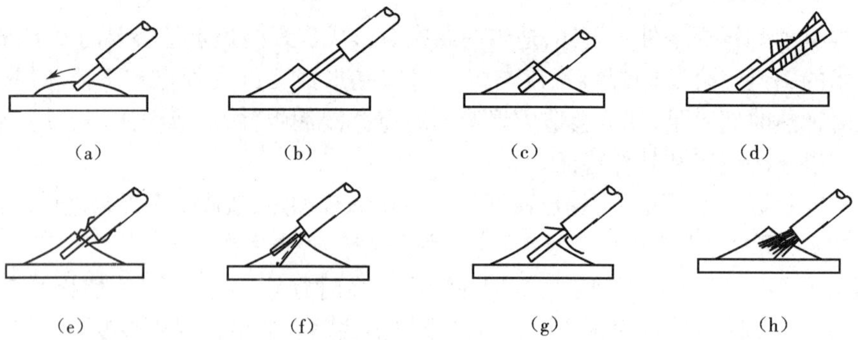

图 3-9　接线端子的缺陷

（a）虚焊　（b）芯线过长　（c）焊锡浸过外皮　（d）外皮烧焦

（e）焊锡上吸　（f）断丝　（g）甩丝　（h）芯丝散开

表 3-2　常见焊点缺陷与分析

焊点缺陷	外观特征	危害	原因分析
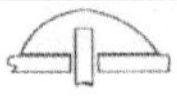 焊料过多	焊料面呈凸形	浪费焊料，且可能包藏缺陷	焊锡撤离过迟
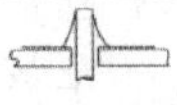 焊料过少	焊料未形成平滑面	机械强度不足	焊锡撤离过早，焊料流动性差且焊接时间不够
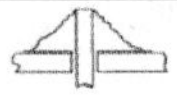 过热	焊点发白，无金属光泽，表面粗糙	焊盘容易剥落，强度降低	烙铁功率过大，焊接时间过长
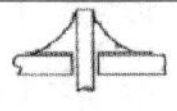 冷焊	表面呈豆腐渣颗粒，有时可能有裂纹	强度低，导电性能不好	焊料未凝固前焊件抖动或烙铁功率不够

续表

焊点缺陷	外观特征	危害	原因分析
 浸润不良	焊料与焊件交界面接触角过大,不平滑	强度低,不通或时断时通	焊件清理不干净,焊剂不足或质量差,焊件未充分加热
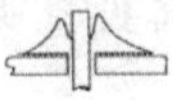 虚焊	焊件与元器件引脚或铜箔之间有明显黑色界限,焊锡向界限凹陷	电连接不可靠	元器件未清理干净、有氧化层等,印制电路板有油污或焊剂质量不好
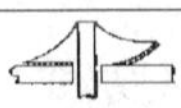 铜箔剥离	铜箔从印制电路板上剥离	印制电路板损坏	焊接时间长,温度高
 不对称	焊锡未流满焊盘	强度不足	焊料流动性不好
 拉尖	出现尖端	外观不佳,容易造成桥接现象	焊剂过少,加热时间过长,烙铁撤离角度不当

3.3.5 拆焊

将已焊焊点拆除的过程称为拆焊,又称解焊。调试和维修中常需要更换一些元器件,在实际操作中,拆焊比焊接难度高,如果拆焊不得法,就会损坏元器件及印制电路板。

1. 拆焊工具

常用的拆焊工具除以上介绍的焊接工具外,还有以下几种。

(1)吸锡电烙铁,用于吸去熔化的焊锡,使焊盘与元器件或导线分离,达到解除焊接的目的。

(2)吸锡绳,用于吸取焊接点上的焊锡,使用时将焊锡熔化并使之吸附在吸锡绳上,如图 3-10(a)所示。专用的吸锡绳价格昂贵,可用网状屏蔽线代替,效果也很好。

(3)吸锡器,用于吸取熔化的焊锡,要与电烙铁配合使用。先使用电烙铁将焊点熔化,再用吸锡器吸除熔化的焊锡。

(4)专用烙铁头,可根据元件的尺寸选择烙铁的功率及烙铁头的大小,拆焊时烙铁头同时加热器件两端的焊点,待完全熔化后,用镊子夹持器件迅速离开焊盘取下器件,如图 3-10(b)所示。

(5)热风拆焊台,更换 IC 等器件时可用热风拆焊台,如图 3-10(c)所示。

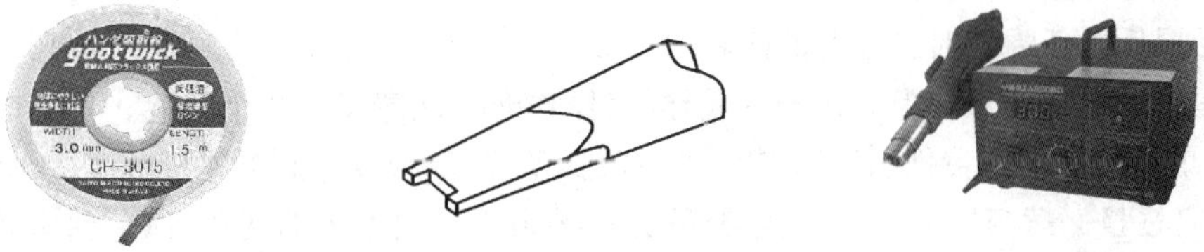

(a)　(b)　(c)

图 3-10　拆焊工具

(a)吸锡绳　(b)专用烙铁头　(c)热风拆焊台

2. 拆焊的基本原则

(1)不损坏待拆除的元器件、导线及周围的元器件。

(2)拆焊时不可损坏印制电路板上的焊盘与印制导线。

(3)对判定为已损坏元器件的,可先将其引脚剪断再拆除,这样可以减少其他损伤。

(4)在拆焊过程中,应尽量避免拆动其他元器件或变动其他元器件的位置,如确实需要应做好复原工作。

3. 拆焊的要点及方法

(1)严格控制加热的温度和时间。因拆焊的加热时间较长,所以要严格控制温度和加热时间,以免将元器件烫坏或使焊盘翘起、断裂。宜采用间隔加热法来进行拆焊。

(2)拆焊时不要用力过猛。在高温状态下,元器件封装的强度会下降,尤其是塑封器件,过力的拉、摇、扭都会损坏元器件和焊盘。

(3)吸去拆焊点上的焊料。拆焊前,用吸锡工具吸去焊料,有时可以直接将元器件拔下。即使还有少量锡连接,也可以减少拆焊的时间,减少元器件和印制电路板损坏的可能性。在没有吸锡工具的情况下,则可以将印制电路板或能移动的部件倒过来,用电烙铁加热拆焊点,利用重力原理,让焊锡自动流向电烙铁,也能达到部分去锡的目的。

4. 拆焊方法

1)分点拆焊法

对卧式安装的阻容元器件,两个焊接点距离较远,可采用电烙铁分点加热,当焊点的焊锡完全熔化后用镊子或尖嘴钳夹住元器件引脚轻轻拉出。

2)集中拆焊法

晶体管及立式安装的阻容元器件之间焊接点距离较近,可用烙铁头同时快速交替加热几个焊接点,待焊锡熔化后一次拔出。对多接点的元器件,如开关、插头座、集成电路等,可用专用烙铁头同时对准各个焊接点,一次加热取下。

3)断线拆焊法

对立式安装的阻容元器件或小功率晶体管,焊点密集距离较近,可用烙铁同时快速交替加热几个焊点,待焊锡熔化后一次拔出。对于多引脚元器件如 IC 等,可用吸锡工具逐一将焊点上的焊锡吸走,并将所有引脚与焊盘分离,即可拆下元器件,或用专用工具对准各个焊点一次加热取下。

4)剪断拆焊法

被拆焊点上的元器件引脚及导线如留有余量,或确定元器件已损坏,可先将元器件或导线剪下,再将焊盘上的线头拆下。

5. 拆焊后重新焊接时应注意的问题

拆焊后一般都要重新焊上元器件或导线,操作时应注意以下几个问题。

(1)重新焊接的元器件引脚或导线的剪截长度、离底板或印制电路板的高度、弯折形状和方向,都应尽量保持与原来一致,使电路的分布参数不致发生大的变化,以免使电路的性能受到影响,特别对于高频电子产品更为重要。

(2)印制电路板拆焊后,如果焊盘孔被堵塞,应先用锥子或镊子尖端在加热下,从铜箔面将孔穿通,再插进元器件引脚或导线进行重焊。特别是单面板,不能用元器件引脚从印制电路板面捅穿孔,这样很容易使焊盘铜箔与基板分离,甚至使铜箔断裂。

(3)拆焊点重新焊好元器件或导线后,应将因拆焊需要而弯折、移动过的元器件恢复原状。

3.4　实用电路焊接技艺

掌握电子焊接方法和基本的焊接操作是必要的,具体工艺步骤和实际经验是不可缺少的。借鉴他人的经验,遵循成熟的工艺,实践操作是尽快掌握焊接技艺的好办法。

3.4.1　焊前的准备

为了提高焊接的质量和速度,在产品焊接前准备工作应提前就绪。熟悉装配图及原理图,检查印制电路板。除此之外,还要对待焊的电子元器件进行整形、镀锡处理。

1. 印制电路板和元器件的检查

装配前应对印制电路板和元器件进行检查,主要包括如下内容。

(1)印制电路板:图形、孔位及孔径是否与图纸符合,有无断线、缺孔等,表面处理是否合格,有无污染或变质。

(2)元器件:规格型号与外封装是否符合要求,元器件引脚有无氧化、锈蚀。对于要求较高的产品,还应注意操作时的条件,如手出汗影响锡焊性能,腐蚀印制电路板;使用的工具如改锥、钳子碰到印制电路板会划伤铜箔;橡胶板中的硫化物会使金属变质等。

2. 镀锡

为了提高焊接的质量和速度,避免虚焊等缺陷,应在装配前对一些可焊性差的元器件进行镀锡处理,以保证实现可靠的电连接。

1)元器件镀锡

在小批量的生产中,可以使用锡锅来镀锡。注意保持锡的合适温度,锡的温度可根据液态焊锡的流动性来大致判断。温度低,则流动性差;温度高,则流动性好,但锡的温度也不能太高,否则锡的表面将很快被氧化。电炉的电源可以通过调压器供给,以便于调节锡锅的最佳温度。在使用中,要不断去除锡锅里熔融焊锡表面的氧化层和杂质。

在大规模的生产中,从元器件清洗到镀锡,都由自动生产线完成。中等规模的生产亦可使用搪锡机给元器件镀锡。

在手工焊接中,给元器件镀锡可用沾锡的电烙铁沿着浸沾了焊剂的引脚加热,注意使引脚上的镀层要薄且均匀。待镀件镀锡后,良好的镀层表面应该均匀光亮,没有颗粒及凹凸点。如果元器件的表面污物太多,要在镀锡之前采用机械的办法预先去除。

2)导线的镀锡

在一般的电子产品中,用多股导线连接还是很多的。如果导线接头处理不当,很容易引起故障。对导线镀锡要把握以下几个要点。

(1)剥绝缘层不要伤线,使用剥线钳剥去导线的绝缘皮,若刀口不合适或工具本身质量不好,容易造成多股线头中有少数几根断掉或者虽未断离但有压痕的情况,这样的线头在使用中容易折断。

(2)多股导线的线头要很好地绞合,剥好的导线端头,一定要先将其绞合在一起再镀锡,否则镀锡时线头就会散乱,无法插入焊孔,一两根散乱的导线很容易造成电气故障。同时,绞合在一起的多股线也增加了强度。

(3)涂焊剂镀锡要留有余地,通常在镀锡前要将导线端头浸沾松香水。有时也将导线放在松香块上或松香盒里,用烙铁给导线端头敷涂一层松香,同时也镀上焊锡。注意不要让焊锡浸入到导线的绝缘皮中,要在绝缘皮前留出 1 ~3 mm 没有镀锡的间隔。

3. 元器件引脚成形

在组装印制电路板时,为提高焊接质量,使元器件排列整齐、美观,对元器件引脚的加工就成为不可或缺的一个步骤。元器件引脚成形可用尖嘴钳或镊子进行加工。元器件引脚成形的各种形状如图 3-11 所示。

图 3-11 元器件引脚成形的各种形状

其中大部分需要在装插前弯曲成形,弯曲成形的要求取决于元器件本身的封装外形和在印制电路板上的安装位置。元器件引脚成形应注意以下几点。

(1)所有元器件引脚均不得从根部弯曲,因为制造工艺上的原因,根部容易折断,一般从元器件的本体(L_1)、球状连接部分(L_2),相当于一个引脚的直径或厚度或 0.8 mm 中的较大者,如图 3-12(a)所示。

(2)弯曲一般不要成死角,引脚内侧的弯曲半径(R)应大于引脚直径(D)的 1 ~2 倍,如图 3-12(b)所示。

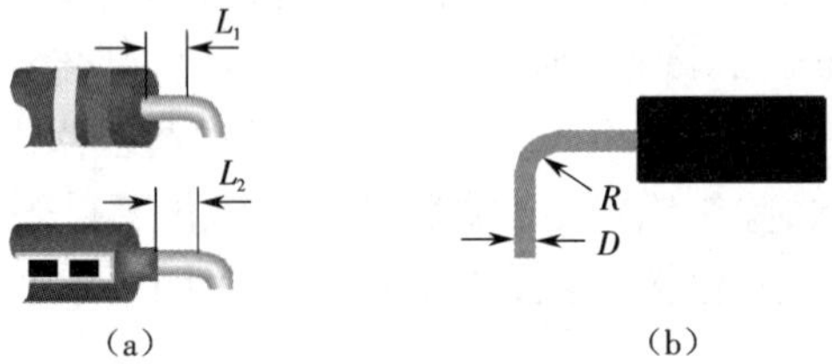

图 3-12 引脚弯曲成形
(a)图示 1 (b)图示 2

3.4.2 元器件的安装与焊接

1. 元器件的安装

元器件引脚经过成形后,即可采用插焊的方法将引脚或导线插入印制电路板的插孔中。元器件在印制电路板上的插装及固定方式可分为水平(卧式)与垂直(立式)两种。卧式即元器件轴线方向与印制电路板平行,立式即元器件轴线方向与印制线路板垂直。

1)水平安装

(1)元器件放置于两焊盘之间居中位置,元器件标识清晰。无极性的元件依据识别标记的读取方向放置,且保持一致(如图 3-13 中电阻器的第一有效数值从左至右或从上至下读取），如图 3-13（a）所示。

（2）元器件轴线方向与印制电路板平行且完全接触，这种安装方式称为贴板安装，如图 3-13（b）所示。小功率元器件一般采用这种安装方法。其具有稳定性好、插装简单的优势。

（3）对于高散热元器件，安装时不宜紧贴在印制电路板上，应采用悬空安装，这样不但有利于元器件的散热，同时热量也不易传到印制电路板上，可延长电路板的使用寿命，降低产品的故障率，适应范围广；但插装较复杂，需控制一定高度以保持整齐美观，如图 3-13（b）所示。

（4）元器件本体与板面平行且与板面充分接触，为了固定元器件可对引脚进行弯折处理，如果需要可以使用适当的固定方法，如图 3-13（c）所示。

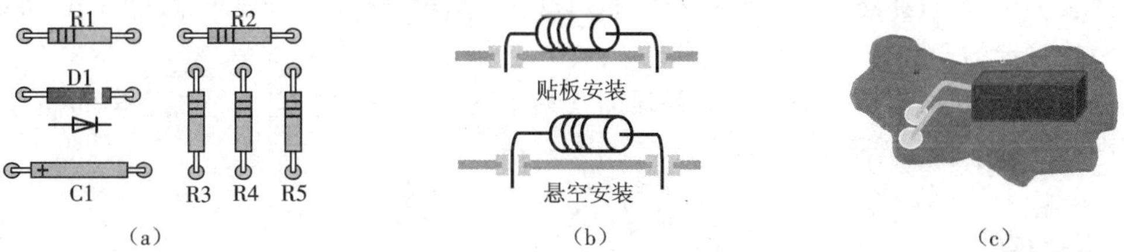

图 3-13　元器件水平安装

（a）示例 1　（b）示例 2　（c）示例 3

2）垂直安装

（1）无极性元器件的标识从上至下读取（如图 3-14 中电阻器的第一有效数值处于元件的最上端）。有极性的元器件的标识在元件的顶部，如图 3-14（a）所示。

（2）元件轴线方向与印制电路板垂直且元器件本体与焊盘之间有一定的距离（H 控制在 0.4～1.5 mm），元器件的总高度不超过规定的范围，这种安装方式称为悬空安装，如图 3-14（b）所示。

（3）元器件的弯月涂层与焊接区之间应有明显的距离，杜绝将弯月涂层插入过孔中，如图 3-14（c）所示。

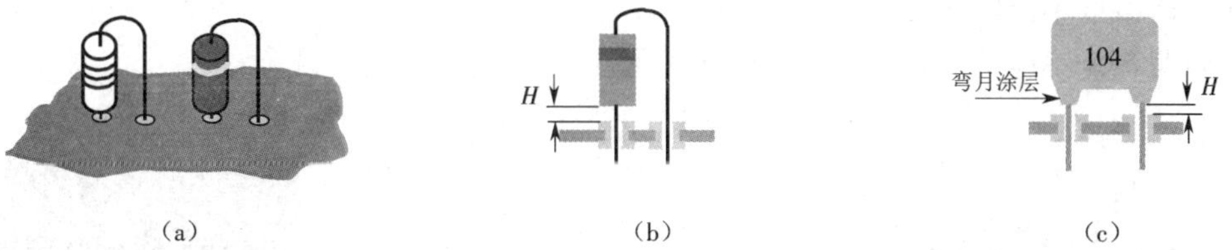

图 3-14　元器件垂直安装

（a）示例 1　（b）示例 2　（c）示例 3

3）元器件引脚安装

（1）元器件引脚插入通孔，从通孔中伸出的部分长度（L）最短应可识别焊锡中的引脚末端，最长应无短路的危险，如图 3-15（a）所示。

（2）有些元器件的引脚从通孔中插入后，伸出部分需弯折进行固定，弯折部分应与板面平行，且弯折的方向沿着与焊盘相连的印制导线方向，如图 3-15（b）所示。

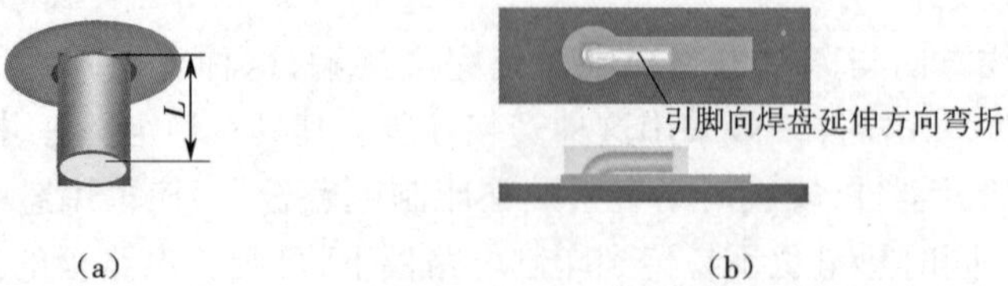

图 3-15 元器件引脚的安装
(a)示例 1 (b)示例 2

4)双列直插、单列直插芯片安装

插装芯片时,应注意所有引脚台肩紧靠焊盘,引脚伸出长度符合要求,如图 3-16 所示。

5)连接器的安装

插装连接器时,连接器与印制电路板面紧贴平齐,如果需要,定位销要完全的插入/扣住印制电路板,如图 3-17 所示。

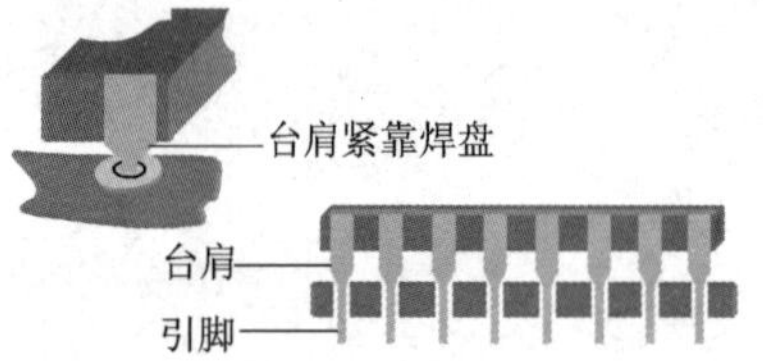

图 3-16 芯片安装

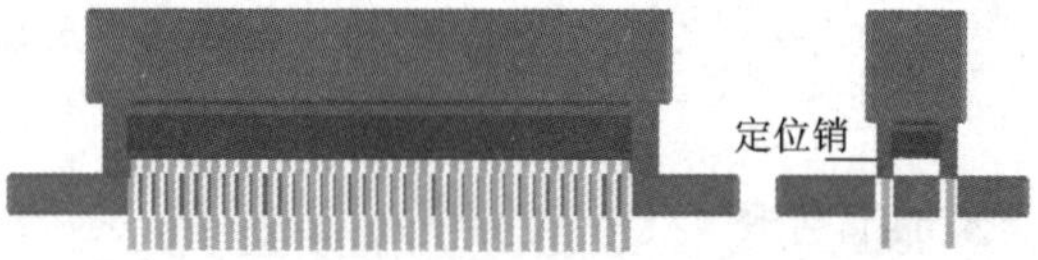

图 3-17 连接器安装

6)引脚跨越线的安装

(1)绝缘套管不能接触焊点,如图 3-18 中 a 所示。

(2)绝缘套管覆盖需保护的区域,如图 3-18 中 b 所示。

7)单面板跨接线的安装

(1)跨接线应最短,但有足够余量,能在更换元器件或测试时,从焊盘或测试点移开。

(2)跨接线不能跨越元器件。

(3)跨接线不能盖住焊盘,如图 3-19 所示。

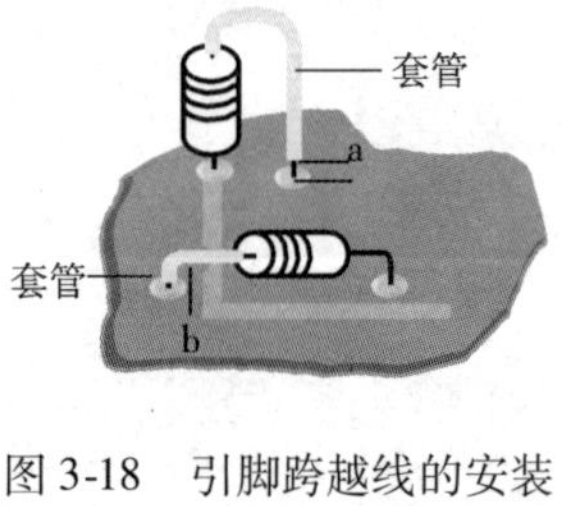

图 3-18 引脚跨越线的安装

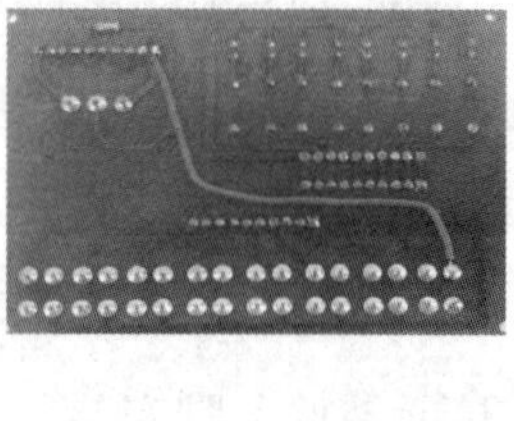

图 3-19 单面板跨接线的安装

组装一台电子设备需要安装许多不同形态的电子元器件,为确保电子设备的品质和组装效率,在安装元器件时要遵循的原则是先低后高、先小后大、先易后难、先轻后重。同一种元器件采取同样高度,元器件安装错落有致、整齐划一。

2. 元器件的焊接

1）集成电路的焊接

MOS 电路特别是绝缘栅型电路，由于输入阻抗很高，稍有不慎就可能使内部击穿而失效。双极性集成电路不像 MOS 集成电路那样，但由于内部集成度高，通常管子隔离层都很薄，一旦受到过量的热也很容易损坏。无论哪种电路，都不能承受高于 200 ℃的温度，因此焊接时必须非常小心。

（1）使用 20 W 内热式电烙铁时，接地线应保证接触良好。若用外热式电烙铁，最好采用烙铁断电用余热焊接，必要时还要采取人体接地的措施。

（2）使用低熔点焊剂，一般不要高于 150 ℃。

（3）焊接时间在保证浸润的前提下尽可能短，每个焊点最好用 3 s 焊好，最多不能超过 4 s，连续焊接时间不要超过 10 s。

（4）对 CMOS 电路，如果事先已将各引脚短路，焊前不要拿掉短路线。

（5）工作台上如果铺有橡胶、塑料等易于积累静电的材料，集成电路芯片及印制电路板等不宜放在台面上。

（6）集成电路直接焊在印制电路板上时，安全焊接顺序为地端、输出端、电源端、输入端。

（7）焊接集成电路插座时，必须按集成块的引脚排列图焊好每一个点。

2）注塑元件的焊接

目前，各种有机材料广泛应用在电子元器件、零部件的制造中，通过注塑工艺，它们被制成各种形状复杂、结构精密的开关及接插件等，但其最大的弱点是耐高温性能差。在对这类元件焊接时，如加热时间控制不当，极易造成塑壳软化、变形，导致内部接触片接触不良或短路而失效，造成故障隐患。焊接时应特别注意以下几个方面：

（1）少用或不用焊剂，防止其进入触点，造成接触不良；

（2）不要使用电烙铁对被焊引脚施压，避免受热变形；

（3）焊接时间要短，一次成功，每焊完一个引脚，等待冷却后再焊其他焊点。

3）簧片类元件的接点焊接

这类元件（如继电器、波段开关等）的特点是在制造时给接触簧片施加了预应力，使之产生适当弹力，保证电接触的性能。在安装施焊的过程中，加热时间要短，焊锡量要少，不能对簧片施加过大的外力和热量，以免破坏接触点的弹力，造成元件失效。

4）SMT 元器件的手工焊接

SMT 元器件引脚间距小，焊接时应使用烙铁头呈圆锥形的恒温防静电烙铁，防止感应电压击穿器件。若使用普通电烙铁，外壳应接地，焊接步骤如下。

（1）在一个焊盘上镀适量焊锡，并使焊锡处于熔融状态，如图 3-20 所示。

（2）用镊子夹持住元器件的本体（不能夹电极），将待焊电极推到焊盘。

（3）撤离烙铁，待焊锡凝固后，松开镊子。

（4）元器件的其他焊接，可按五步焊接法施焊。

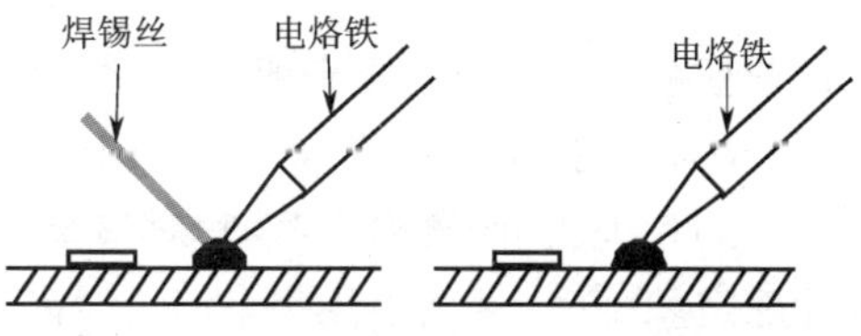

图 3-20　SMT 元器件的手工焊接

(5)焊接集成电路应用滚焊法,即将电路摆准位置后,将对角线上的两个引脚先用少量焊锡点焊,然后观察每一个引脚与焊盘是否对准,否则逐一解开并微调两个临时焊点,然后“滚焊”。即将电路板按一定角度倾斜搁置,让烙铁头上大量的焊料(在焊剂的保护下),从上到下地从要焊的引脚上慢慢地拖滚下来。如果发生连焊,可能是搁置角度太小或焊剂不够、焊料太多;发生缺焊,可能是倾角太大或拖滚太快。因此,要掌握好电路板摆放的角度及烙铁在每一引脚处停留引导的时间,且烙铁的功率不能太小。

3.4.3 创意模型设计与焊接

创意模型焊接是指在电子工艺实践教学中,当学生经过基础手工焊接练习后,为进一步提高焊接技艺而设置的实践环节。它要求学生在自主设计的基础上用漆包铜丝(直径 1.5 mm 以下)独立完成作品。此环节极大地调动了同学的积极性,拓展了想象空间。在掌握了基本焊接知识的基础上,通过实际操作,锻炼动手能力,从而激发学生的创新意识和协作精神。创意模型作品如图 3-21 所示。

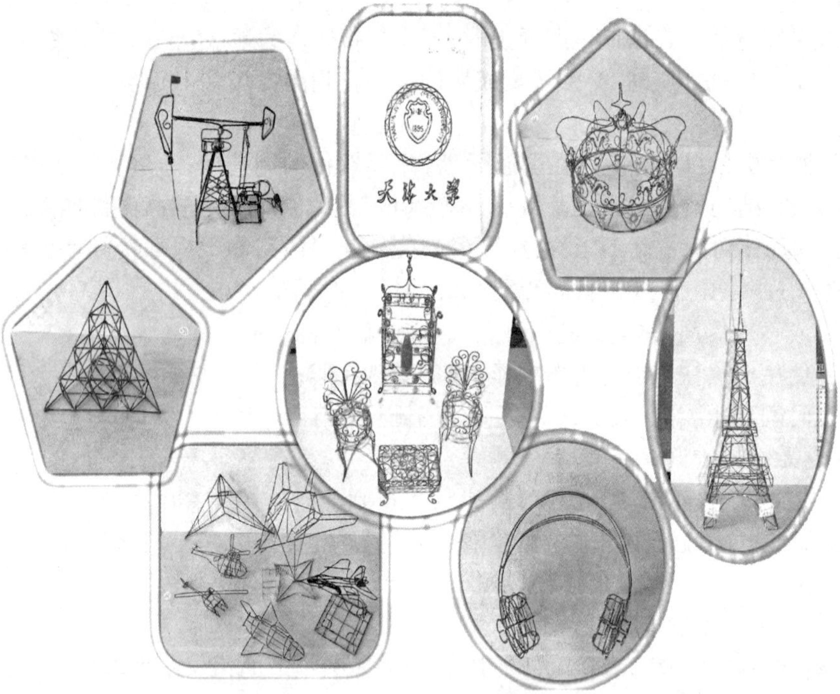

图 3-21 创意模型作品

1. 创新模型焊接的主要步骤

(1)构思:根据个人的兴趣、爱好和特点,进行初步的模型创意构思,绘制出相应的草图。

(2)设计:完善、修改构思草图,对整个模型构架的线条、长短、材料的粗细焊点位置进一步设计确定。

(3)预处理:根据模型设计图中线段尺寸,准确裁剪相应粗细的漆包铜线。对裁剪好的铜线做整形处理(压直、圆、弧),并去掉焊点处铜线上的漆皮、镀焊锡。

(4)焊接:根据模型设计图分主次、分层次进行焊接,多线段汇交焊点的焊接往往一人难以完成,可请他人协作完成,最终初步完成整体模型。

(5)修整:主要是对焊点进一步补焊、整形(如焊点焊锡过多或过少),对线条形状做修整等,完善模型。

经过以上步骤可基本完成一件合格甚至优秀的模型作品。

2. 创意模型的基本要求

(1)模型的体积要适中,尽量做到小巧玲珑,给人美感。

(2)尽量设计立体模型,因为立体模型焊接难于平面模型。

(3)模型的焊点数目不少于25个,焊点的质量高、光亮度好。

(4)模型有创意,特点突出,尽量体现制作者的个性。

3.5 表面安装技术

表面安装技术SMT又称表面贴装技术,是将表面贴装元器件直接贴、焊到印制电路板或其他基板的表面规定的位置上,而无须对所用印制电路板钻插装孔的新型电子联装技术。由于它的技术先进,已在计算机、通信、工业自动化、消费类电子产品等领域得到广泛的应用。

3.5.1 表面安装工艺

1. SMT的主要优点

(1)组装密度高:表面安装元件(Surface Mounted Component, SMC)、表面安装器件(Surface Mounted Devices, SMD)的体积只有传统元器件的1/10~1/3,可以装在印制电路板的两面,有效利用了印制电路板的面积,减轻了电路板的重量。一般采用SMT后可使电子产品的体积缩小40%~60%,重量减轻60%~80%。

(2)可靠性高:SMC和SMD无引脚或引脚很短,重量轻,因而抗震能力强,焊点缺陷率低,一般不良焊点率小于十万分之一,比通孔插装组件波峰焊接技术低一个数量级。用SMT组装的电子产品平均无故障时间为25万小时,目前几乎有90%的电子产品采用SMT工艺。

(3)高频特性好:由于片式元器件贴装牢固,器件通常为无引脚或短引脚,降低了焊点分布电容以及引脚间寄生电感的影响,并在很大程度上降低了电磁干扰和射频干扰,尤其减小了高频电路中分布参数的影响,提高了信号传输速度,改善了高频特性,使整个产品性能提高。

(4)便于自动化生产:与通孔插装工艺相比,表面组装工艺较为简单,人为干预少,更适合自动化大规模生产。采用计算机集成制造系统(Computer Integrated Manufacturing Systems, CIMS)可使整个生产过程高度自动化,将生产效率提高到新的水平。

(5)降低成本:SMT使印制电路板面积减小,成本降低;无引脚和短引脚使SMD、SMC成本降低,安装中省去引脚成形、打弯、剪线的工序;频率特性提高,调试费用减少;焊点可靠性提高,调试和维修成本降低。一般情况下,采用SMT后可使产品总成本下降30%。

2. SMT存在的问题

(1)SMC、SMD国际尚无统一标准,品种规格还不齐全。

(2)采用SMT的印制电路板功率密度大,散热问题复杂。

(3)维修困难,需专用工具。

(4)元器件与印制电路板间热膨胀系数不一致,易引起焊接处开裂。

但随着拆装设备及新型膨胀系数印制电路板的出现,它们已不再成为阻碍 SMT 深入发展的障碍。

3. SMT 的发展趋势

随着计算机、通信、航空航天等电子技术的飞速发展,元器件的尺寸越来越小、电路的集成度越来越高、引脚间距越来越小、组装密度越来越高、组装难度也逐渐加大,为适应电子设备小型化的需要出现了将裸芯片直接贴装到印制电路板上的芯片直接组装技术,把几块 IC 芯片组装成具有分系统功能的电路模块,进而再把几块功能电路块组装在普通电路板上,从而实现设备或系统级功能的多芯片模块(Multi-Chip Module, MCM)技术,把 IC 芯片逐片叠加,利用芯片的侧面边缘和垂直方向进行互连,将水平组装向垂直方向发展的三维立体组装技术(简称 3D 组装技术)以及微机电系统组装等新型组装技术,21 世纪出现的以纳米电子器件为中心的微电子封装及装联技术,都是今后一个时期需要研究的内容。

4. SMT 的技术关键

1)表面安装元器件

表面安装元器件结构、尺寸、包装形式都与传统元器件不同,掌握这些特点是实施 SMT 的开始。表面安装元器件的发展过程和趋势是尺寸不断小型化、片状元器件尺寸不断变小。目前认为是最小尺寸极限的 0603 产品已面世。

集成电路规模不断增大,使 I/O 端子数不断增加,目前 ULSI 引脚数已达 400 条以上,引脚数增加促使引脚间距不断缩小,目前最小间距为 0.5 mm、0.4 mm、0.3 mm、0.25 mm 的产品已问世。

2)表面安装的印制电路板

由于 SMT 用的印制电路板与插入式封装技术(Through Hole Technology, THT)用的插入式封装技术在设计、用料等方面都有很多差异,为了区别,通常将专用于 SMT 的印制电路板称为表面组装印制电路板(Surface Mounted Board, SMB)。SMB 在功能上与通孔插装印制电路板相同。从广义上说,SMT 用的基板不单限于印制电路板,还包括陶瓷基板、硅基板和其他基板;狭义的 SMT 用基板则专指 SMB。

SMT 对印制电路板的要求从基板材质、几何尺寸、加工精度到表面涂覆,都远远超过通孔安装的印制电路板。表面安装印制电路板具有孔径小、组装密度高、耐高温性能好、平整度高、热膨胀系数低等特点。图形设计需要考虑的内容更多,工艺性强,设计不当的印制电路板根本无法实施 SMT。

SMB 的分类方法很多,按照材质可分为有机材质 SMB 和无机材质 SMB,有机材质 SMB 包括酚醛树脂、玻璃纤维/环氧树脂基板等,无机材质 SMB 包括瓷釉覆盖基板、陶瓷基板等;按照成品软硬可分为硬基板、软基板和软硬基板;按照用途可分为通信、电子、军用、计算机、半导体和电测板等;按照结构可分为单面板、双面板和多层板。

3)表面安装设备

表面安装设备种类很多,主要有涂布设备、贴片设备和焊接设备,一般根据生产要求配成流水线。贴片设备是其中的关键设备,最新发展采用高分辨率视觉系统,激光检测,以使贴片分辨率和重复精度进入微米级,为窄间距安装提供了必要条件。

3.5.2 表面安装工艺流程

SMT工艺有两类最基本的工艺流程，一类是焊锡膏－再流焊工艺，另一类是点胶－波峰焊工艺。在实际生产中，应根据所用元器件和生产装备的类型以及产品的需求，选择单独进行或者重复、混合使用，以满足不同产品生产的需要。现将基本的工艺流程介绍如下。

(1)焊锡膏－再流焊工艺，如图3-22所示。该工艺流程的特点是简单、快捷，有利于产品体积的减小。

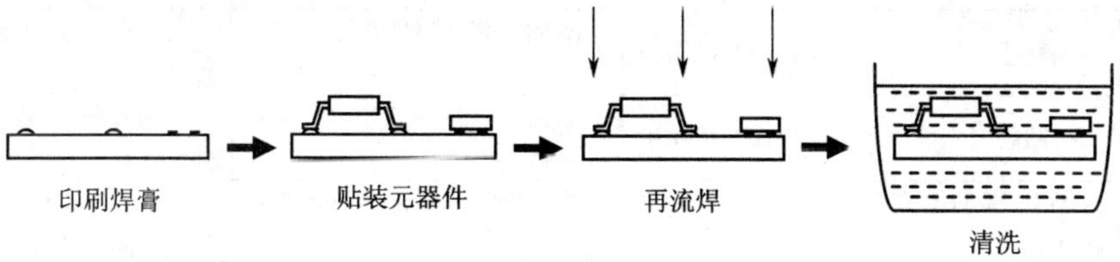

图3-22 焊膏－再流焊工艺流程图

(2)贴片－波峰焊工艺，如图3-23所示。该工艺流程的特点是利用双面板空间，电子产品的体积可以进一步减小，且仍使用通孔元件，价格低廉。但设备要求增多，波峰焊过程中缺陷较多，难以实现高密度组装。

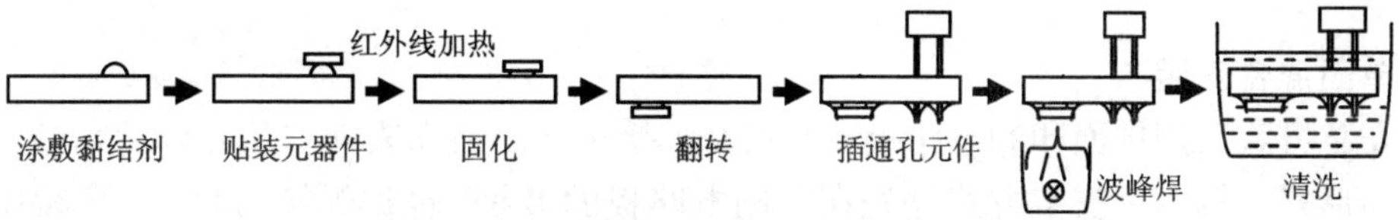

图3-23 贴片－波峰焊工艺流程图

(3)混合安装，如图3-24所示。该工艺流程的特点是充分利用印制电路板双面空间，是实现安装面积最小化的方法之一，并仍保留通孔元件价廉的优点，多用于消费类电子产品的组装。

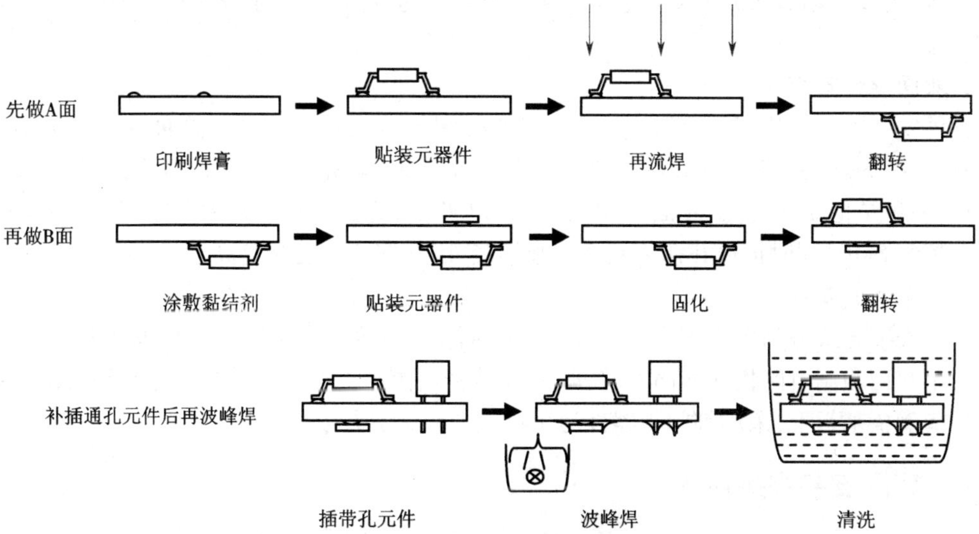

图3-24 混合安装工艺流程图

3.5.3 表面安装方式

表面安装方式分为单面混合安装、双面混合安装和完全表面安装3种,每一种安装方式有不同特点,见表3-3。

表3-3 表面安装方式分类

序号	安装方式		电路基板	元器件	特点
1	单面混合安装	先贴法	单面印制电路板	表面安装元器件及通孔插装元器件	先贴后插,工艺简单,安装密度低
2		后贴法	单面印制电路板	表面安装元器件及通孔插装元器件	先插后贴,工艺较复杂,安装密度高
3	双面混合安装	SMD 和 THC 都在 A 面	双面印制电路板	表面安装元器件及通孔插装元器件	THC 和 SMD 安装在印制电路板的同一侧
4		THC 在 A 面、SMD 两面都有	双面印制电路板	表面安装元器件及通孔插装元器件	SMD 在印制电路板的两面都有,安装密度高
5	完全表面安装	单面表面安装	单面陶瓷基板	表面安装元器件	工艺简单,适用于小型、薄型化的电路安装
6		双面表面安装	双面陶瓷基板	表面安装元器件	高密度安装,薄型化

1. 单面混合安装

该安装方式采用单面印制电路板和双波峰焊接工艺。根据表面安装元件的粘贴顺序,有两种不同形式。第一种安装方式是先在印制电路板的B面(也称焊接面)贴装好SMD,然后在A面(也称元件面)插装通孔插装元件(Through Hole Component,THC)。这种安装的特点是胶黏剂的涂敷容易、操作简单,但贴装SMD要留下插装THC时弯曲引脚的操作空间,使安装密度降低,另外插装THC时还容易碰到已贴装好的SMD,引起SMD的损坏或脱落,因此要求胶黏剂要有很高的黏结强度,保证足够的耐机械冲击。第二种安装方式是先在A面插装好THC,然后在B面贴装SMD,这样克服了第一种方式的缺点,提高了安装的密度,但涂敷胶黏剂较困难。

2. 双面混合安装

这种安装方式采用双面印制电路板、双波峰焊接或再流焊工艺。这种安装方式分为两种,一种是把SMD和THC都放在印制电路板的A面,一般是先贴后插,工艺较复杂,安装密度高;另一种是把THC放在A面,SMD放在A、B两面,这种安装方式因在印制电路板的单面或双面都装SMD,同时把通孔插装元件一起组装,因此安装密度相当高。

3. 完全表面安装

这种安装方式分为单面表面安装和双面表面安装两种,前者采用单面印制电路板安装;后者采用双面印制电路板在两面安装SMD,安装密度更高。此类安装方式是在细线图形印制电路板或陶瓷基板上,采用细间距器件运用再流焊工艺进行安装。

3.5.4 表面安装焊接材料

在SMT焊接中,焊膏的作用是将引脚或表面安装元器件的末端同焊盘焊接在一起。

焊膏是由合金粉末和糊状焊剂载体均匀混合成的膏状焊料,是表面安装再流焊工艺必需的材料。在整个安装过程中,焊膏的印刷通常是第一道而且也是非常关键的工序。焊膏通过丝网、模板印刷或涂覆在焊盘上,焊膏印刷对整个生产的影响和作用越来越受到重视。

1. 焊膏的分类与标识

目前,焊膏的品种繁多,但缺乏统一的分类标准。一般根据合金熔点、焊剂的活性程度及黏度进行分类。

1)按合金焊料粉的熔点分类

常用的焊膏熔点为 178 ~ 183 ℃,随着所用金属种类和组成的不同,焊膏的熔点可提高至 250 ℃以上,也可降至 150 ℃以下。可根据焊接所需温度的不同,选择不同熔点的焊膏。

2)按焊剂的活性分类

按焊剂活性分类,焊膏可分为低活性(R)、中等活性(RAM)和高活性(RA)3 个等级,见表 3-4,以适应电子产品生产中不同焊接的需要。目前,强活性焊膏已基本上不用。

表 3-4　焊膏按焊剂的活性分类

类型	焊剂和活化剂	应用范围
R	水白松香,低活性	用于较高级别的电子产品,可实现免清洗
RAM	松香,非离子性卤化物	用于民用电子产品中
RA	松香,离子性卤化物	用于可焊性差的元器件

3)按焊膏的黏度分类

黏度的变化范围很大,通常为 100 ~ 600 Pa · s(黏度值),最高可达 1 000 Pa · s 以上,依据焊膏印刷手段的不同进行选择。根据焊膏的黏度分类,是为了适应不同工艺方法分配焊膏的需要,见表 3-5。

表 3-5　按焊膏黏度分类

焊料含量	黏度值/(Pa · s)	应用范围
85%	350 ~ 450	分配器
90%	700 ~ 1 200	漏网印制
90%	400 ~ 600	丝网印制

4)按焊剂的成分分类

焊膏按焊剂的成分分为有机溶剂清洗、水清洗、可以不清洗(半水清洗)和免清洗。从环境保护角度考虑,水清洗、可以不清洗(半水清洗)和免清洗是焊膏的发展方向。

2. 焊膏使用和保管的注意事项

焊膏是由金属粉末粒子熔于焊剂溶液中构成的,它是一种化学特性很活跃的物质,是温度敏感材料,因而它对温度环境的要求十分严格。焊膏通常应该密封保存在恒温恒湿的冷柜中,保存温度为 0 ~ 10 ℃。在使用前要预先从冷柜中取出自然解冻,2 ~ 3 h 后开封观察焊膏。如果表面变硬或结块凝固,必须进行处理,添加焊膏稀释剂调稀后再用,否则不能使用。如果焊膏表面完好,则要搅拌均匀后再使用。一般在温度为 0 ~ 10 ℃、湿度为 20% ~ 21% 的条件下，焊膏的有效期为6个月。焊膏工作场所的最佳状况是：温度为20～25 ℃，相对湿度为50%～70%，洁净、无尘、防静电。使用前，需确认焊膏的保存期限。

焊膏的黏性选择一般是要求其自黏能力大于它与模板的黏结能力，与模板孔壁的黏结能力又要小于其与焊盘的黏结能力。焊膏的黏度过大，易造成焊膏不容易印制到模版开孔的焊盘上；焊膏的黏度过小，则不容易控制焊膏的沉积形状，印制后会塌陷，较易产生桥接。若焊膏中合金粉末含量不足，则会直接造成焊料不足的焊接。印制中所使用的焊膏一般要求其颗粒大小合适、均匀性好、形状规则，否则会影响焊膏的沉积量。

3.5.5 表面安装的涂敷方式

常见的贴片胶涂布方法是指将贴片胶从储存容器中(管式包装、胶槽)均匀地分配到印制电路板指定位置上。常见的方法有针式转移、丝网/模板印刷和压力注射。

1)针式转移

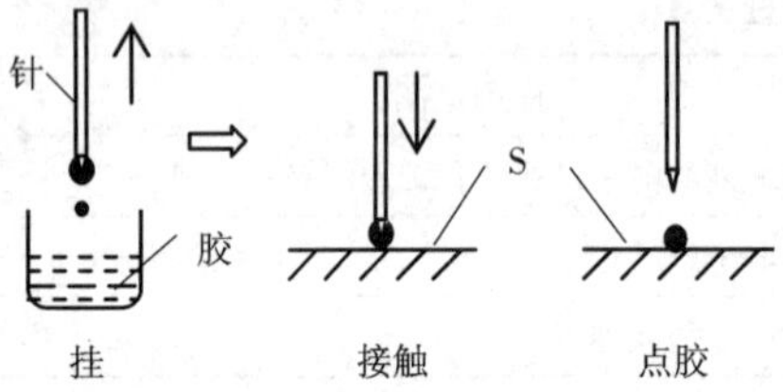

图3-25 针式转移方法示意图

针式转移方法是在金属板上安装若干个针头，每个针头对准要放贴片胶的位置，涂布前将针床浸入一个盛贴片胶的槽中，其深度为1.2～2 mm，然后将针床移到印制电路板上，轻轻用力下按，当针床再次被提起时，胶液就会因毛细管作用和表面张力效应转移到印制电路板上，胶量的多少则由针头直径和贴片胶的黏度来决定。针式转移方法所有胶点能一次点完，速度快，适合大批量生产，设备投资少，是早期应用方法之一，如图3-25所示。

2)丝网/模板印刷

丝网/模板印刷法涂布贴片胶，其原理、过程和设备同焊膏印刷相类似。它是通过镂空图形的丝网/模板，将贴片胶分配到印制电路板上，涂布时由胶的黏度及模板厚度来控制。这种方法简单快捷，一次印刷，完成所有胶点的分配，适合大批量生产。

丝网/模板印刷的优点是：丝网/模板更换，相对比针床价廉；印刷机的利用率提高，无须添置点胶机。其缺点是：对印制电路板更改的适应性差；胶液暴露在空气中，对外界环境要求高；只适合平面印刷。随着新模板技术的推广，使用场合会有所增加。

3)压力注射

压力注射方法是目前最常用的涂布贴片胶的方法。点胶机与点胶嘴原理是将贴片胶装在针管中，在针管头部装接胶嘴，然后将针管安装在点胶机上，点胶机由计算机程序控制，自动将胶液分配到印制电路板指定的位置。这种方法灵活、易调整、无须模板、产品更换极为方便，由于高速点胶机的出现，它既适合大批量生产，也适合多品种生产。此外，贴片胶装在针管之中密封性好、不易污染、胶点质量高。它的不足之处在于，点胶机价格贵，投资费用大。

3.5.6 表面安装焊接

1. 波峰焊

波峰焊是采用波峰焊机一次完成印制电路板上全部焊点的焊接。波峰焊机的主要结构是一个温度能自动控制的熔锡缸，缸内装有机械泵和具有特殊结构的喷嘴。机械泵能根据焊接要求,连续不断地从喷嘴压出液态锡波,当印制电路板由传送机构带动以一定速度进入时,焊锡以波峰的形式不断地溢出至印制电路板面进行焊接。波峰焊接工艺流程为:焊前准备→涂焊剂→预热→波峰焊接→冷却→清洗。

1)焊前准备

焊前准备主要是对印制电路板进行去油污处理、去除氧化膜和涂阻焊剂。

2)涂焊剂

涂敷焊剂可利用波峰焊机上的涂敷焊剂装置,把焊剂均匀地涂敷到印制电路板上,涂敷的形式有发泡式、喷流式、浸渍式、喷雾式等,其中发泡式最常用。

3)预热

预热是给印制电路板加热,使焊剂活化并减少印制电路板与锡波接触时遭受的热冲击。预热时应严格控制预热温度。一般预热温度为 70～90 ℃,预热时间约为 40 s。印制电路板预热后可提高焊接质量,防止虚焊、漏焊。

4)波峰焊接

印制电路板经涂敷焊剂和预热后,由传送带送入焊料槽,印制电路板的板面与焊料波峰接触,使印制电路板上所有的焊点被焊接好。波峰焊分为单向波峰焊和双向波峰焊。

图3-26所示为双波峰焊接原理图。焊接时,焊接部位先接触第一个波峰,然后接触第二个波峰。第一个波峰(湍流波)是由高速喷嘴形成的窄波峰,其流速快,具有较大的垂直压力和较好的渗透性,同时对焊接面具有擦洗作用,提高了焊料的润湿性,克服了因元器件的形状和取向复杂带来的问题。另外,高速波峰向上的喷射力足以使焊剂气体排出,大大减少了漏焊、桥接和焊缝不充实等焊接缺陷,提高了焊接的可靠性。第二个波峰(层流波)是一个平滑的波峰,流动速度慢,有利于形成充实的焊缝,同时可有效去除引脚上过量的焊料,修正焊接面,消除桥接和虚焊,确保焊接的质量。

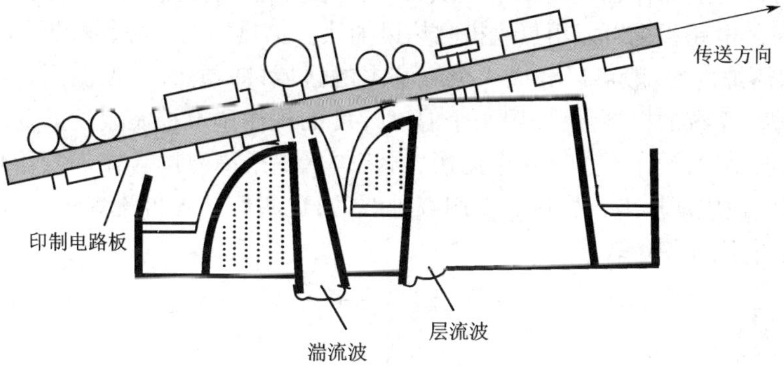

图3-26　双波峰焊接原理图

5)冷却

印制电路板焊接后,板面温度很高,焊点处于半凝固状态,轻微的震动都会影响焊接的质量,另外印制电路板长时间承受高温也会损伤元器件。因此,焊接后必须进行冷却处理,一般是采用风扇冷却。

6)清洗

波峰焊接完成后,要对板面残存的焊剂等污物及时清洗,否则既不美观,又会影响焊件的电性能。其清洗材料要求只对焊剂的残留物有较强的溶解和去污能力,而对焊点不应有腐蚀作用。目前,普遍使用的清洗方法有液相清洗法和气相清洗法两类。

(1)液相清洗法一般采用工业纯酒精、汽油、去离子水等作为清洗液。这些液体溶剂对焊剂残渣和污物有溶解、稀释和中和作用。清洗时可用手工工具沾一些清洗液去清洗印制电路板,或用机器设备将清洗液加压,使之成为大面积的宽波形式以冲洗印制电路板。液相清洗法清洗速度快、质量好,有利于实现清洗工序自动化,只是设备比较复杂。

(2)气相清洗法是在密封的设备里,采用毒性小、性能稳定、具有良好清洗能力、防燃防爆和绝缘性能较好的低沸点溶剂作为清洗液,如三氯三氟乙烷。清洗时,溶剂蒸气在清洗物表面冷凝形成液流,液流冲洗掉清洗物表面的污物,使污物随着液流流走,达到清洗的目的。

气相清洗法比液相清洗法效果好,对元器件无不良影响,废液的回收方便并可循环使用,减少了溶剂的消耗和对环境的污染,但清洗液价格昂贵。

注意:为保证焊点质量,不允许用机械的方法去刮焊点上的焊剂残渣或污物。

2. 再流焊

再流焊也称回流焊,是SMT的主要焊接方法。再流焊是通过重新熔化预先分配到印制电路板焊盘上的焊膏(焊料再流),实现表面安装元器件焊端或引脚与印制电路板焊盘之间机械与电气连接的一种成组或逐点焊接工艺,它在焊接过程中不需要添加任何额外焊料。

这种焊接技术的焊料是焊锡膏。焊锡膏是先将焊料加工成一定粒度的粉末,加上适当液态黏合剂和焊剂,使之成为有一定流动性的糊状焊膏,用它将元器件粘在印制电路板上,通过加热使焊膏中的焊料熔化而再次流动,达到将元器件焊接到印制电路板上的目的。

采用再流焊技术将片状元器件焊到印制电路板上的工艺流程如图3-27所示。在再流焊的工艺流程中,首先要将由铅锡焊料、黏合剂、抗氧化剂组成的糊状焊膏涂敷到印制电路板上,可以使用手工、半自动或自动丝网印刷机将焊膏印到印制电路板上,然后把元器件贴装到印制电路板的焊盘上,同样也可以用手工或自动机械装置。将焊膏加热到再流,可以在加热炉中进行,少量的电路板也可以用热风机吹热风加热。加热的温度必须根据焊膏的熔化温度准确控制。加热炉内,一般可以分成4个最基本的区域,即预热区、保温区、再流焊区、冷却区;也可以在温度系统的控制下,按照4个温度梯度的规律调节控制温度的变化。电路板随传送系统进入加热炉,顺序经过这4个温区,再流焊区的最高温度应使焊膏熔化、浸润,黏合剂和抗氧化剂气化成烟排出。加热炉使用红外线的,也叫红外线再流焊炉,其加热的均匀性和温度容易控制,因而使用较多。

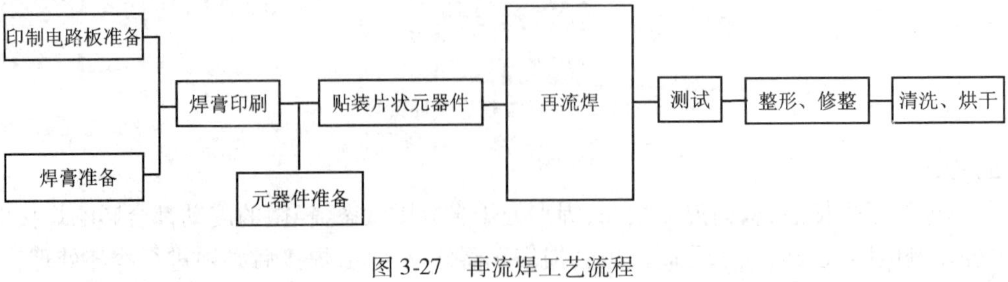

图3-27 再流焊工艺流程

再流焊接完成经测试合格以后,还要对电路板进行整形、清洗、烘干并涂敷防潮剂。再流焊操作方法简单、焊接效率高、质量好、一致性好,而且仅在元器件的引片下有很薄的一层焊料，是一种适合自动化生产的微电子产品装配技术。按照加热方法不同，再流焊技术通常分为三大类，即红外再流焊、气相再流焊和激光再流焊。

1）红外再流焊

红外线有远红外和近红外之分。其中，远红外加热时焊件40%热量来自红外辐射，60%由热空气对流提供。近红外加热，直接辐射热占95%以上。

红外焊机一般又叫红外炉，贴装好的SMB由传送带输入，加热区一般分四级，如图3-28所示，将温度逐渐加热到再流焊所需的温度。红外炉内的温度由控温系统调节。

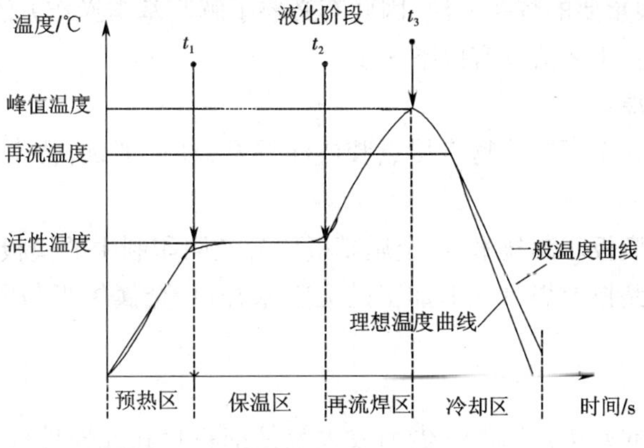

图3-28　红外再流焊加热温度分布

红外再流焊具有以下特点：

（1）设备光源性价比高；

（2）加热速度可控；

（3）热波动较大，容易损伤基板和SMD。

2）气相再流焊

气相再流焊又叫冷凝焊，是利用液体汽化来提供焊接热量。所用蒸气为惰性气体，如FC－70，其沸点为215 ℃，当它冷凝在元器件引脚和焊盘上时，置换出空气和潮气并放出热，使焊料熔化从而实现均匀焊接。

气相再流焊以热传导为主，热量均匀，任何情况下都不会超过液体的沸点。因此，对任何形状的元器件都能均匀加热。不足之处是这种氟化物价格昂贵且有污染环境问题。

3）激光再流焊

激光再流焊主要适用于军事电子设备，它利用激光的高能密度进行瞬时微细焊接，并且把热量集中到焊接部位进行局部加热，对器件本身、印制电路板和相邻器件影响很小，同时还可以进行多点同时焊接。

激光焊接能在很短的时间内把较大能量集中到极小表面，加热过程高度局部化，不产生热应力，热敏性强的元器件不会受热冲击，同时还能细化焊接接头的结晶晶粒度。激光再流焊适用于热敏元器件、封装组件及贵重基板的焊接。

再流焊具有以下特点。

（1）再流焊不像波峰焊那样，直接把电路板浸渍在熔融焊料中，因此元器件受到的热冲击小。

(2)再流焊仅在需要部位施放焊料。

(3)再流焊能控制焊料的施放量,避免桥接等缺陷。

(4)当 SMD 的贴放位置有一定偏离时,由于熔融焊料的表面张力作用,只要焊料的施放位置正确,就能自动校正偏离,使元器件固定在正确位置。

3.5.7 手工表面安装简介

尽管现代化生产中自动化、智能化是必然趋势,但在研究、试制、维修领域,手工表面安装因其方便、快捷仍是很重要的焊接方法,因此有必要了解其基本操作方法。

手工表面安装主要工艺流程有以下 3 步。

1. 涂布黏合剂或焊膏

最简单的涂布是人工用针状物直接点胶或涂焊膏,经过训练,技术高超的操作员同样可以达到机械的效果。

更常见的是采用模板印制技术,用金属模板代替丝网印制中的模板进行焊膏印刷。金属模板上有按照印制电路板上焊盘图形加工的无阻塞开口,金属模板与印制电路板直接接触,焊膏不会溢流。

2. 贴片

手工操作最简单的办法是用镊子借助放大镜仔细将片式元器件放到印制电路板设定的位置。由于片式元器件尺寸小,特别是窄间距方形扁平式封装技术(Quad Flat Package, QFP)引脚很细,用夹持的办法可能损伤元器件,因此也可采用一种带有负压吸嘴的手工贴片装置——真空吸笔。

3. 焊接

最简单的是手工烙铁焊接,最好采用恒温或电子控温烙铁,焊接的技术要求和注意事项同普通印制电路板,但更强调焊接时间和温度,短引脚或无引脚的元器件较普通长引脚元器件技术难度大。合适的电烙铁加上正确的操作可以达到同自动焊接相媲美的效果。

再流焊是手工表面安装的主要焊接方法,应用较为广泛的是红外再流焊。当在印制电路板上涂敷了焊膏并贴放元件后,放在红外再流焊炉中进行焊接。再流焊炉中具有多组红外加热器,并以热辐射的形式向 SMC、SMD 传送热能,在再流焊炉中还设有热风系统,从而使炉温更均匀。

3.5.8 焊接质量的评估与检测

1. 人工目测检查(加辅助放大镜)

在 SMT 生产中,人们惯用肉眼或者辅助放大镜、显微镜检测,基本上能满足对除球栅阵列封装(Ball Grid Array Package, BGAP)和芯片尺寸封装(Chip Size Package,CSP)等以外元器件焊点的观察。较为理想的辅助工具是无阴影放大镜与大中心距显微镜。

检查中,还可以借助金属针或竹制牙签,以适合的力量和速度划过 QFP 的引脚,依靠手感及目测来综合判断,特别是对 IC 引脚是否有虚焊或桥连的检查,有着良好的效果。借助放大镜和显微镜的人工目测检验方法具有灵活性,也是最基本的检测手段。IPC - A - 610B 焊点验收标准,基本上也是目测为主。现结合 IPC - A - 610B 标准,对焊点外观质量评述如下。

1)优良的焊点外观通常应能满足的要求

(1)润湿程度良好。

(2)焊料在焊点表面铺展均匀连续,且越接近焊点边缘焊料层越薄,接触角一般应小于30°,对于焊盘边缘较小的焊点,应见到凹状的弯月面,被焊金属表面不允许有焊料的阻挡层及其他污染物,如阻碍层、字符图、栏框等。

(3)焊点处的焊料层要适中,避免过多或过少。

(4)焊点位置必须准确,元件的端头、引脚应处于焊盘的中心位置,宽度及长度方向不应出现超越现象。

(5)焊点表面应连续和圆滑,对于再流焊形成的焊点应有光亮的外观。

2)常见的主要缺陷

(1)桥连、桥接:指焊料在不需要的金属部件之间产生的连接,会造成短路现象。各种元件焊点均可能发生此缺陷,出现时必须修理。

(2)立碑:又称之为吊桥(Drawbridging)、曼哈顿和墓碑,是SMT生产中常见的缺陷,主要出现在重量很轻的片式阻容元件上。

(3)错位:指元件位置移动出现开路状态。

(4)焊膏未熔化:指SMA(表面组装组件)通过再流炉焊接后,元器件引脚上出现焊膏未熔化现象,各种元件均会发生。

(5)吸料、芯吸现象:指焊料不是在元件引脚根润湿,而是通过引脚上升到引脚与元件本体的结合处,似油灯中的油上升到灯芯上端,常见于QFP和SOIC。

2. 维修

1)热传导加热

绝大部分的热传导返修是用手工工具来完成的,这种方法最适合返修引脚数很少的小型器件,使用的工具是最普通的电烙铁。返修可靠性在很大程度上取决于操作人员的焊接技术水平和操作技巧。电烙铁对贴片元器件实施热传导加热时,温度和时间要合适,否则很容易损坏元器件,甚至出现元器件的本体与两端的端子分离,如不能及时发现会造成电路开路。

2)对流加热

对流加热已经广泛用于拆除、更换IC和其他多引脚封装,其设备已经发展到相当完善的程度。操作时,用空气或氮气吹过一个电阻加热元件,气体温度升高到焊料熔点以上,热气通过一个喷嘴直接达到要拆除的元器件上。

3)手持便携式热空气返修工具

手持便携式热空气返修工具重量轻、使用方便。采用这种返修工具时,操作时要精确地控制加热的空气流,使之喷流到与被返修的器件引脚相对应焊盘的位置上,又不会使相邻器件焊缝上的焊料熔化元器件脱落。而料焊缝上的焊料熔化后,即刻用镊子夹取元器件,完成拆焊操作。另外在返修时,要远离耐高温性能差的用有机材料注塑而成的电子元器件、零部件,否则热流会使外壳软化而造成损坏。更换新器件可用镊子进行取放操作,用普通电烙铁进行焊接操作,或用手持式热空气返修工具进行再流焊接操作。

4)吸锡烙铁

吸锡烙铁的吸锡嘴及发热管经特别设计,使焊锡在熔融状态下能被吸进过滤器。

3.6 电子焊接技术的发展

3.6.1 无锡焊接

除锡焊连接法以外,还有无锡焊接,如压接、绕接等。无锡焊接的特点是不需要焊料与焊剂即可获得可靠的连接。下面简要介绍一下目前使用较多的压接和绕接。

1. 压接

借助机械压力使两个或两个以上的金属物体发生塑性变形而形成金属组织一体化的结合方式称为压接,它是电线连接的方法之一。压接的具体方法是,先除去电线末端的绝缘包皮,并将它们插入压线端子,用压接工具给端子加压进行连接。压线端子用于导线连接,有多种规格可供选用。

压接具有如下特点:

(1)压接操作简便,不需要熟练的技术,任何人、任何场合均可进行操作;

(2)压接不需要焊料与焊剂,不仅节省焊接材料,而且接点清洁无污染,省去了焊接后的清洗工序,也不会产生有害气体,保证了操作者的身体健康;.

(3)压接电气接触良好,耐高温和低温,接点机械强度高,一旦压接点损伤后维修也很方便,只需剪断导线,重新剥头再进行压接即可;

(4)应用范围广,压接除用于铜、黄铜外,还可用于镍、镍铬合金、铝等多种金属导体的连接。

压接虽然有不少优点,但也存在不足之处,如压接点的接触电阻较高,手工压接时有一定的劳动强度,质量不够稳定等。

2. 绕接

绕接是利用一定压力把导线缠绕在接线端子上,使两金属表面原子层产生强力结合,从而达到机械强度和电气性能均符合要求的连接方式。

绕接具有如下特点:

(1)绕接的可靠性高,而锡焊的质量不容易控制;

(2)绕接不使用焊料和焊剂,所以不会产生有害气体污染空气,避免了焊剂残渣引起的对印制电路板或引脚的腐蚀,省去了清洗工作,同时节省了焊料、焊剂等材料,提高了劳动生产率,降低了成本;

(3)绕接不需要加温,故不会产生热损伤,但锡焊需要加热,容易造成元器件或印制电路板的损伤;

(4)绕接的抗震能力比锡焊大 40 倍;

(5)绕接的接触电阻比锡焊小,绕接的接触电阻在 1 mΩ 以内,而锡焊接点的接触电阻为数毫欧。

(6)绕接操作简单,对操作者的技能要求较低,而锡焊则对操作者的技能要求较高。

3.6.2 电子焊接技术的发展特点

随着计算机技术的发展,现代电子焊接技术有如下几个特点。

1. 焊件微型化

由于现代电子产品不断地向微型化发展,使用传统的焊接方法已很难达到技术要求。这就促使微型焊件焊接技术也要向微型化发展。

2. 焊接方法多样化

(1)锡焊:除了波峰焊向自动化、智能化发展外,再流焊技术日臻完善、发展迅速,其他焊接方法也随着组装技术的发展而不断涌现。目前,用于生产实践的有超声波焊、热超声金丝球焊、倒装焊、真空焊等。

(2)特种焊接:锡焊以外的焊接方法主要有高频焊、超声波焊、电子束焊、激光焊、摩擦焊、真空焊等。

(3)无铅焊接:由于铅是有害金属,人们已经在研究非铅焊料实现锡焊。目前已成功用于代替铅的有铟、铋等。

(4)无加热焊接:用导电黏合剂将焊件粘起来,如同黏合剂黏结物品一样。

3. 设计生产计算机化

现代及相关工业技术的发展,使制造业从对各个工序的自动控制发展到集中控制,即从设计、试验到制造,从原材料筛选、测试到整件装配检测,统一由计算机系统进行控制,组成计算机集成制造系统(Computer Integrated Manufacture System, CIMS)。焊接中的温度、焊剂浓度,印制电路板的倾斜及速度,冷却速度等均由计算机智能系统自动选择。

当然,这种高效率、高质量的制造业是以高投入、大规模为前提条件的。

4. 生产过程绿色化

绿色是环境保护的象征。目前,电子焊接中使用的焊剂、焊料及焊接过程,焊后清洗不可避免地影响环境和人们的健康。

绿色化进程主要体现在以下两个方面:

(1)使用无铅焊料,尽管由于经济上的原因尚未达到产业化,但技术、材料的进步正在向此方向努力;

(2)发展免清洗技术,使用免清洗焊膏,焊接后不用清洗,避免环境污染。

随着电子工业的不断发展,传统的方法将不断改进和完善,新的、高效率的焊接方法也将不断涌现。

3.7 电气过载、静电释放损害的防护

3.7.1 电气过载、静电释放损害及防护

某些元器件、设备对使用电烙铁、吸锡器、测试仪器等产生的尖峰电脉冲特别敏感,一般设备越小、越精密、运算速度越快,敏感度就越高,越容易因电气过载或静电释放而受损。

静电释放(Electro Static Discharge, ESD)是一种由静电源产生的电能进入电子组件后迅速放电的现象。而电气过载(Electrical Over Stress, EOS)是某些额外出现的电能导致元件损害的结果。这两种意外电能造成的破坏十分相似,极难分辨。

静电损害是静电源产生的电能作用到或过于接近静电敏感元件或设备导致的结果。大多数产生严重静电故障隐患的是绝缘材料,因为它们集中了电能而不是从材料表面释放掉。

一般诸如塑料袋或聚苯乙烯泡沫塑料容器是严重的静电源,因此不允许在生产区域内,尤其在静电安全区/静电防护区内使用。

3.7.2 静电损害防护的警告标识

图3-29是ESD敏感符号,用以表示容易受到ESD损害的电子电气设备或组件。

图3-30是ESD防护符号,用以表示对ESD敏感组件或设备提供ESD防护的器具。

图3-29 ESD敏感符号

图3-30 ESD防护符号

3.7.3 静电释放损害的防护材料

在非静电安全工作区,可使用静电屏蔽料盒、包装等方式防止静电敏感元件、组件受到伤害,只有在静电安全工作区,才能将静电敏感元件从防护包装中取出。可用作防护包装的材料如下。

(1)静电屏蔽材料:可防止静电释放穿透包装伤害组件。

(2)抗静电材料:在使用中不产生电荷,如果发生了静电释放,它能穿透包装导致元件损坏,因此可作为敏感器件、廉价的中转包装或暂存使用。

(3)静电消散材料:有足够的传导性,使电荷通过其表面消散,离开防护工作区的部件,必须使用静电屏蔽材料包装,其材料内部通常也有静电消散材料和抗静电材料。

3.7.4 防静电工作台

防静电工作台如图3-31所示,它有接地的静电消散或抗静电工作台面,具有EOS/ESD防护功能,能防止在维修、制造或测试设备上产生的尖峰脉冲及烙铁、测试器具产生的电能造成敏感元件的损坏。对于操作人员应带防静电腕带,用于消除皮肤或衣物产生的静电。

3.7.5 电子组件操作准则

(1)保持工作区域干净整洁。在工作区域不可有任何食品、饮料或烟草制品。

(2)尽可能减少对电子组件的操作,防止损坏。

(3)使用手套时,需要及时更换,防止因手套肮脏引起的污染。

(4)不可用裸露的手或手指接触可焊表面。人体油脂和盐分会降低可焊性、加重腐蚀,还会导致其后涂覆和层压的低黏附性。

(5)不可使用未经认可的手霜,否则会引起可焊性和涂覆黏附性问题。

(6)绝不可堆叠电子组件,否则会导致机械性损伤,需要在组装区使用特定的搁架用于临时存放。

(7)对于没有静电敏感标志的部件也应作为ESDS部件操作。

(8)人员必须经过培训并遵循 ESD 规章制度执行。

(9)除非有合适的防护包装,否则决不能运送 ESDS 设备。

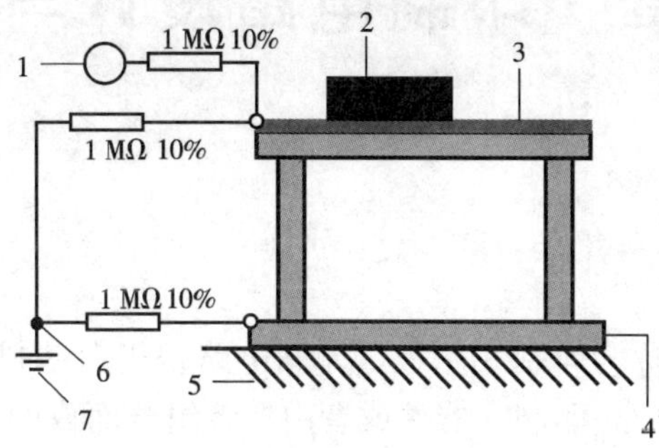

图 3-31　防静电工作台

1—人员用防静电腕带;2—EOS 防护容器;3—EOS 防护桌面;4—EOS 防护地板、地垫;5—建筑地面;6—共用接地点;7—地

第 4 章　印制电路设计与制作

4.1　概述

印制电路板即 PCB,也称为印制线路板。印制电路是指在基材的表面上,按预定设计用印制的方法所制成的印制电路、印制元器件或者由二者组合而成的电路。而印制电路板是指附着于基材表面上的提供元器件(包括屏蔽元器件)之间电气连接的导电图形。它不包括印制元器件。

印制电路板被广泛应用于电子设备中,小到电子手表、计算器、通用电脑,大到计算机、通信电子设备、军用武器系统。只要有电子元器件,它们之间的电气互连都要用到印制电路板。

印制电路板的主要作用有以下几点。

(1)电子产品和设备中,印制电路板是不可缺少的重要部件。它不仅对电子元器件起到机械固定作用,同时也使元器件按照一定规律形成电的连接,使电路的实现变得简单易行。

(2)把安装在印制电路板上的元器件标注出来,有助于元器件的插装和维修。

(3)大量减少接线数量和接线错误,在机械结构和电气性能两方面都具有良好的重复性,便于自动化生产并大大提高了产品的质量,电路的检验与测试也相应简化,因此得到了广泛的应用。

(4)印制电路板的采用,缩小了电子产品和设备的体积,节约了生产成本。

图 4-1 所示为印制电路板的基本外形结构。

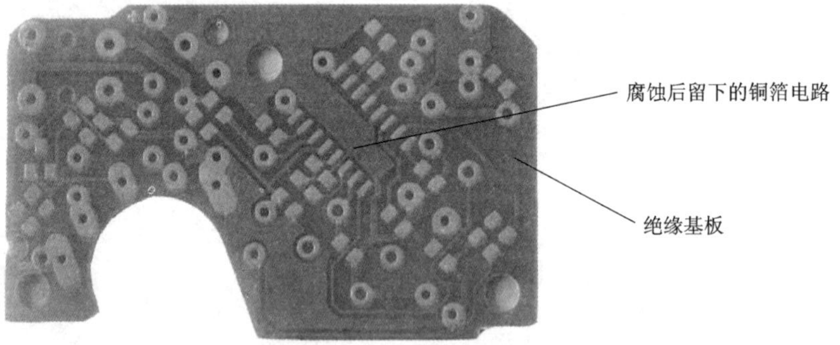

图 4-1　印制电路板外形

印制电路板按照其结构特性分为以下几类。

1)单面板

在最基本的印制电路板上,元器件集中在其中一面,印制导线则集中在另一面。由于导线只出现在其中一面,因而就称这种印制电路板为单面板。

2) 双面板

这种印制电路板的两面都有布线,不过要用上两面的导线,必须要在两面间有适当的电路连接才行。这种电路间的“桥梁”叫作导通孔,导通孔是在 SMB 上充满或涂上金属的小洞,它可以与两面的导线相连接。因为双面板的面积比单面板大了一倍,而且因为布线可以互相交错(可以绕到另一面),它更适用于比单面板复杂的电路上。

3) 多层板

为了增加可以布线的面积,多层板用了更多单面或双面的布线板。多层板使用数片双面板,并在每层板间放进一层绝缘层后粘牢(压合)。板子的层数就代表了独立布线的层数,通常层数都是偶数,并且包含最外侧的两层。大部分的主基板都是 4 ~ 8 层的结构,不过技术上可以做到近 100 层。

4.2　印制电路板结构基础

印制电路板的结构尺寸,除与印制电路板的翘曲和机械强度有关外,还与印制电路板的制造、装配有密切关系。对于采用自动插装电子元器件和波峰焊接的印制电路板,其结构尺寸的准确性、规格化直接影响加工的可行性和经济性。印制电路板的标准结构尺寸可从外形、厚度、板上基本要素等方面来定义。

1. 印制电路板的基本要素尺寸

印制电路板的基本要素尺寸如图 4-2 所示。

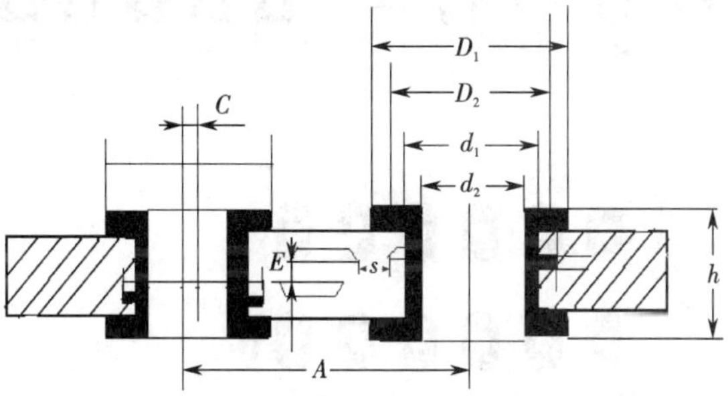

图 4-2　印制电路板的基本要素尺寸

A—孔中心距;C—层间重合度;d_1—钻孔直径;d_2—孔金属化后直径;

D_1—表层连接盘直径;D_2　内层连接盘直径;E—层间最小距离;

s—导线最小间距;h—印制电路板厚度

2. 各种孔的尺寸及公差

1) 非金属化孔

非金属化孔一般用于元器件引脚与印制电路板上的电气连接孔,即引脚孔(亦称之为穿线孔)。为了使元器件能牢固可靠地焊接在印制电路板上,防止元器件受力摇动而使接点与基板剥离,引脚孔的直径一般不得大于元器件引脚直径 0.3 mm 以上。为了便于加工,引脚孔的规格不宜过多。

2) 金属化孔

金属化孔是孔壁沉积有金属的孔,用于层间导电而形成电气连接。金属化孔可设在元器件的引脚孔上,也可不设在元器件孔上。具有金属化孔的印制电路板的孔径与板厚之比尽可能不小于1∶3,更小会引起生产困难和增加成本。用作安装元器件的金属化孔的直径及公差的平均厚度不小于 25 μm,最小厚度为 15 ~ 18 μm。在此前提下,镀层厚度允许偏差为 0 ~ 100% 。

只用作贯穿连接而不安装元器件的中继孔(或称过孔),它们的公差,特别是最小孔径公差没有严格要求。

3)安装孔

安装孔是为将大型元器件固定在印制电路板上所设的孔,其直径依照所安装元器件的引脚尺寸而定。

3. 连接盘及尺寸

连接盘是导电图形的一部分,可用来连接和焊接元器件,用来焊接元器件时又叫焊盘。

常用的连接盘有圆形、方形、椭圆形、长圆形等。为了增加连接盘的附着强度,在中等密度布线情况下,往往使用椭圆形和长圆形连接盘;在高密度布线场合,多使用圆形和方形连接盘。在相同环宽情况下,方形、椭圆形和长圆形连接盘比圆形连接盘的面积大。长圆形连接盘上可以钻两个孔,从而增加金属化孔互连的可靠性。椭圆形连接盘有利于斜向布线。

1)双列直插集成电路连接盘

双列直插集成电路连接盘图形与尺寸参考测量点如图 4-3 所示。

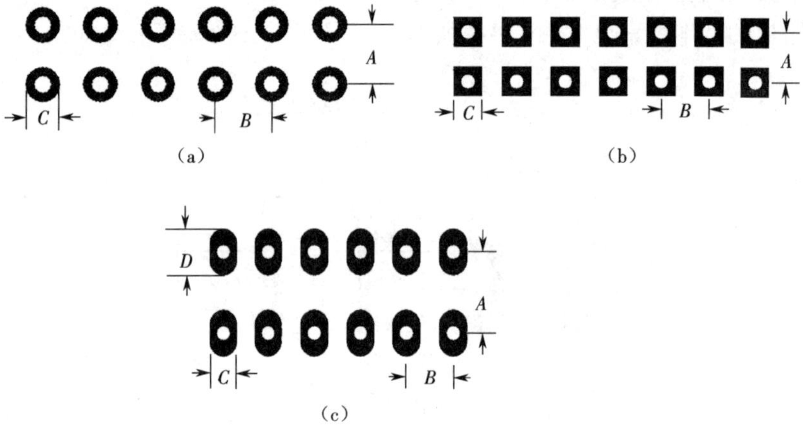

图 4-3 各种双列直插集成电路连接盘形状

(a)圆形连接盘 (b)方形连接盘 (c)椭圆形连接盘

2)交错式插头连接盘

交错式插头连接盘图形及尺寸参考测量点如图 4-4 所示。

3)单列连接盘

单列连接盘图形和尺寸参考测量点如图 4-5 所示。除圆形外,还有方形、椭圆形、扁圆形的连接盘,各形也有空心和实心之分。

以上列举了部分连接盘的图形与参考测量点。详细的连接盘及标记符号信息请查阅《印制电路用照相底图图形系列》(GB/T 12559—1990)。

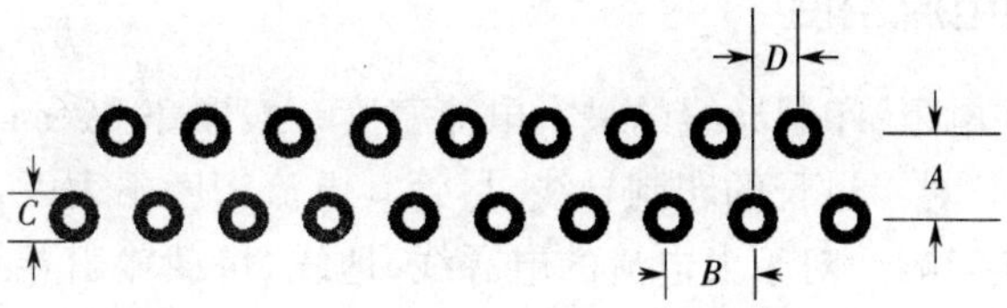

图 4-4　交错式插头连接盘

图 4-5　单列连接盘

4.3　印制电路板的电气及机械性能

印制电路板的设计及制作必须符合其电气、机械性能。符合其标准的性能参数可以保证印制电路板的良好质量。一般来说,其电气性能主要体现在印制导线电阻、熔断电流、电流密度、绝缘电阻、耐压等方面。机械性能主要体现在导电图形的附着力和平整度。

4.3.1　印制导线的电阻

印制导线的横截面一般近似为长方形。对于用作导电材料的铜,在温度为 25 ℃时,其电阻率为 $1.8 \times 10^{-6}\ \Omega \cdot cm$。

由于印制导线的电阻一般较小,在信号频率较低时可不予考虑。但在重要的地方,例如地线回路、大电流电路或一些特殊电路中,则必须进行估算或测量。

若铜箔上有像镍、金或锡铅这些金属薄镀层,因为它们对导线电阻的影响很小,所以金属镀覆层的电阻可不予考虑,而只需考虑铜箔部分的电阻。低电阻率金属的厚镀层,例如金属化孔印制电路板上常用的铜镀层,就需要认真考虑。由于铜镀层加厚导线的厚度,所以导线电阻的估算,可用铜箔的厚度加上铜镀层的厚度,根据相关参数进行估算。对于铜以外的其他导电材料或其他横截面形状的导线,如有需要,其导线电阻必须计算。

4.3.2　印制导线的熔断电流

由于印制导线表面积较大,且导电铜箔与绝缘基板接触良好,使其具有良好的导热性能,因此印制导线允许通过的电流密度要比普通导线大得多。印制导线的熔断电流与普通导线熔断电流见表 4-1。

表 4-1　导线熔断电流

导线	截面积/mm^2	电阻/(Ω/m)	瞬间熔断电流/A
一般导线	0.07	0.25	15
印制导线	0.075	0.3	60

注:①印制导线为宽 1.5 mm,厚 50 mm;

②熔断时间均为 1 ~ 2 s 时的熔断电流值。

4.3.3 印制导线的电流密度

由于印制导线存在电阻,印制导线的最大电流密度一般取 20 A/mm。导线宽度与最大工作电流的关系见表 4-2。对于过长的印制导线,尽管其电流密度不太大,但导线电阻上的压降会对电路工作带来不良影响。对于大电流的电源线、地线、负载输出导线应适当加宽,以降低电压降的影响。印制导线的压降对照见表 4-3。

表 4-2 印制导线最大允许工作电流

导线宽度/mm	1	1.5	2	2.5	3	3.5	4
导线面积/mm^2	0.05	0.075	0.1	0.125	0.15	0.175	0.2
导线电流/A	1	1.5	2	2.5	3	3.5	4

注:印制导线厚为 50 μm。

表 4-3 印制导线的电压降

负载电流/A	0.25	0.5	0.75	1.0	1.25	1.5	1.75	2.0	2.5	3.0	4.0	5.0
电压降/(V/m)	0.1	0.2	0.3	0.4	0.5	0.6	0.7	0.8	1.0	1.25	1.65	2.05

注:印制导线的宽度为 1 mm,厚为 50 μm。

4.3.4 印制导线的耐压

导线之间允许的电压,主要取决于导线间距、基材种类、涂覆层及环境条件等因素,同时还取决于规定的安全规则。因此,不能给出通用的要求。如果两个相邻的印制导线间电位差较大,应防止高压击穿现象。为了适应各种环境条件运行,在排版设计时,印制导线间的距离应满足最大安全工作电压的要求。一般安全工作电压与导线的间距可使用如下参考值:1.5 mm(300 V)、1.0 mm(200 V)、0.5 mm(100 V)。

多层板相邻层间所允许的电压取决于绝缘层的厚度及其介电强度,并且可以从有关绝缘材料规定的数值直接计算出来。

4.4 印制电路板设计要求

4.4.1 一般要求

1. 元器件安装面和焊接面的规定

印制电路板上的安装面和焊接面应使用字母 A、B 加以区别。双面印制电路板规定 A 面为元器件面,B 面为焊接面。

多层印制电路板规定第一层为元器件主安装面,即 A 面;第 n 层为主焊接面,即 B 面。n 为多层印制电路板的层数。

2. 布线区域

为防止外形加工触及印制导线,外层布线区的导电图形与印制电路板边缘的距离应大于

1. 25 mm。有些双面印制电路板设计中，将地线作为围框，可以占用边距部位。有的导轨槽被用来接地或供电，则最外边的导电图形必须与导轨槽保持一定距离，通常该距离应大于 2. 5 mm，如图 4-6 所示。

在多层印制电路板中，为防止机械加工时造成层间短路，内层布线区的导电图形（包括电源层和接地层）离印制电路板边缘的距离应大于 1. 25 mm，如图 4-7 所示。

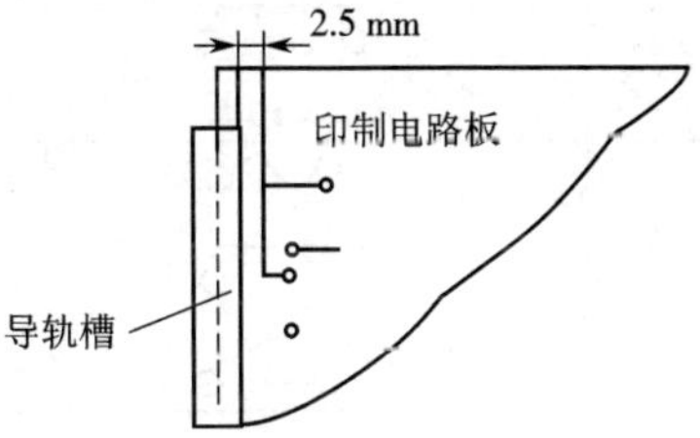

图 4-6　导电图形与导轨槽的距离

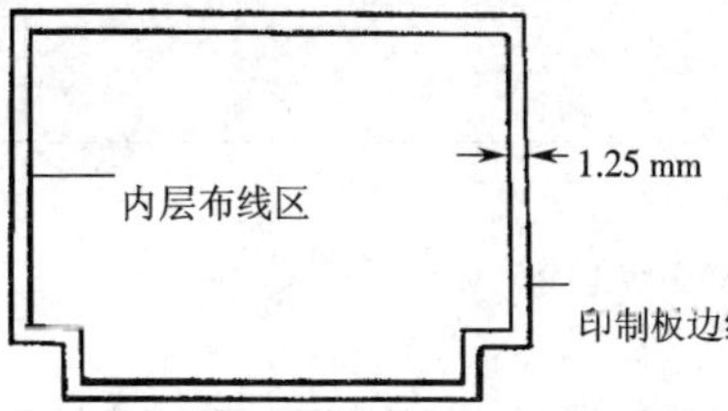

图 4-7　布线区导电图形与印制电路板边距

3. 布线要求

（1）在元器件尺寸较大，而布线密度较低时，可适当加宽印制导线及其间距，并尽量把不用的地方合理地作为接地和电源用。

（2）在双面或多层印制电路板中，相邻两层印制导线，宜相互垂直走线，或斜交、弯曲走线，力求避免相互平行走线。

（3）印制导线布线应尽可能短，特别是电子管栅极、晶体管的基极和高频回路，更应注意布线要短。

（4）印制电路板上同时安装模拟电路和数字电路时，宜将两种电路的地线系统完全分开，它们的供电系统同样也宜完全分开。

（5）印制电路板上安装有高压或大功率器件时，要尽量和低压小功率器件的布线分开，并注意印制导线与大功率器件的连接设计和热设计。

（6）高速数字电路的输入端和输出端用的印制导线，应避免相邻平行布线。必要时，在这些导线之间要加接地线。

（7）为了减少电磁干扰，需要时，数字信号线可靠近地线布设，地线可起屏蔽作用。

（8）在高频电路中，为减少寄生反馈耦合，必要时需设置印制导线保护环或保护线，以防止振荡和改善电路性能。模拟电路输入线最好采用保护环，以减少信号线与地线之间的电容。这是改善电路性能的一个重要措施。

（9）考虑到焊接效果和走线的合理性，必须正确安排导线的图形，见表 4-4。印制导线应简洁美观，导线与焊盘的连接应平滑过渡。分立件导线的宽度一般为 1. 5 ~ 3 mm，而集成电路导线宽度为 1 mm 或以下。如两相邻印制导线之间的电位差较大，应防止高压击穿现象。为适应各种运行环境条件，在排版时，印制导线的间距应满足最大安全电压的要求。在同块印制电路板上，除功率线和地线外，其余导线的宽度应尽可能均匀一致。

表 4-4　印制导线图形的正确安排

项目	建议走线方式	避免走线方式
(1)焊盘直径和导线宽度		
(2)焊盘连接设计	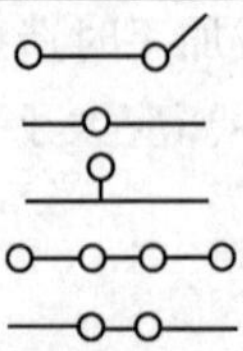	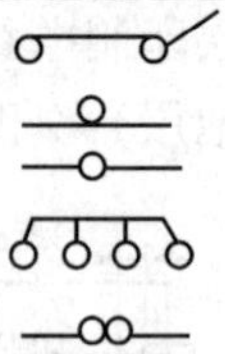
(3)最短走线	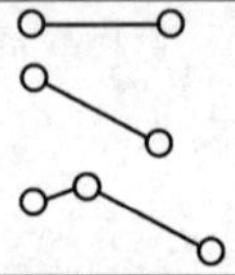	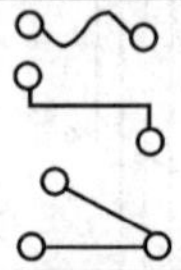
(4)避免尖锐内角	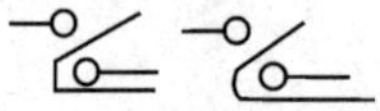	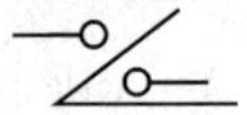
(5)合理利用空间	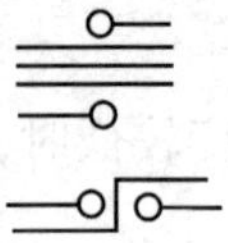	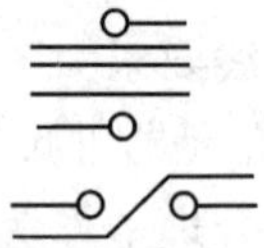

(10)同一级电路的接地点应尽量靠近,并且本级电路的电源滤波电容也应接在该级接地点上。特别是本级晶体管基极、发射极的接地点不能离得太远,否则因两个接地点间的铜箔太长会引起干扰与自激。采用这种"一点接地法"的电路,工作较稳定,不易自激。

(11)总地线必须严格按高频、中频、低频一级一级地按弱电到强电的顺序排列,切不可随便翻来覆去乱接,级与级间宁可接线长点,也要遵守这一规定。特别是变频头、再生头、调频头的接地线安排要求更为严格,如有不当就会产生自激以致无法工作。调频头等高频电路常采用大面积包围式地线,以保证有良好的屏蔽效果。公共地线最好布置在印制电路板的边缘,同时应尽可能多地保留铜箔作为地线,以改善屏蔽效果。

孔、接点和印制导线三者的比例是否协调,直接影响板面的美观。圆形接点板面三者比例如图 4-8 所示。

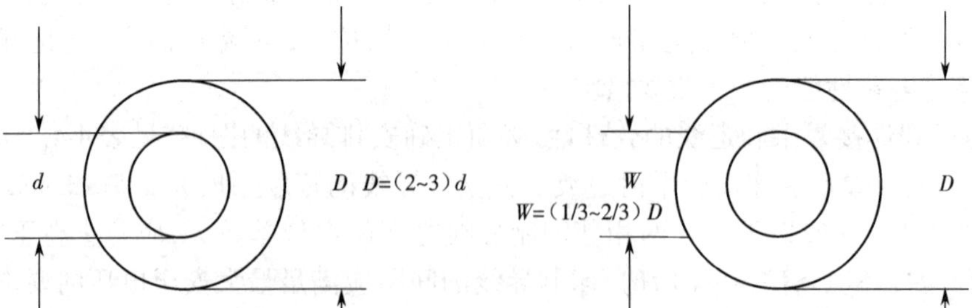

图 4-8　圆形接点的比例

4.4.2　元器件的排列与布局

在设计印制电路板时应首先决定元器件的排列方式及安装方式。元器件尽可能有规则地排列,以得到均匀的组装密度。

1. 元器件的排列方式

元器件在印制电路板上的常用排列方式有两种,即不规则排列和坐标排列。

1)不规则排列

不规则排列是指元器件在印制电路板平面上可按任意方向排列,如图 4-9 所示。这种排列虽然在外观上似乎显得有些零乱,但在满足其电气特性方面具有一定的优点。采用不规则排列主要是为了减少印制导线的长度、元器件的接线长度,以达到减小接线电感和分布参数的目的。因此,这种排列适用于高频(30 MHz 以上)电路。它的另一个优点是,印制电路板的利用率较高,而且有利于减小高频信号在传递中的损失。

2)坐标排列

在坐标排列方式中,元器件的轴向与印制电路板四周呈平行或垂直状态,如图 4-10 所示。当印制电路板不是矩形时,元器件的轴向与印制电路板的两直角边或印制电路板的一边呈平行或垂直排列。坐标排列的优点是外观整齐,便于检查和维修,常用于低频电路中。

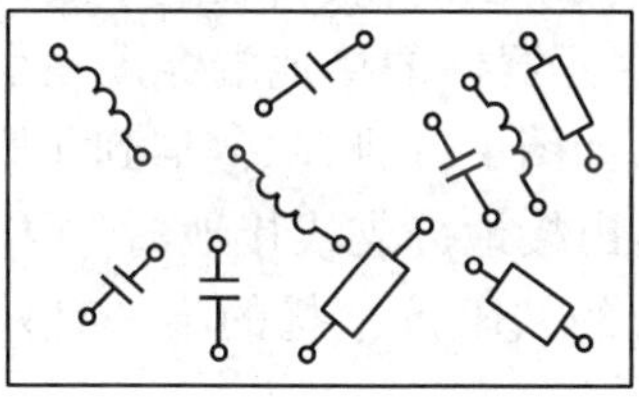

图 4-9　元器件的不规则排列方式

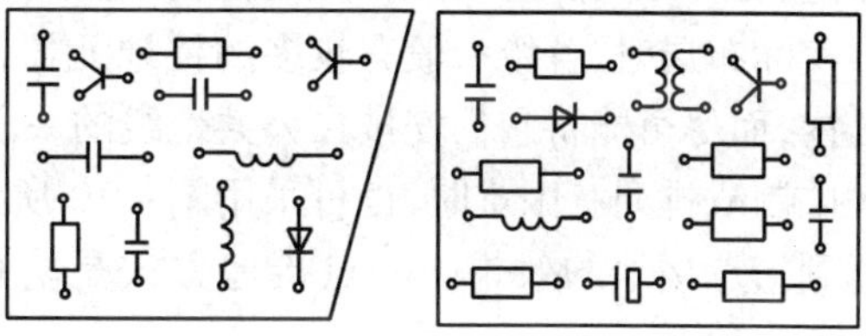

图 4-10　元器件的坐标排列方式

2. 元器件布局要求

(1)要分布均匀,密度一致,元器件的安装高度要合理,相同元器件的高度应一致,排列的方向和疏密程度应有利于空气的对流。

(2)应一律放置在元器件面,除非需要调整,一般不要在焊接面上布设元器件。

(3)元器件的引脚,应有单独穿线孔,一般不允许两个元器件的引脚共用一个穿线孔。

(4)元器件不应呈立体交叉和重叠安装,元器件采用坐标排列时,应排列整齐,相同元器件的引脚跨距要尽可能一致。

(5)元器件之间的穿线孔的距离要选择合适,不应使元器件之间的外壳相碰,或使外壳与元器件的引脚相碰。元器件外壳之间或与引脚之间应保证留有一定的安全间隙,安全间隙可根据元器件的工作电压按 200 V/mm 计算。

(6)印制电路板的元器件面上应尽可能少地安排印制导线。元器件的外壳,尤其是元器件的接地外壳,应注意避免与印制导线相碰而造成短路。

(7)体积大的元器件,固定在印制电路板上时,不能只依靠本身的引出端固定,而应该用金属支架加以固定,并安装在靠近印制电路板支撑点的地方,使电路板的翘曲度减至最小。垂直安装时应使元器件的轴向与地平线呈垂直放置,使元器件在运输和移动时有较好的机械强度。

(8)发热元器件周围不应布置热敏元器件,耐热性差的元器件应安装在空气气流的上游(入口处)。耗散功率大、耐热性好的元器件应安装在空气气流的下游(出口处)。

4.4.3　地线的设计

在电子设备中,各类电路均有电位基准。所有的基准电位点通过导体将它们连接在一起时该导体就是地线。理想的地线是一个零阻抗、零电位的物理实体,但实际上任何地线都既有电阻又有电抗。各部分电路以及为数较多的元器件都要通过地线形成回路,当有电流通过时地线上就会产生压降,有可能使共用该地线的各电路产生相互干扰。这种干扰称为阻抗干扰。因此,地线的设置与布局的好坏将直接影响电路的工作,地线的布局在排版中占有重要地位。

1. 地线引起的干扰与对策

在印制电路板上长 10 cm、宽 1.5 mm、厚度 50 μm 的铜箔的电阻 $R=0.026\ \Omega$,若流过这段导线的电流为 1 A,则造成的干扰电压为 26 mV。

在高频时,导线主要呈感性,当流过这段导线的电流频率高达 30 MHz 时,感抗可高达 16 Ω。如此大的感抗,即使流过的电流很小,若两个或更多的电路共用这段导线作为地线时,就足以造成不可忽视的干扰。另外,由于趋肤效应的影响,较高频率的电流大多集中在导线表面通过,更导致其阻抗增加。因此,在设计印制电路板时,应将各级元器件安排在一个接地点上。实际布局时,各级一般有较多的接地元器件,不可能将这些元器件的接地端穿入一个穿线孔内,而尽可能将它们安排在公共地线的一段或一个区域内,如图 4-11 所示,当遇到元器件体积限制或排列有困难时,也可采用图 4-12 所示即从地线上引出接地分支或接地岛,同样能够达到一点接地的效果。一点接地方式是防止局部电流造成的共阻抗干扰的唯一有效的方法。

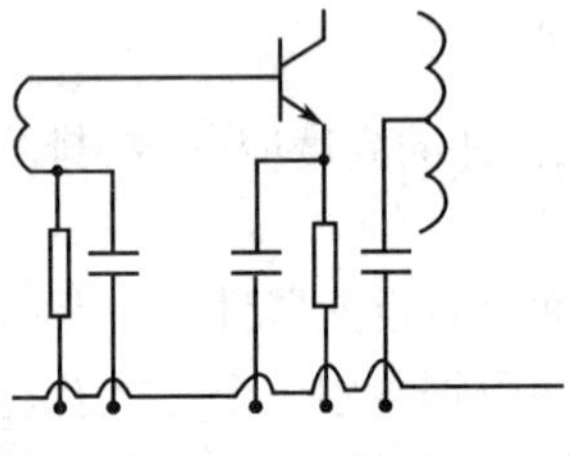

图 4-11　连接公共地线

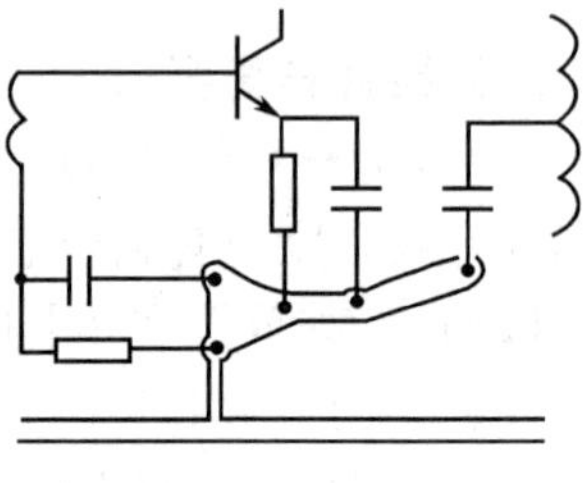

图 4-12　地线上引出接地分支

2. 在“一点接地”布线时应注意的问题

(1)本级接地元器件的范围,是指与本级晶体管直接连接或者通过电容耦合的元器件。由变压器耦合的次级及其元器件不属于本级。

(2)当本级接地元器件较多,且体积较大时,可采用较长的接地分支。但不应使其他级的元器件接入此接地分支。有时为避免接地元器件排列过挤,可采用多分支接地方式,但不论分支多少,分支地线均不能作为公共地线的一部分。

(3)一点接地也应包括本级的板外元器件。例如,音频功率放大器的功放管,通常装在板外的散热片上,在设计印制电路板时,应考虑到功放管与功率级的一点接地问题。在设计微弱信号放大的前置级时,若遇到板外元器件(例如可调电位器),应使这些板外元器件与前置级做到一点接地,否则会在地线上造成干扰。

(4)高频电路的地线一般采用大面积覆盖地。为了减小接地元器件之间的接地电感,不宜采用接地分支来实现一点接地,而是把本级的接地元器件的接地点安排在一个较小的区域内。

3. 板内地线设计

板内地线是用于各级之间的接地连接并与整机的地线相连。设计时应根据电路的工作状态和数量来布局,主要应防止共阻抗干扰。地线的布局应满足如下要求:

(1)各子电路的地线应分开设置;

(2)为了消除各部分的公共地线段,应合理设置板内总地线的引出点;

(3)为防止各子电路通过总地线产生共地线阻抗干扰,在必要时可将某些电路的地线单独引出。

在设计板内地线的实际布局时,应根据电路的不同要求采用不同的布线方式。常用地线形式有并联分路式和大面积覆盖接地两种。下面分别介绍这两种布局方式。

1)并联分路式

并联分路式是指板内各子电路的地线分别设置,各子电路的地线采用并联方式在一点接地,如图 4-13 所示。图中,*A* 点是总的接地点。在选择总的接地点时,应根据板内地线分布统筹安排,各子电路的地线到总接地点的距离要尽可能短,要求小信号地线距总接地点最近。在数字电路中,板内元器件较多,电路中有大量的触发器和门电路,它们在工作时既能产生较大尖峰脉冲电流又易受到干扰的影响,因此应合理安排地线。通常按级、工作状态或集成块分别设置地线。

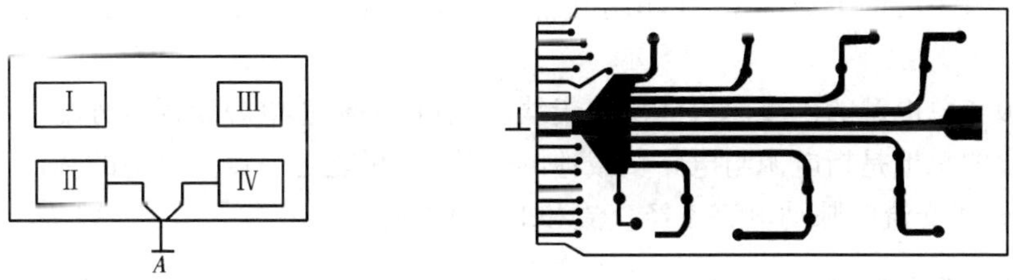

图 4-13　并联分路式

2)大面积覆盖接地

在高频(如 20 ~ 30 MHz 以上)电路和高速数字电路中,板内的地线就采用大面积覆盖接地方式,而不能采用条形地线。大面积覆盖地线如图 4-14(a)所示。当板内的导线较多时,为了防止其他导线切断地线而影响接地效果,可采用双面印制电路板,其中一面用作地线。

单面或双面印制电路板上有大面积电源区和接地区时(面积超过直径为 25 mm 圆的区域),应局部开窗口,如图 4-14(b)所示,以免大面积铜箔的印制电路板在浸焊或长时间受热时,产生铜箔膨胀、脱落现象或影响元器件的焊接质量。

采用大面积接地时,为了防止形成共阻抗干扰。各级元器件布设尽量以本级的晶体管、集成块为中心,集中布局,并在本级元器件的中心部位设立接地区域。各级应以电路信号的走向依次布局,不能乱跳、隔级或迂回布设,且板内地线不能形成环路。

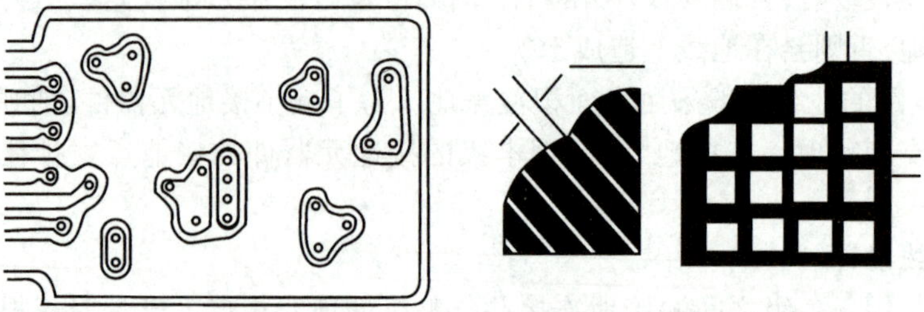

(a)　　　　(b)

图4-14　大面积覆盖接地

(a)大面积覆盖地线　(b)在大面积接地区(或电源区)上开窗口

4.4.4　电源线的布局

合理的电源线走向可防止电路通过电源产生有害的耦合,对抑制干扰有着重要的作用,布线时应注意以下几点。

(1)板内电源走线,可根据板内各部分电路的分布情况,采用多路电源分配,与地线分路的要求相同。

(2)对于各单元电路内部电源,应采取从末级向前级供电的走向,并将该单元的滤波电容安排在末级附近。若有的电路工作电流较大的级不是末级,可将滤波电解电容设在电流较大的级上。电源走向应从该级向前、后级布设。

(3)电源中采用多级串联退耦电路时,应根据串联的先后顺序安排电源的走向,不得随意变更串联顺序或改成多级并联退耦。

(4)对一些主要的电流部位,在印制导线上应留有测试缺口,平时用焊锡封连,测量时用烙铁烫开。

(5)各板与总电源的走线尽可能单独走线,不宜用一根总电源线逐板分配。

(6)电源的总地是指电源与电路负载地的连接,它只能是一点。总地的选位应合理,在稳压电源中不要使交流的脉动电流流经直流和取样电路。

4.4.5　电磁干扰的抑制方法

电磁干扰是指干扰电信号并降低信号完整性的电子噪声。电路板设计中由于布局和布线的不合理很容易发生电磁干扰,所以如何避免电磁干扰就是印制电路板设计中的一个重要技巧,通常采用以下方法。

1. 平行导线的寄生耦合与抑制方法

为防止寄生耦合,在布设各种信号和输入、输出导线时应该做到如下几点。

(1)寄生参数与其导线的长度成正比,所以各级间的信号走线应越短越好。

(2)在设计印制电路板布局时,要根据信号传输的顺序排列电路,不要迂回或越级排列,这样布线可以避免因各级的信号线相互交叉而引起寄生干扰。

(3)应尽量避免信号线相互平行。在处理板内跨接线和双面印制电路板时,应使两面的导线互相垂直或交叉布置。

(4)对于板内必须平行布设的导线,应尽可能加大线间距,或用地线、电源线隔开,也可以考虑采用屏蔽的方法。

(5)应避免板内出现大环形导线,板内的环形导线会成为一个单匝线圈,容易产生和接收干扰,排版时应避免采用大环形布局。

(6)处理好反馈导线和元器件的布局,在处理前、后级之间的反馈导线和元器件时,应将反馈元器件放置在前、后级的交界部位,使其连接导线尽量不超出本级范围。采用这样的布局后,末级导线距前级元器件距离较远,可以防止末级的大信号通过反馈导线和元器件与前级元器件产生不必要的寄生耦合。

2. 输入、输出寄生耦合与抑制方法

为了抑制输入与输出导线之间的寄生耦合,在设计印制电路板时,应尽可能将输入、输出的引出端放置在相对较远的位置。当使用插接件连接印制电路板时,输入、输出的引出端应排列在插件的两侧,且不要使输入、输出导线在板内的路径过长。印制电路板的插座最好与电路走向平行设置。当电路的输入、输出端较多时,应在易受干扰的引出端采用地或电源线隔离。

当印制电路板不采用接插件结构时,板内的各输入、输出端应在电路就近的印制电路板边缘上分散引出。有时在低频电路布线时,为了对输入电路进行屏蔽,输入极的周围也可采用大面积覆盖地线的布局。

3. 板内屏蔽导线的布设

在排版时,有时会出现信号线在板内走线较长,或各种信号走线密集且平行,为了避免信号线之间的干扰,通常采用如下两种屏蔽方法来抑制寄生耦合。

1)印制屏蔽地线

印制屏蔽地线的布局方法如图4-15所示。在信号线两侧布设印制地线,作为屏蔽,能达到抑制干扰的目的。屏蔽地线不能同时用作元器件接地。

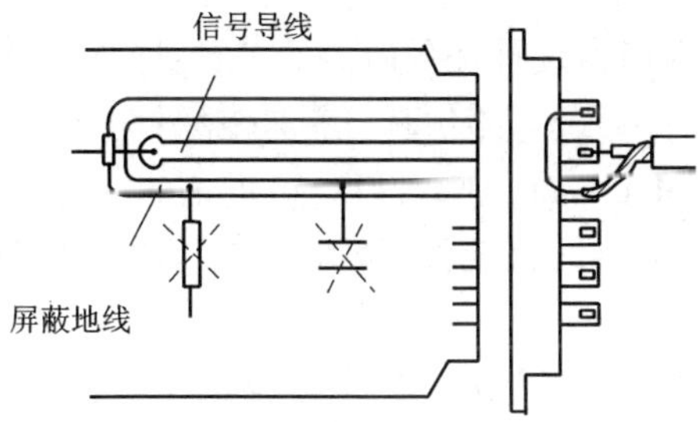

图4-15　印制屏蔽地线

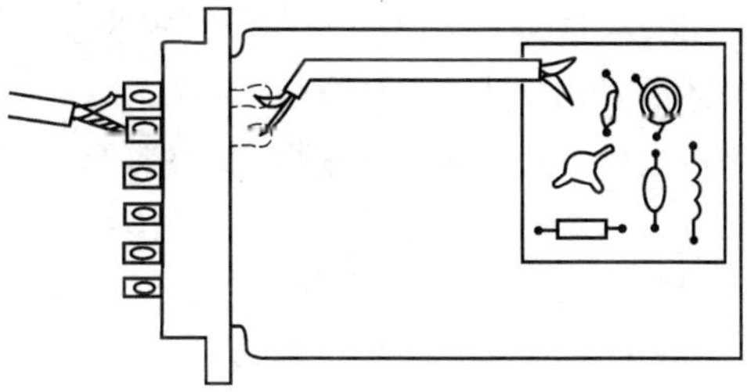

图4-16　板内同轴电缆的设置方法

2)板内使用屏蔽线

在高频电路中,由于印制屏蔽导线的分布电容和电感对信号的损耗较大,而且不易实现阻抗匹配,因此印制屏蔽地线只适用于低频电路。高频电路通常使用同轴屏蔽线,如图4-16所示。板内同轴电缆与板外同轴电缆的连接方式采用图4-17所示的转接插头座,以减少插接件对信号的损耗和泄漏。

需要说明,上述两种屏蔽方式主要起静电屏蔽,对交变的电磁干扰的屏蔽效果不好。

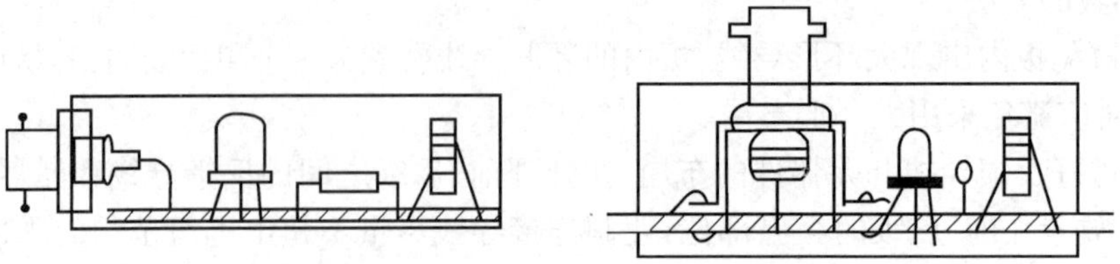

图 4-17　板内转接插头座的安装示意图

4.5　印制电路的计算机辅助设计

4.5.1　概述

印刷电路板的计算机辅助设计技术是随着近代电子工业发展的要求而形成的。一方面，现代电子技术和工业的发展推动了各种新型器件(IC)的广泛应用，电子线路技术和电子线路印制电路板技术的不断快速发展，对印制电路板设计技术提出了更高要求。另一方面，计算机的发展和普及以及计算机辅助设计(Computer Aided Design, CAD)的发展、电子线路 CAD 的发展，也为印制电路板计算机辅助设计提供了坚实的基础，使高效率印制电路板计算机辅助设计成为可能。从而不断出现各种计算机辅助设计软件，如 Protel，PowerPCB，Allegro，OrCAD，Cam350 等。这些电路设计软件包含电原理图绘制、印制电路板设计、数字电路仿真、可编程逻辑器件设计等丰富的电路辅助设计功能。其中 Protel 系列软件是最早进入我国的印制电路设计软件，以其“方便、易学、实用”的功能，被广泛应用于印制电路板的设计，成为比较流行的印制电路板的计算机辅助设计软件；而 Altium Designer 系列软件作为从 Protel 系列发展起来的新一代电路设计软件，进一步扩展了电路设计功能。

Altium Designer 提供了一个集成的设计环境，包含所有设计任务所需的工具：原理图和硬件描述语言(Hardware Description Language，HDL)设计输入、电路仿真、信号完整性分析、印制电路板设计、基于现场可编程门阵列(Field-Programmable Gate Array，FPGA)的嵌入式系统设计和开发。该软件依托 Windows 操作系统平台，以其可靠的稳定性、强大的图形功能和生动的用户界面成为印制电路设计者的理想设计工具。

Altium Designer 构建了将设计数据管理作为设计流程核心地位的全新桌面平台；提供了基于元器件数据的搜寻和管理方式，确保输出数据具有准确性和可重复性；为设计环境提供供应链信息的智能链接，确保对元器件的使用有更好的选择；提供了包括整个设计与生产周期的元器件数据库管理方案，确保了输出文件信息的完整性。

4.5.2　计算机辅助印制电路板的设计过程

在通常情况下，计算机辅助印制电路板设计最基本的过程有 3 个部分。

(1)电路原理图的设计。电路原理图的设计主要是利用 Altium Designer 的原理图设计系统绘制电路原理图，还包括使用库编辑、绘图工具和各种编辑功能。

(2)网络表的生成。网络表是电路板自动布线的灵魂。它是原理图设计系统与印制电路板设计系统的接口。它可依据电路原理图来建立，然后用于印制电路板设计；也可通过已完成的印制电路板图获取，然后进行比较核对。

(3)印制电路板的设计。印制电路板的设计就是利用 Altium Designer 的另一个主要部分 PCB 编辑器进行电路板面的设计，完成自动布局和自动布线任务，也包括库编辑、绘图工具和各种编辑功能。

在实际设计过程中，根据设计要求的不同要接触到更多的细节性的步骤，其完整的印制电路板设计流程如图 4-18 所示。

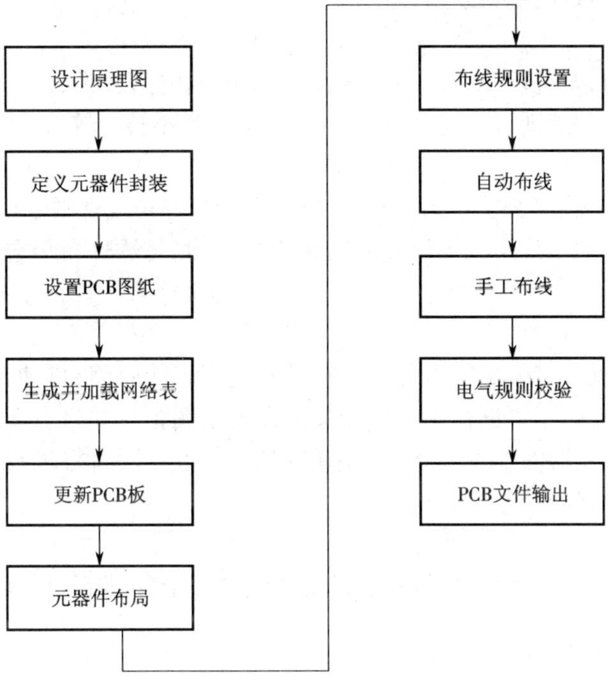

图 4-18 印制电路板设计流程

1)设计原理图

根据电路设计要求，利用原理图设计工具绘制好原理图文件，反映出电路基本连接关系。

2)定义元器件封装

根据印制电路设计中所要的元器件外形、尺寸、管脚排列等信息，定义好原理图中元器件的封装形式，便于在印制电路板图纸区中导入元器件的实际外形。

3)设置印制电路板图纸

这一步用于对印制电路板图纸进行各种设计，主要指设定印制电路板的结构及尺寸、板层数目、通孔的类型、网格的大小等，既可以用系统提供的印制电路板设计模板进行设计，也可以手动设计。

4)生成并加载网络表

网络表是电路原理图和印制电路板设计的接口，反映了元器件引脚之间的连接关系，只有将网络表引入印制电路板系统后，才能进行电路板的自动布线。在设计好的印制电路板上生成网络表和加载网络表，必须保证产生的网络表已没有任何错误，所有元器件能够很好地加载到印制电路板中。加载网络表后系统将产生一个内部的网络表，形成飞线。

5)元器件布局

元器件布局是由电路原理图根据网络表转换成的印制电路板图,一般元器件布局都不很规则,甚至有的相互重叠,因此必须将元器件进行重新布局。元器件布局可以采用手工和自动的方法。

元器件布局的合理性将影响到布线的质量。在进行单面板设计时,如果元器件布局不合理,将无法完成布线操作。在对双面板等进行设计时,如果元器件布局不合理,布线时将会放置很多过孔,使电路板走线变得复杂。

6)布线规则设置

在实际布线之前,要进行布线规则的设置,这是印制电路板设计所必需的一步。在这里用户要定义布线的各种规则,比如安全距离、导线宽度、最小转角等。

7)自动布线

Altium Designer 提供了强大的自动布线功能,在设置好布线规则之后,可以用系统提供的自动布线功能进行自动布线。只要设置的布线规则正确、元器件布局合理,一般都可以成功完成自动布线。

8)手动布线

在自动布线结束后,有可能因为元器件布局或版面设计原因,自动布线无法完全解决问题或产生布线冲突时,即需要进行手动布线加以设置或调整。如果自动布线完全成功,则可以不必手动布线。在元器件很少且布线简单的情况下,也可以直接进行手动布线,当然这需要一定的熟练程度和实践经验。

9)电气规则校验

使用软件自带的校验功能验证印制电路板设计的可行性,进行电气性能的检验和纠错。

4.5.3 原理图编辑器操作实例

电路原理图是反映电子电路的工作原理的一种电路图。分析电路时,通过识别图纸上所画的各种电路元件符号以及它们之间的连接方式,就可以了解电路实际工作时的情况。在本节中按照 Altium Designer 10 原理图设计系统(SCH)中的绘图工具和各种编辑功能进行电路原理图绘制。原理图设计系统中也具有一定的电子设计自动化(Electronic Design Automation, EDA)的功能。在这里介绍的电路原理图编辑主要是为印制电路板图设计做准备。

1. Altium Designer 的熟悉

1)创建 PCB 工程(项目)文件

单击“开始”→“程序”→“Altium Designer Release 10”进入 Altium Designer 10 的主界面,如图 4-19 所示。

启动 Altium Designer 10 后,选择菜单“File”→“New”→“Project”→“PCB Project”命令,完成后如图 4-20 所示。

2)保存 PCB 工程(项目)文件

选择“File”→“Save Project”命令,弹出保存对话框如图 4-21 所示,选择保存路径后在“文件名”栏内输入新文件名保存到指定的文件夹中。

3)创建原理图文件

在新建的 PCB 项目(工程)文件下新建原理图文件,选择菜单“File”→“New”→“Sche-

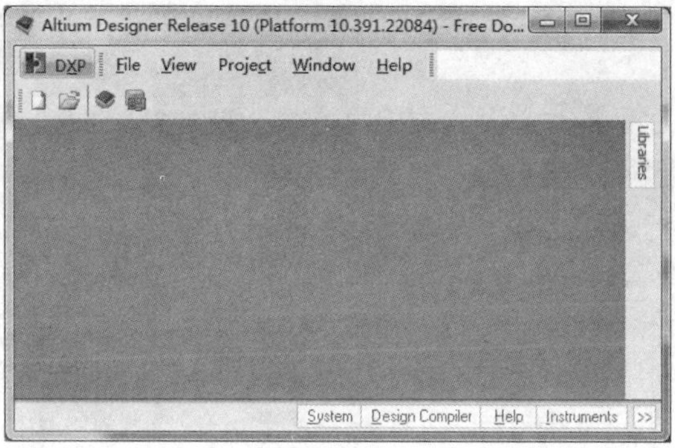

图4-19　Altium Designer 10 主界面

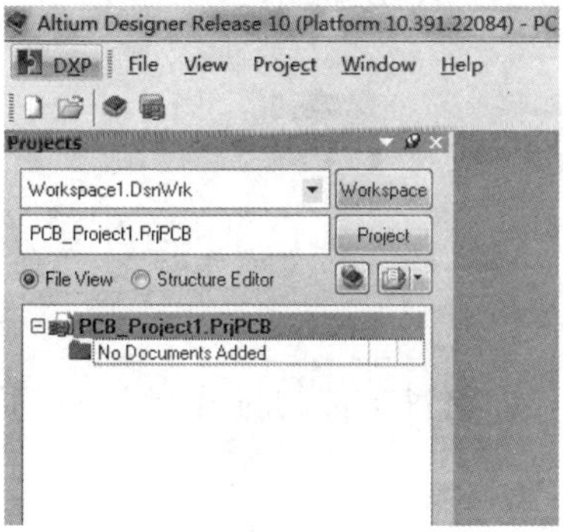

图4-20　创建 PCB 工程

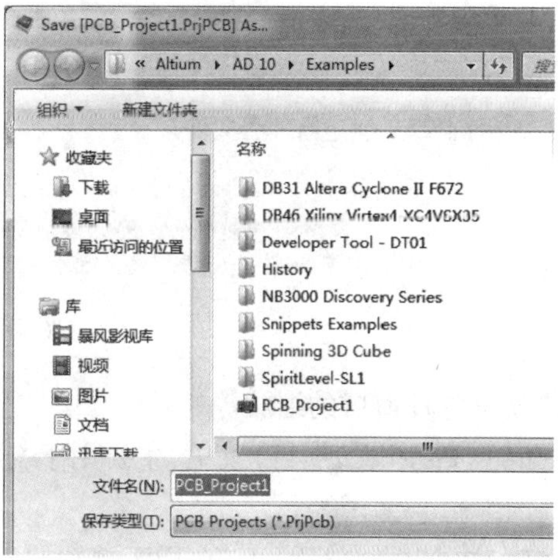

图4-21　保存 PCB 工程

matic"命令,完成后如图4-22所示。

4)保存原理图文件

选择"File"→"Save"菜单命令,弹出保存对话框,设置保存路径和文件名称,如图4-23所示。

2. 原理图编辑器介绍

建立原理图文件之后,就进入了原理图编辑界面,该操作环境界面布局合理,软件工具丰富,可提供各种灵活的操作方法。下面分别介绍各种工具的使用方法。

1)主菜单栏

Altium Designer 10 在不同的文件操作下,主菜单的内容会有改变,在原理图编辑器下,主菜单变为如图4-24所示。在设计过程中,对原理图的各种操作都可以通过菜单中的相应命令来完成。

(1)"File"(文件)菜单,主要用于文件的新建、打开、关闭、保存与打印等操作。

(2)"Edit"(编辑)菜单,主要用于操作目标的选取、复制、粘贴与查找等操作。

(3)"View"(视图)菜单,主要用于视图的管理,例如各种工具栏、面板、状态栏的显示与

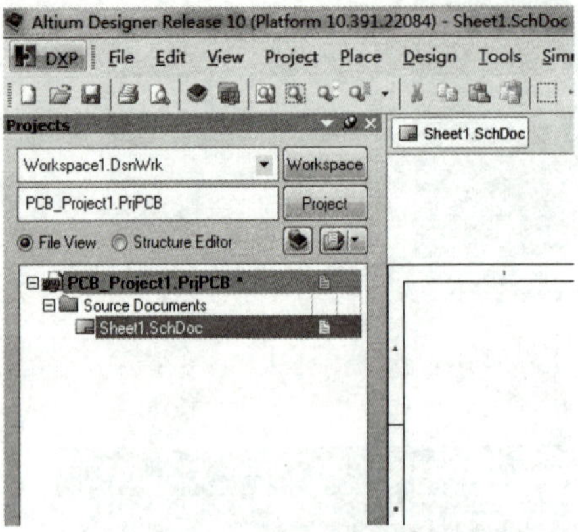

图 4-22 创建原理图文件

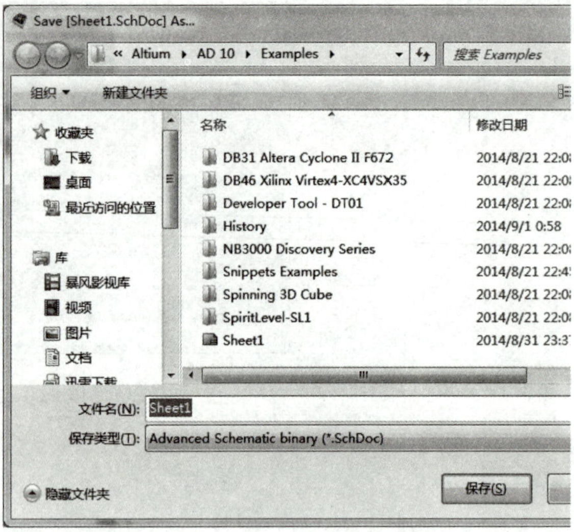

图 4-23 保存原理图文件

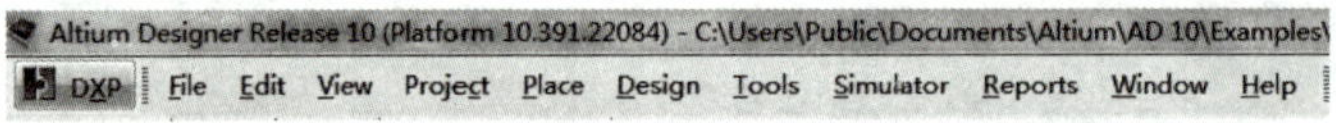

图 4-24 主菜单栏

隐藏以及各种窗口的缩放等。

(4)“Project”(项目)菜单,主要用于与项目相关的操作,如项目文件的打开与关闭、工程项目的编辑与编译等。

(5)“Place”(放置)菜单,用于放置原理图中的各种符号。

(6)“Design”(设计)菜单,用于元件库、网络表的相关操作。

(7)“Tools”(工具)菜单,提供原理图设计的各种工具。

(8)“Simulator”(仿真)工具栏,用于对原理图的电气仿真。

(9)“Reports”(报告)菜单,进行原理图的各种报表操作。

(10)“Window”(窗口)菜单,可进行窗口的各种控制操作。

(11)“Help”(帮助)菜单,包括各种软件操作的帮助信息。

2)工具栏

Altium Designer 10 提供了丰富的工具栏,通过菜单栏中的“View”→“Toolbars”→“Customize”命令可以对工具栏中的功能按钮进行设置,从而创建符合自己使用习惯的工具栏。

在原理图设计界面下,最为常用的有标准工具栏、连线工具栏和绘图工具栏。

标准工具栏提供了常用的操作命令快捷方式,如打开、保存、打印、缩放等命令,将鼠标指针停留在某个按钮上,就会显示该按钮的功能,方便用户的操作,如图 4-25 所示。

连线工具栏主要用于放置原理图中涉及的电气操作工具,如连线、网络标号、接地、端口等工具,如图 4-26 所示。

绘图工具栏用于在原理图中绘制标注信息,如绘制直线、曲线、椭圆和放置文字信息等。应当特别指出的是标注信息不代表电气连接,尤其不要将绘图工具栏中的画线工具与连线工

图 4-25　标准工具栏

图 4-26　连线工具栏

具栏中的连线工具混淆。绘图工具栏如图 4-27 所示。

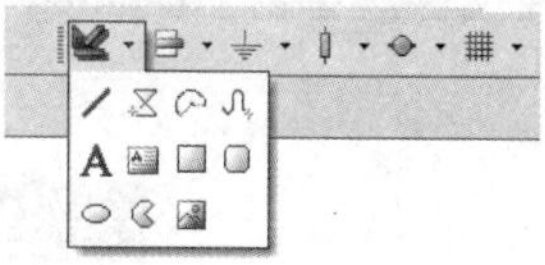

图 4-27　绘图工具栏

3) 电路原理图工作窗口

在原理图设计界面中常用到的工作窗口有“Projects”(项目)面板和“Libraries”(元件库)面板。

“Projects”(项目)面板如图 4-28 所示,在该面板中列出了工程项目中包含的各种文件以及各种相关操作文件,可以实现常用的项目操作功能,比如新建文件、打开文件、导入文件等。在工程项目文件名称上单击鼠标右键即可显示操作指令。

“Libraries”(元件库)面板如图 4-29 所示。该面板可以通过原理图操作界面的最右侧“Libraries”标签进入,当鼠标移动到该标签时,即可自动显示该面板。在该面板中显示了加载的所有原理图库以及原理图库中的元件名称、外形,操作者可以很方便地从库中调用元器件到图纸区。

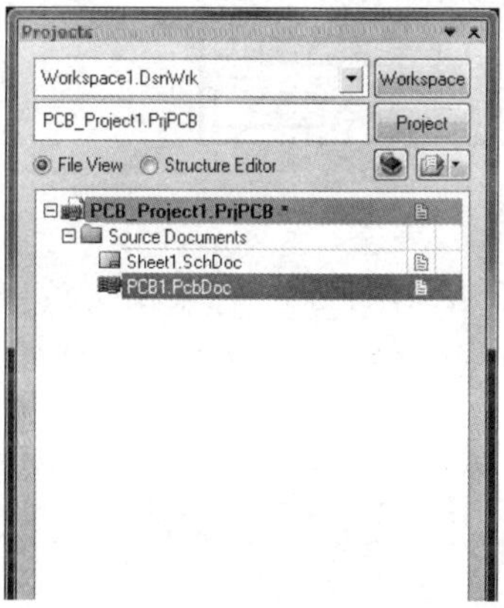

图 4-28　“Projects”(项目)面板

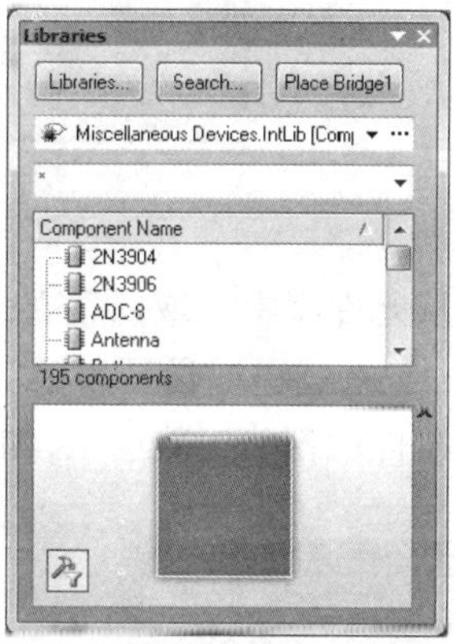

图 4-29　“Libraries”(元件库)面板

在设计过程中需要经常查看整个图面或某个部分,因而要经常改变显示状态和缩放图面。实现上述操作的方法有两种:一种是键盘命令,另一种是菜单命令。

(1) 放大:键盘命令为【PageUp】键;菜单命令为主工具栏放大镜号按钮或“View”→“Zoom In”。

(2) 缩小:键盘命令为【PageDown】键;菜单命令为主工具栏放大镜号按钮或“View”→“Zoom out”。

(3) 缩放比例:只有菜单命令“View”中的 50%、100% 等。

(4) 显示整个图面:菜单命令“View”→“Fit Document”,此外还有画面更新命令(Refresh)、放大指定区域命令(Area)。

4) 原理图编辑器常用操作方法

(1) 放置元器件。放置元器件是绘制原理图的首要步骤,元器件从“Libraries”(元件库)面板中调用。首先需要将相应的元器件库加载到库文件中。

依次单击主菜单“Design”(设计)→“Add/Remove”(加载/移动元件库)命令。其中“Miscellaneous Devices”为通用元件库,包含了常用的插装元器件。元件库面板上包含3个选项卡,“Project”(项目)列出的是用户为当前项目创建的库文件,“Installed”(安装)是系统可用的库文件。单击“Installed”选项卡可以选择加载软件系统中自带的各种库文件,如图4-30所示。

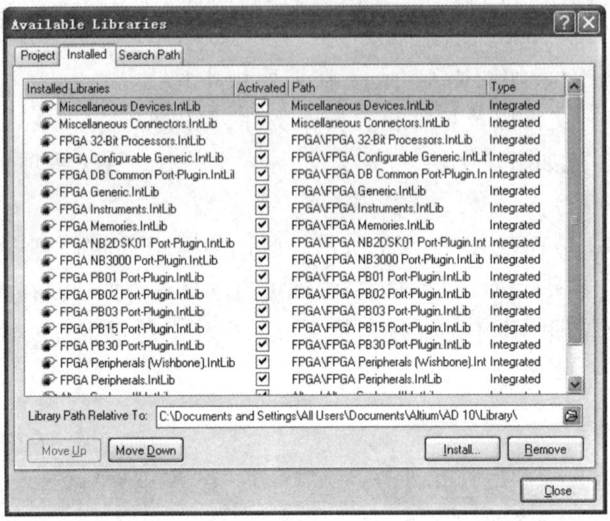

图4-30　加载元件库

然后从元件库中选取所需的元器件进行调用即可,单击“Place”标签即可放置元器件。如图4-31所示,还可以通过菜单“Place”(放置)→“Part”(元件)命令来放置元器件。对话框中显示元器件的相关参数选项,如图4-32所示。

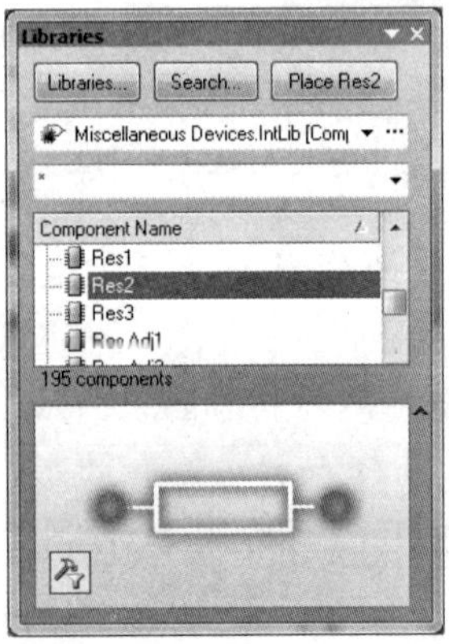

图4-31　调用元器件

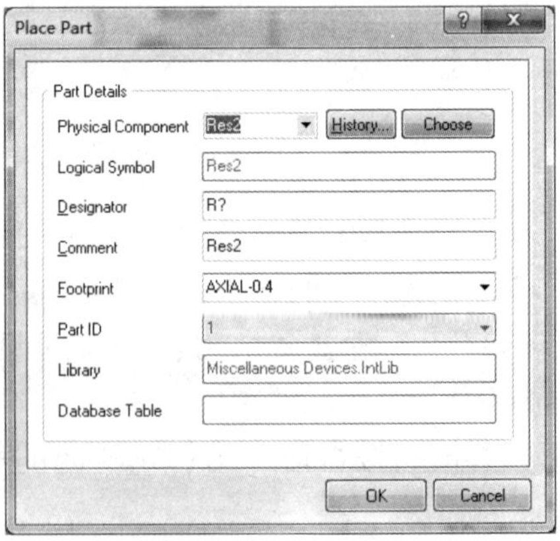

图4-32　元器件参数对话框

其中各项信息的含义如下。

“Logical Symbol”(名称):该元件在库中的名称。

“Designator”(标号):元器件在原理图中的标号。

“Comment”(说明):元器件的说明信息。

“Footprint”(封装):显示元器件对应 PCB 元件库中的型号,该选项反映了元器件的实际外形尺寸的信息。元器件封装是指元器件的外形,也就是元器件在电路板中的表现形式,是原理图设计中必不可少的步骤。封装形式代表着元器件的实际外形尺寸,也就是元器件在电路板中的表现形式,是布线的重要参考因素。元器件封装有针脚式和表贴式两种类型。定义封装时应根据元器件的实际外形尺寸及其在元器件库中对应的名称来确定。表4-5 列出了部分元器件封装对照。

表4-5　部分元器件封装对照表

封装类型	封装名称
电阻类无源元器件	Axial0. 3 ~ Axial1. 0
无极性电容元器件	RAD0. 1 – RAD0. 4
有极性电容	RB. 2/. 4 ~ RB. 5/1. 0
二极管	DIODE0. 4 ~ DIODE0. 7
晶体管	XTAL1
石英晶体	TO-XX
可变电阻	VR1 ~ VR5
双列直插	DIP-XX
单列直插	SIP-XX

部分常用封装含义:DIP 表示双列直插式,Axial 表示管状元器件,SMT 表示表面贴装元器件,RB 表示电解电容,DIODE 表示二极管,TO-XX 表示三极管。

(2)元器件的移动。元器件的移动是最常用的操作方法,可以用菜单命令执行,选择“Edit”(编辑)→“Move”(移动)命令后可以执行多种类型的移动操作。在实际原理图的编辑中,最常用的方法就是直接使用鼠标来移动元器件。使用鼠标左键单击所需元器件不放,拖动鼠标,元器件随之一起移动,到达目的位置后,松开鼠标左键,元器件就被移动到当前位置。

(3)元器件的旋转。用鼠标左键单击要选择的元器件不放,出现十字光标后按下【Space】键,每按一次,被选中的元器件旋转 90°;按下【X】键,可实现元器件左右镜像;按下【Y】键,可实现元器件上下镜像。放开鼠标左键,即可完成元器件的旋转。

(4)元器件的排列对齐。首先选择器件,可按上述方法选择要排列的器件;然后对选定的元器件进行排列,执行“Edit”(编辑)→“Align”(对齐)命令。它包括左右、上下、中心对齐,水平、垂直方向的扩展、压缩、均匀分布等。先介绍左对齐(Align Left)单击鼠标左键后,光标出现十字星,单击器件组中的对准器件,器件组中的所有器件都以此器件左边为准对齐。其他对齐方式与此类似。垂直方向的均匀分布(Distribute Vertically),选定功能后,器件组中器件在垂直方向就已经分布均匀了。同样,扩展、压缩等对齐操作类似。

(5)元器件的删除。使用菜单中的“Edit”(编辑)→“Delete”(删除)命令,执行后光标变成一个十字标识,将该十字标识移到要被删除的元器件上后单击即可删除该元器件。另外,还可以用鼠标左键单击选中被删除的元器件,然后按键盘上的【Delete】键即可删除元器件。

(6)导线的连接。导线是元器件连接的最基本方式,它具有电气连接的意义。单击

“Place”(放置)→“Wire”(导线)命令,或者单击工具栏中的按钮,也可以同时按下快捷键【P+W】,当光标变成十字形状并附加一个叉的标号,如图4-33所示。将鼠标移动到要产生电气连接的元器件引脚处,单击鼠标左键就可以放置好导线的起点,这样设置了电气起点后再连接到要连接的另一个元器件引脚端点处就定义好了电气连接关系,如图4-34所示。

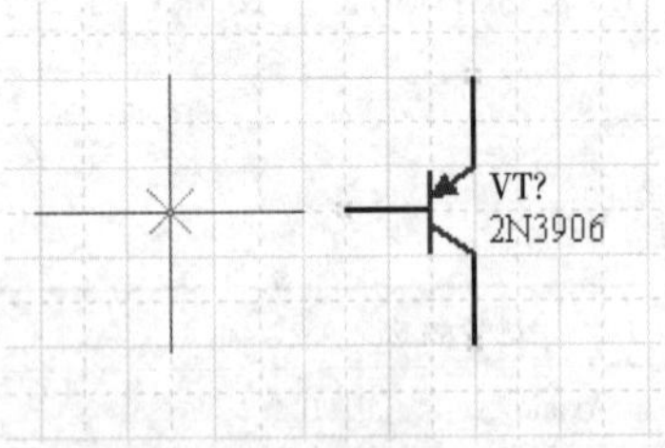

图4-33 放置导线

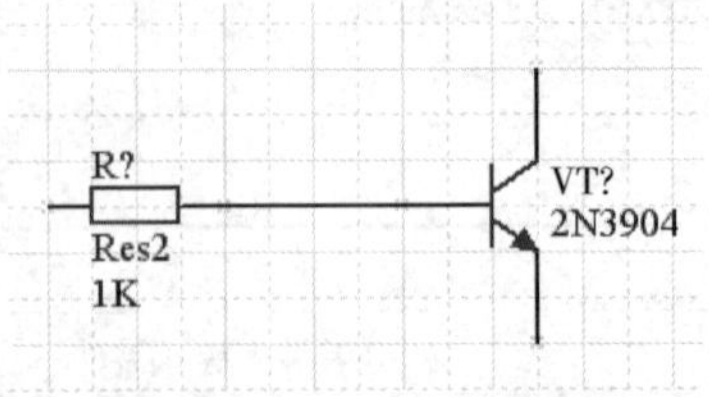

图4-34 元器件连接

为了使图形规范、易读,需要注意的是元器件之间的连线尽量按照水平和垂直方向连接,尽量避免形成带有连接角度的线段。绘制线段完成后,单击鼠标右键即可退出画导线状态。

(7)总线的放置。绘制一组具有相同连接性质的并行导线的组合,在含有芯片比较多的原理图中应用较多。由于芯片的引脚数较多,采用导线逐条连接的话会使原理图看起来比较凌乱,而使用总线的话就可以极大地简化原理图,使原理图更加美观、整齐。

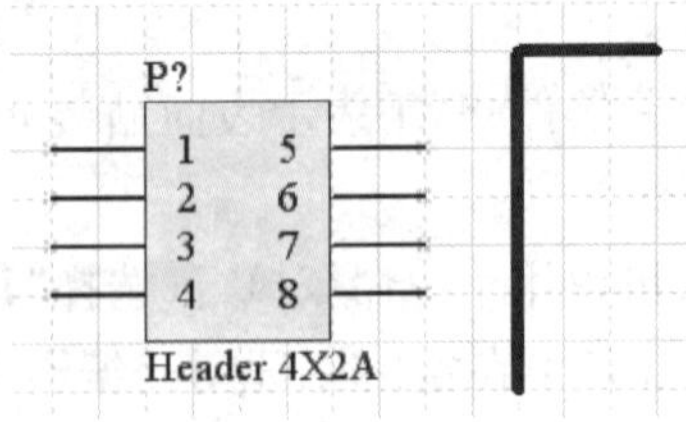

图4-35 放置总线

单击“Place”(放置)→“Bus”(总线)命令,或者单击主工具栏中的按钮,也可以按下快捷键【P+B】,当光标变成十字标识后,即可绘制总线。如图4-35所示,将光标移动到总线的起始点,单击鼠标左键确定起点,然后拖动鼠标,单击鼠标左键确定固定点和终点,总线不需要与元器件引脚相连,只是为了方便总线分支线的绘制。

总线分支线是与总线连接的单一导线,使用总线分支线可以把总线与元器件引脚连接起来,这样使原理图更加美观、整齐。

放置总线分支线的方法是,单击“Place”(放置)→“Bus Entry”(总线分支线)命令,也可以按下快捷键【P+U】,当光标变成十字标识后,即可绘制总线分支线。将光标移动到总线的分支线起始点,单击鼠标左键确定起点,然后拖动鼠标,单击鼠标左键确定固定点和终点,按【Space】键可以调整总线分支线的方向。在绘制总线分支线的过程中,用户可以在分支线上双击鼠标左键编辑相关属性,如图4-36所示。

(8)放置电气节点。在Altium Designer 10中的原理图状态下,节点代表产生导线的交点处产生电气连接,其中T形导线交叉点处会自动放置节点,在导线的十字交叉点处需要人工放置节点。

单击“Place”(放置)→“Manual Junction”(放置电气节点)命令,也可以按下快捷键【P+J】,当光标变成十字标识后就可以在线段的交叉处放置节点,如图4-37所示。

(9)放置电源和接地符号。在电路原理图设计中,电源和接地符号是不可缺少的组成部

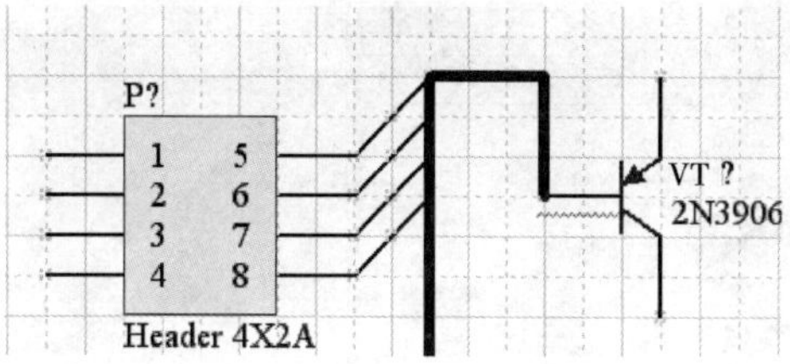

图4-36　放置总线分支线

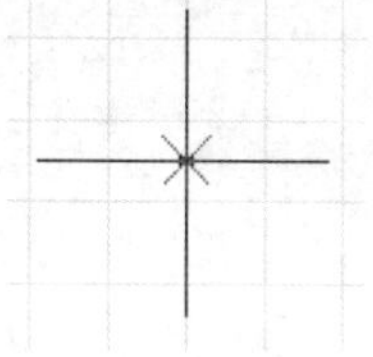

图4-37　放置节点

分，单击“Place”（放置）→“Power Port”（电源符号）命令，也可以按下快捷键【P + O】，当光标变成十字标识后就可以放置电源或接地符号。另外，单击工具栏中的按钮，也可以直接在图纸区中放置。在原理图图纸区中双击电源和接地符号可以设置其属性。如图4-38所示，图中“Style”可以设置电源和接地符号的类型，“Color”可以设置符号颜色，“Location”可以设置符号位置，“Orientation”可以设置符号的角度，最下方的“Net”项可以设置网络标号名称。

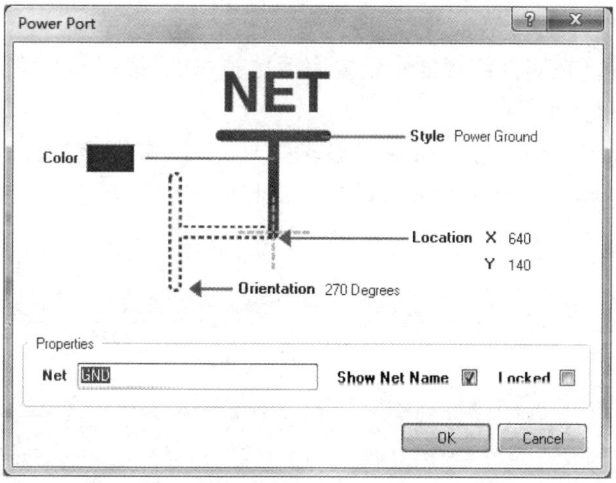

图4-38　网络标号

（10）放置端口标识。单击“Place”（放置）→“Port”（端口）命令，或者单击工具栏中的按钮直接放置端口标识。将端口标识放置在导线上，当出现红色米字标志时，单击鼠标左键确定一端位置，然后拖动鼠标使得端口大小合适，再单击鼠标左键确定另一端的位置。

调出端口后可以双击端口标识，进行端口属性的设置。常用的设置有两项，“Name”（名称）项可以定义端口的名称，“I/O Type”（输入输出类型）项可以定义该端口是输入还是输出，设置完后单击“OK”按钮保存即可，如图4-39所示。

（11）放置网络标号。在原理图设计中，元器件之间的连接除了用导线外，还可以通过设置相同网络标号的方法产生连接关系。相同的网络标号会产生电气连接关系，具有相同网络标号的导线或者元器件管脚不管在图中是否连接在一起，都会产生电气连接。所以，在原理图中适当放置网络标号可以简化原理图。

单击“Place”（放置）→“Net Label”（网络标号）命令，或单击工具栏中的 Net1 按钮，也可以按下快捷键【P + N】，直接放置网络标号。放置完网络标号后，可以对其进行属性设置，包

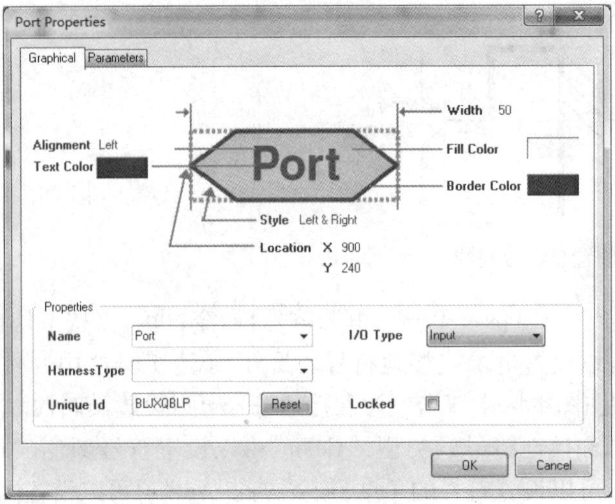

图 4-39 端口标识

括名称、位置、角度等。在属性编辑器中设置完后单击“OK”按钮即可关闭对话框。

5)原理图实例的绘制

通过学习 Altium Designer 常用原理图编辑工具,可以掌握该软件原理图编辑的一般方法。下面以一个充电器电路为例来熟悉原理图绘制的流程。要绘制的充电器电路原理图如图 4-40 所示。

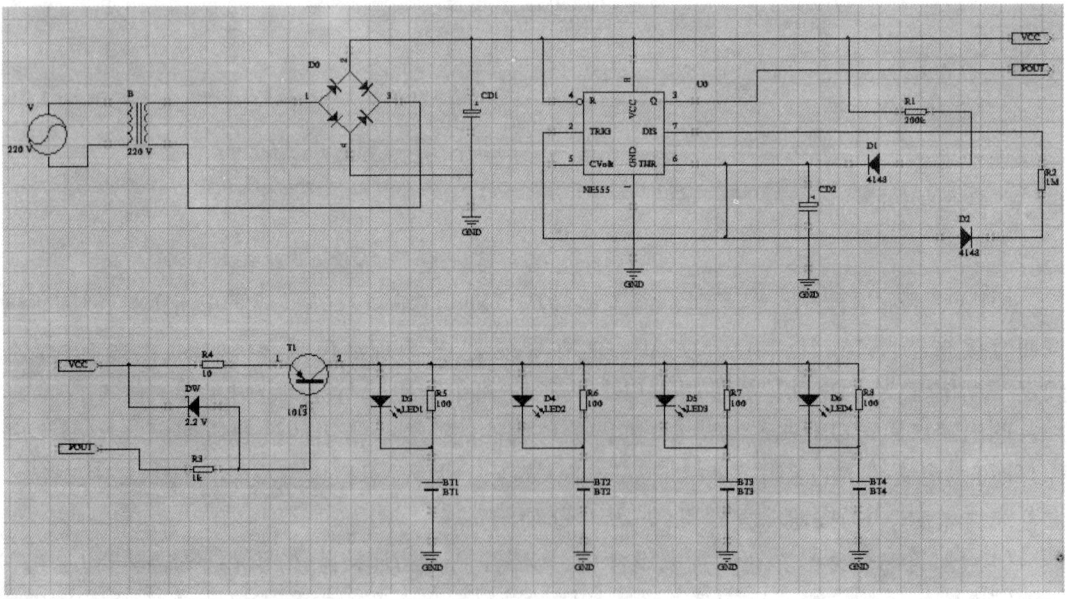

图 4-40 充电器电路原理图

该充电器的电路组成方框图如图 4-41 所示。充电器的电路由 4 个单元组成:降压 - 整流 - 滤波单元、方波发生器单元、恒流源驱动电路单元、充电指示单元。

在降压 - 整流 - 滤波单元中要完成将输入的 AC 220 V 变成本充电器所需 7 V 直流电源

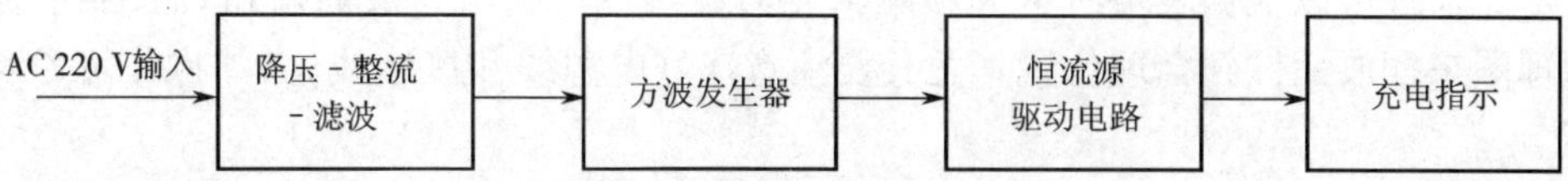

图4-41　充电器组成方框图

的任务。在本单元中,用变压器将 AC 220 V 电压降压成较低的电压,通过整流和滤波形成7 V 的直流电压。

方波发生器单元的作用是利用555 定时器生成一个占空比为20%的方波信号,该信号通过恒流源驱动电路控制对电池的充电。在高电平时充电器充电,低电平时充电停止,使充电器处于间歇期。

恒流源驱动电路的作用是产生对电池充电的恒流电流,该电流受方波发生器单元的控制,断续工作。

电池组与指示单元的作用是将恒流源驱动电路产生的恒流电流分配给电池组中的各个电池,并指示各电池充电情况。

进入原理图图纸区后先将原理图中必备的元件库加载进来。根据充电器电路图,从原理图区的元件库中选择相应的元器件,放置到图纸区中。创建原理图文件后,该工程文件已经加载了一个通用元件库"Miscellaneous Devices. IntLib"(常用分立元件库)。本实例中还需要加载自建的元件库"自建原理图元件库. Schlib"(见随书网上资料)。

在"Component Name"(元件名称)项中选取元器件进行放置操作。绘制电路原理应按先放置元器件然后再连线的方式进行。元器件调用出来后,先定义元器件的名称和序号,然后再定义封装,元器件的封装反映的是元器件的实际外形尺寸和引脚排列。在本次操作中主要元器件的名称和对应的封装列于表4-6 中。

表4-6　元件名称和封装表

Description(元件类型)	Designator(元件标号)	Footprint(封装)	LibRef(库名称)
电解电容	CD1	RB. 2/. 4	CAP-E
电解电容	CD2	RB. 1/. 2	CAP-E
Diode Bridge	D0	BRIDGE1	BRIDGE1
High Conductance Fast Diode	D1, D2	DO－35	Diode 1 N4148
Typical RED GaAs LED	D3	RB. 1/. 2	LED1
Typical RED GaAs LED	D4	RB. 1/. 2	LED1
Typical RED GaAs LED	D5	RB. 1/. 2	LED1
Typical RED GaAs LED	D6	RB. 1/. 2	LED1
Schottky Rectifier	DW	DO－204AL	Diode 11DQ03
电阻	R1, R2, R3,R4	AXIAL0. 3	RES
电阻	R5, R6, R7, R8	AXIAL0. 3	RES
PNP Transistor	T1	TO－92D	PNP
芯片	U0	DIP－8	555

双击元器件可以根据表格所示选项编辑元器件属性。编辑完成后就可以按照前面的充电器原理图来摆放元件到合理位置。尤其要注意连好电源线和接地线,具体操作可参考前面的介绍。

在放置好元器件后就可以连接电气导线,单击“Wring”(连线)工具栏中的相应按钮开始连线。由于充电器分为整流滤波部分和充电指示部分,所以要用端口标识将两部分连接。

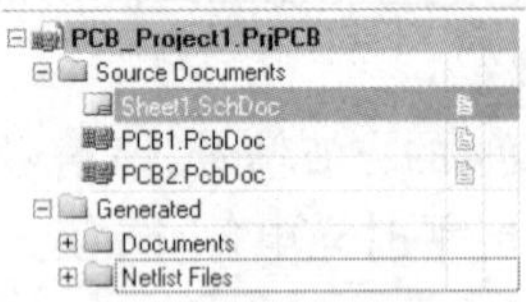

图 4-42　原理图存放位置

原理图绘制完成后需要创建网络表,单击“Design”(设计)→“Netlist For Project”(项目网络表)→“Protel”(Protel 格式)生成网络表文件。该文件存在于工程文件下的“Generated”(产生)文件夹中,如图 4-42 所示。

网络表是电路板自动布线的灵魂,它主要记录了以下两项内容。

(1)元器件声明(包括元器件序号、外形封装、注释)。

(2)连接网络定义(各元器件引脚电连接以及网线 NET 定义)。其主要作用是支持 PCB 自动部线。标准的 Altium Designer 网络表文件是一个简单的 ASCII 码文本文件,在结构上可分为元器件描述和网络连接描述两部分。

元器件声明以“[”开始,以“]”结束,将其内容包含在内。原理图中的每一个元器件都必须有声明。网络定义以“(”开始,以“)”结束,将其内容包含在内。网络定义首先要定义该网络的各端口。网络定义中必须列出连接网络的各个端口。

按照以上方法画出充电器原理图并创建网络表后,就完成了 PCB 设计的前期工作,为后面设计出完整的 PCB 图打下了基础。

4.5.4　印制电路板图设计实例

设计印制电路板是整个工程文件中最重要的部分,以新建工程文件为前提,加载由原理图生成的网络表为操作基础,采用自动设计与手工设计相结合的方式进行。PCB 设计流程如图 4-43 所示。

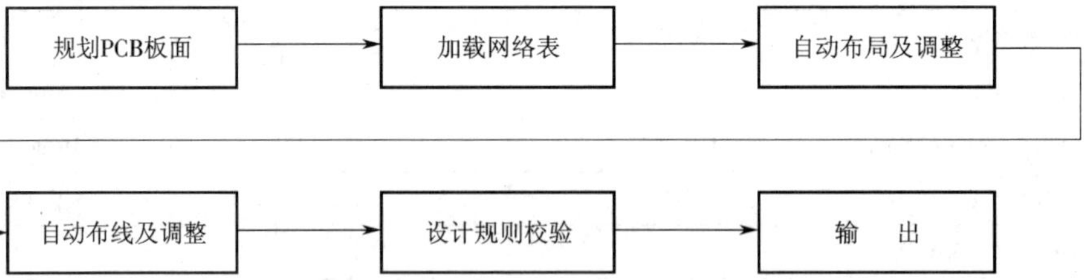

图 4-43　PCB 设计流程

通过前面的内容简介,已经对 Altium Designer 的基本操作方法有了一个初步的了解。本节在上节原理图设计完成后的基础上介绍 PCB 设计,通过充电器 PCB 的设计实例来介绍操作流程,从实际操作出发,进一步熟悉该软件的应用方法。

1. PCB 文件的创建

单击“File”(文件)→“New”(新建)→“PCB”(PCB 文件)就可以在当前工程文件下创建一个印制电路板图文件。PCB 设计主界面主要包括 3 个部分,分别是菜单栏、工具栏和工作面板，如图 4-44 所示。

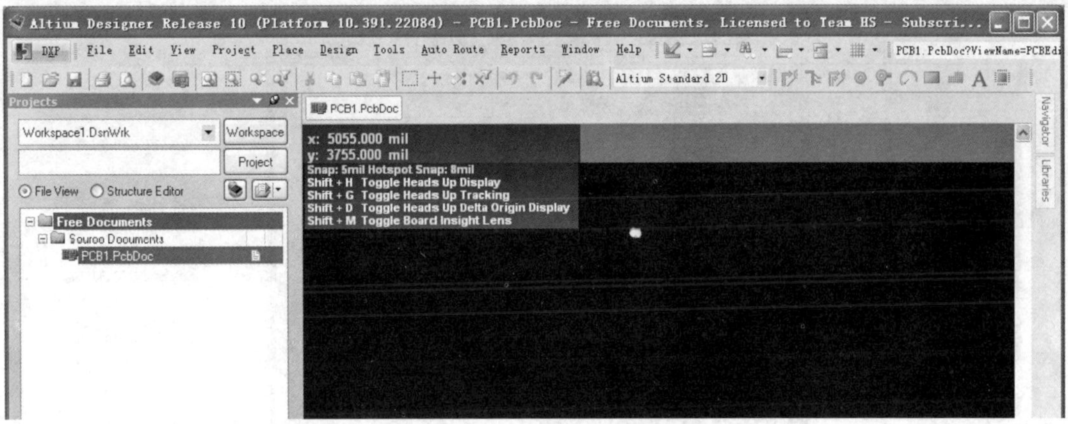

图 4-44　PCB 设计主界面

在 PCB 设计过程中，可以通过主菜单栏中相应命令来完成，各项菜单功能如下。

(1)“File”(文件)菜单：主要用于文件的打开、关闭、保存和打印等操作。

(2)“Edit”(编辑)菜单：主要用于印制电路的复制、粘贴、剪切和查找等日常操作。

(3)“View”(视图)菜单：用于板图的缩放和各种工具栏及面板的显示与隐藏。

(4)“Project”(项目)菜单：用于项目相关的操作，如项目文件的打开和关闭、工程文件的添加和比较等。

(5)“Place”(放置)菜单：用于在 PCB 图纸区中放置各种电气符号和图形符号。

(6)“Design”(设计)菜单：用于电气规则的设置、添加删除元件库、网络表的载入、原理图和 PCB 的同步更新等操作。

(7)“Tools”(工具)菜单：用于电气规则校验、元器件的布局、PCB 图的分析等操作。

(8)“Auto Route”(自动布线)菜单：可进行 PCB 布线的相关操作。

(9)“Reports”(报告)菜单：用于生成 PCB 设计信息的报表及 PCB 的测量。

(10)“Window”(窗口)菜单：可以控制窗口的显示效果。

(11)“Help”(帮助)菜单：显示各种涉及软件操作的帮助信息。

其中，主工具栏提供了常用的操作命令，如新建文件、打开文件、保存文件、缩放版图等操作都可以直接从主工具栏中单击鼠标选择功能，如图 4-45 所示。

画线工具栏提供了常用的绘制电气符号的工具，如图 4-46 所示。

图 4-45　PCB 设计主工具栏

图 4-46　画线工具栏

是绘制导线工具，可以在图纸区中绘制有电气连接意义的线段

是放置焊盘工具，可以在图纸区放置具有电气意义的焊盘。

是放置过孔工具，用于放置一个使各层电路板导通的过孔。

A 是放置字符工具，可以在 PCB 图纸上放置字符。

是放置元件工具，可以快速地在图纸区中放置元器件。

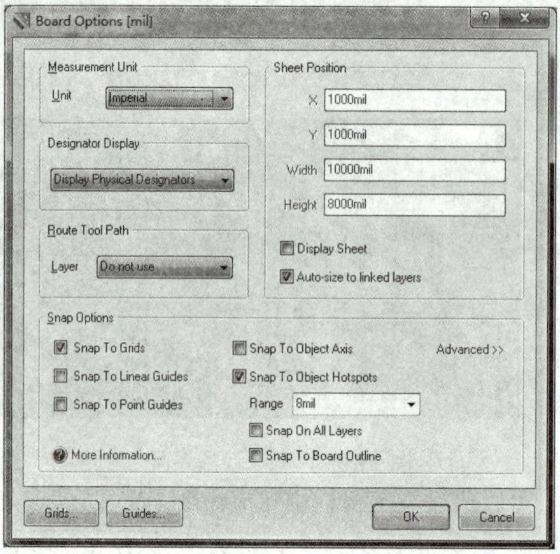

图 4-47　图纸设计对话框

2. 图纸的设置

PCB 设计图的相关参数对于设计者来说具有重要的参考意义，所以设计之前必须将图纸区中的相关参数明确。单击“Design”（设计）→“Board Option”（板选项）命令即可打开板图的设置对话框，如图 4-47 所示。各个选项的含义如下。

（1）“Measurement Unit”（测量单位）栏：用于 PCB 图纸区中英制、公制单位的切换。其中“Imperial”代表英制单位，“Metric”代表公制单位。目前，在印制电路设计行业中英制单位使用较多，因此默认设置为英制单位。

（2）“Designator Display”（显示标识）栏：用于选择显示物理标识符或者逻辑标识符。

（3）“Snap Options”（捕获选项）栏：用于设置绘制导线时自动连接的对象。

（4）“Sheet Position”（图纸位置）栏：用于设置图纸的位置及状态信息。

3. PCB 层面的设置

电路板的分层是在设计过程中比较重要的部分，合理选择 PCB 板的层数可以有效地利用电路板空间，保证电路的电气性能。一般来说，PCB 按照层数分为单层板、双层板和多层板。

单层板是一面安装元件而另一面焊接元件，电路的走线只集中在一面。双层板是两面都可以走线，这两面就称为顶层和底层，顶层和底层之间通过贯穿电路板的孔相连，这个孔称为过孔（Via）。过孔是在 PCB 上涂满金属的孔洞，起连接顶层和底层的作用。多层板用于比较复杂的电路设计中，一般有四层板、六层板、八层板等，多层板可以提高布线的成功率，缩小 PCB 的面积。

单击“Design”（设计）→“Layer Stack Manager”（层栈管理器）命令，打开该对话框后，可以显示当前 PCB 的层结构，默认情况下为双层板，只包括顶层“Top Layer”和底层“Bottom Layer”，如图 4-48 所示。使用者可以通过单击“Add Layer”按钮来添加层数或者单击“Add Plane”按钮来添加电源层和地线层。

用鼠标双击某一层名称可以设置该层的名称和厚度，使用“Move Up”和“Move Down”可以提高和降低该层的位置。

选中某一层后，单击“Delete”按钮可以删除该层。

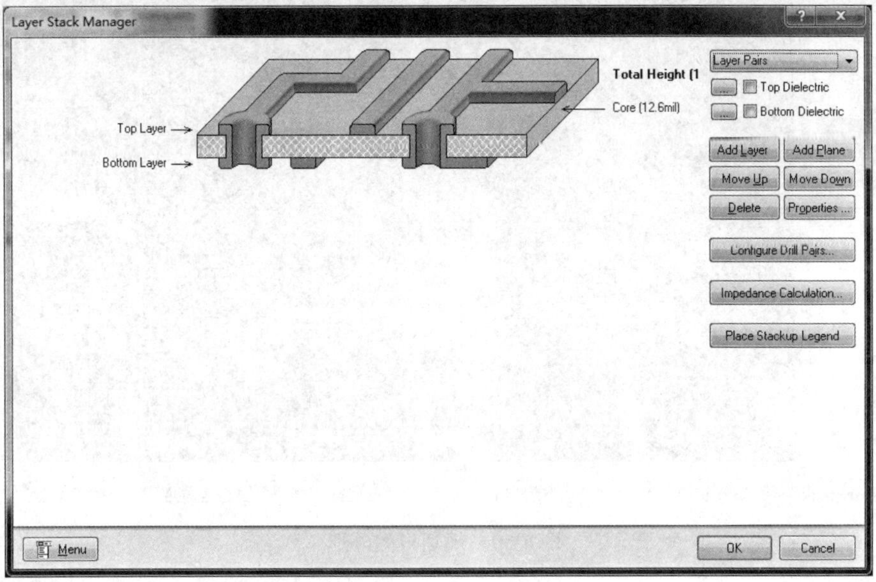

图 4-48　层栈管理器

4. PCB 板图区的设置

新建 PCB 板图后，需要对板图的属性进行设置，必要的设置包括图形的设置、电路板层的设置、层的显示、PCB 系统参数的设置等。

设计 PCB 图之前，要定义好电路板的大小及外形。电路板的物理边界是 PCB 的实际大小和形状，板形的设置是在“Keep-Out Layer”（禁止布线层）上进行。当新建好 PCB 文件后用鼠标单击板图下方的“Keep-Out Layer”选项卡，然后就可以在板图区中使用画导线工具来绘制 PCB 图外形，如图 4-49 所示。

图 4-49　禁止布线层的切换

其中，图纸最下方的各种标签代表当前编辑状态下的图层。在默认状态下“Top Layer”和“Bottom Layer”分别代表印制电路板的顶层和底层，“Top Overlay”代表印制电路板的丝网漏印层，在该层上主要用于印制一些字符。“Keep-Out Layer”则主要规划 PCB 图的范围。“Multi-Layer”代表连通所有信号板层。

在本例中，需要画一个长 2 400 mil、宽 1 400 mil 的矩形框。单击图纸区下方的“Keep-Out Layer”（禁止布线层）标签，使该层处于当前工作窗口；然后单击“Place”（放置）→“Keep-out”（禁止布线）→“Track”（线路）命令，这时光标变成十字标识，然后就可以在图纸区中绘制符合要求的矩形框，如图 4-50 所示。

5. 导入元器件

绘制完后打开画好的原理图，选择主菜单栏中的“Design”（设计）→“Update Pcb Document”（更新 PCB 文件），选择刚建立的 PCB 文件。执行操作后系统将对原理图和 PCB 图的

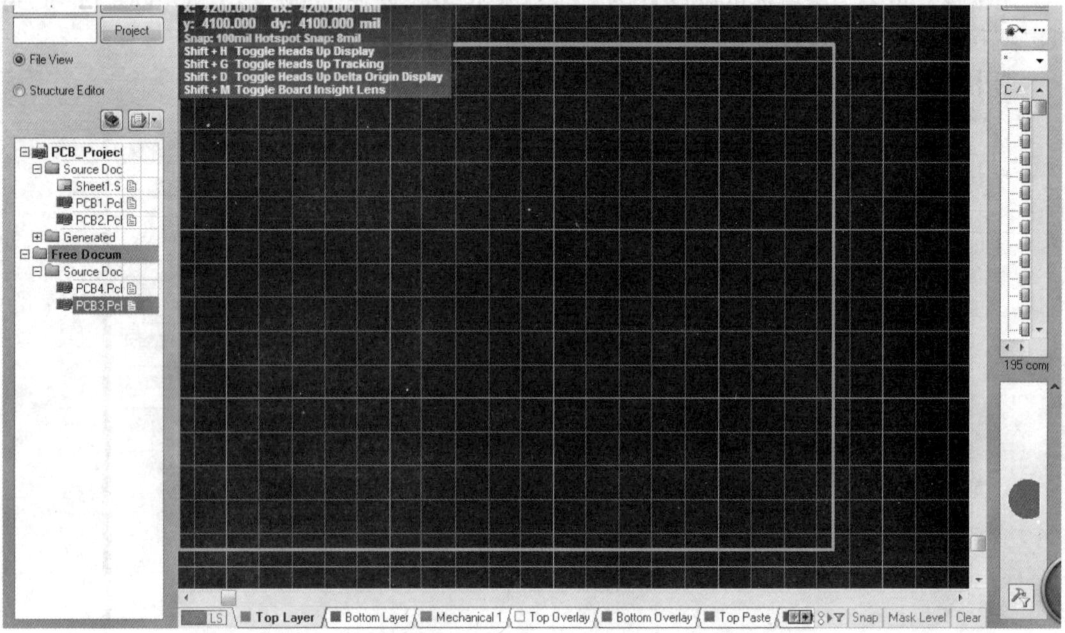

图 4-50 规划板图外形

网络表进行比较并弹出元器件变更顺序的对话框，单击“Validate Changes”按钮，系统将扫描发生的更改，检查是否出现不一致的情况。如出现“√”标记表示是合法改变，如出现“⊗”标记表明此改变是不可执行的，需要回到前面的步骤进行修改，如图 4-51 所示。

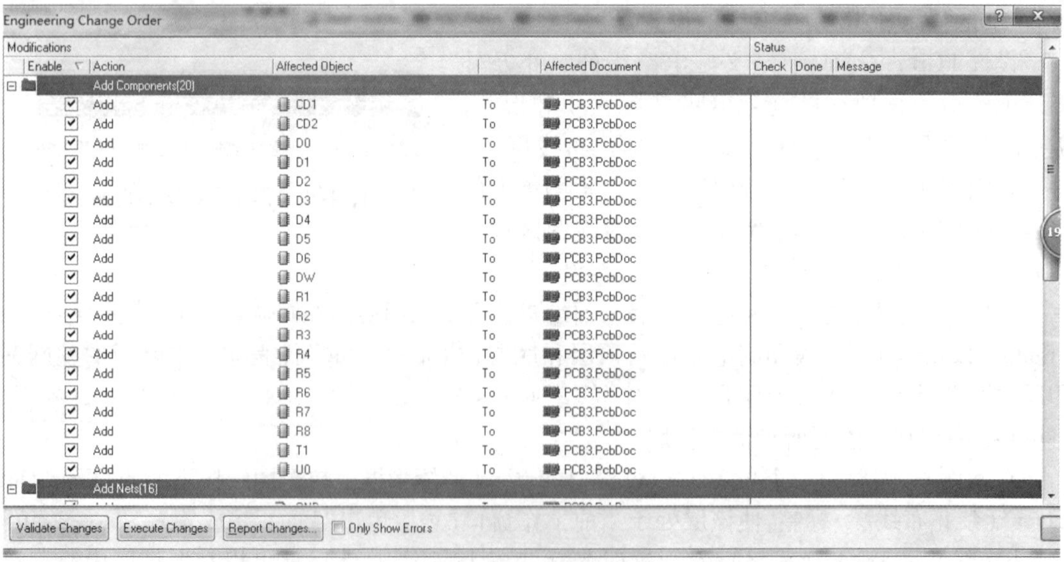

图 4-51 加载网络表

进行完合法性校验后单击“Execute Changes”按钮将网络表导入，显示“Done”（完成）标识表明导入成功。关闭对话框后就可以在 PCB 图纸区看到布线框的外侧出现的元器件及连接线，如图 4-52 所示。需要注意的是，导入网络表后，原理图中的元器件是导入到布线框之外，然后再通过自动布局自动摆放到布线框之内。

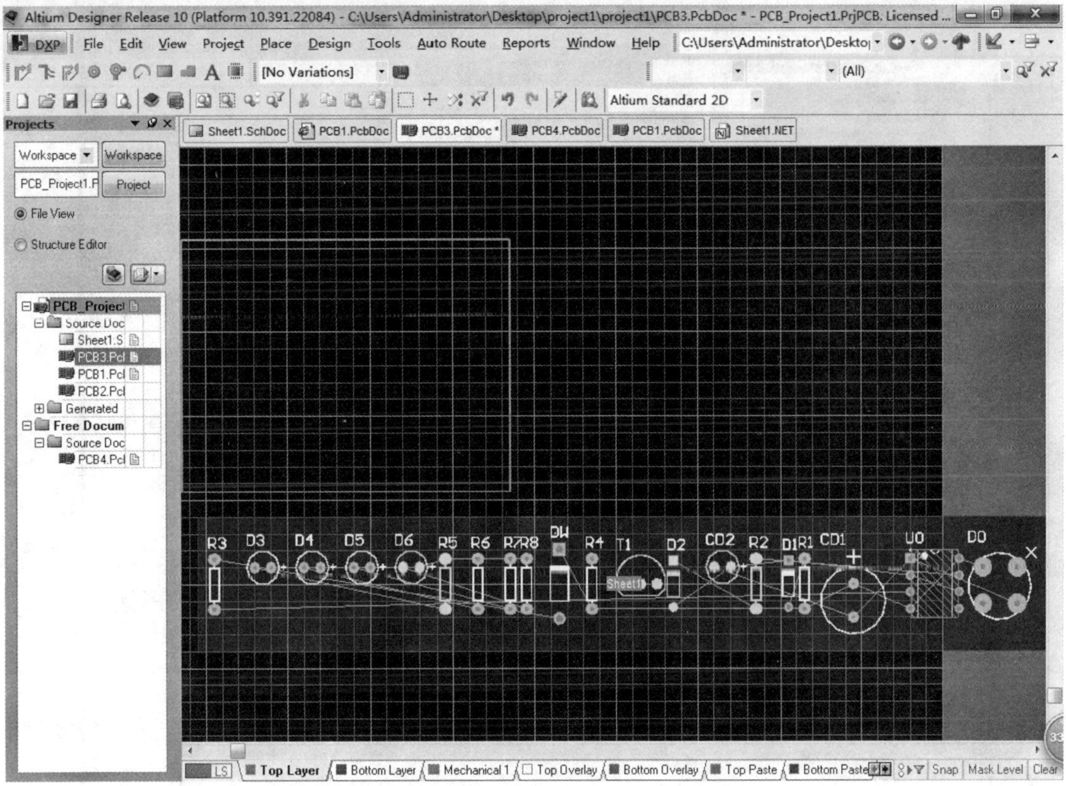

图 4-52　导入元器件

6. 自动布局

加载元器件成功后，需要进行自动布局，自动布局之前需要对板层及线宽进行适当的设置。由于本实例中的电路板是单层板，而且线宽需要进行适当调整。单击“Design”（设计）→“Rules”（规则）”命令，选择对话框标签中的“Routing”（布线）选项，修改“Width”（宽度）参数，其中“Min Width”代表线段最小宽度，“Preferred Size”代表优选宽度，“Max Width”代表导线的最大宽度。在本实例中，考虑到实际电路的电气性能需要将最小宽度设为 10 mil，最大宽度设为 30 mil，优选宽度设为 20 mil，如图 4-53 所示。

设置完导线宽度后，还要设置电路板为单层板，单击“Design”（设计）→“Rules”（规则）命令，选择对话框标签中的“Routing Layers”（布线层）标签，由于要设置为单层板，所以将“Top Layer”（顶层）选项后面的方框中的“√”去掉，然后点击“OK”按钮即可使设置生效，如图 4-54 所示。

Altium Designer 10 提供了强大的自动布局功能，系统可以根据元件的类型自动规划合理的布局。单击“Tools”（工具）→“Component Placement”（元件布局）项，即可打开自动布局相关选项。单击“Auto Placer”项开始自动布局，单击“Stop Auto Placer”项可以随时停止自动布局。另外，还可选择自动布局的参数，如“Arrange Width Room”是可以指定的空间布局，“Arrange Width Rectangle ”是在矩形区域内布局，“Arrange Outside Board”是将选中的元件排在电路板图的外部。如无特别设计要求，通常单击“Auto Placer”项开始自动布局，如图 4-55 所示。

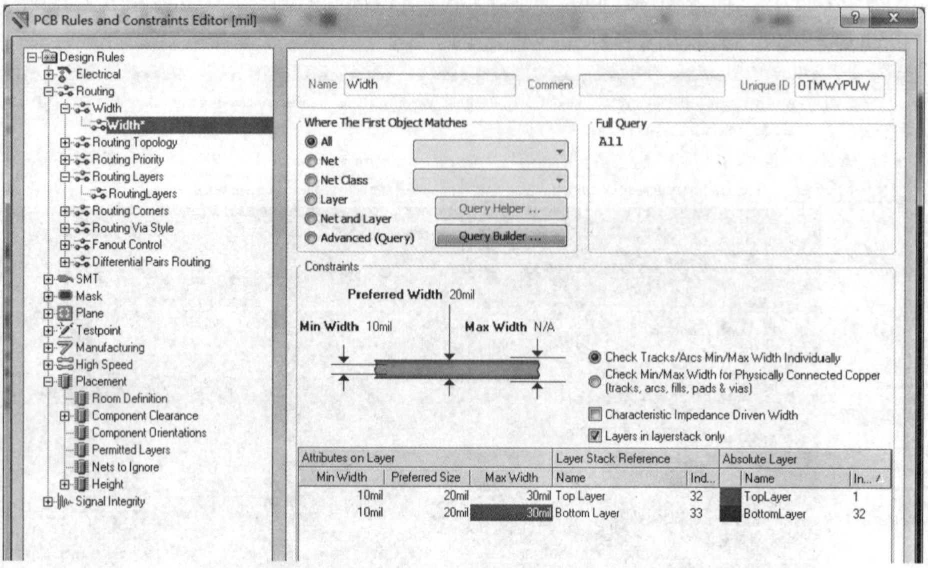

图 4-53　导线宽度设置

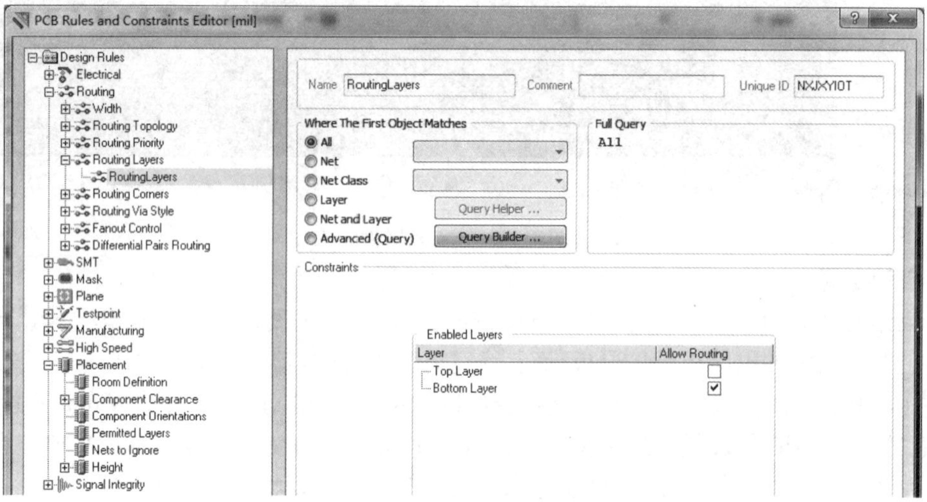

图 4-54　设置为单层板

启动自动布局后，会弹出自动布局方式选择的对话框，如图 4-56 所示。“Cluster Placer”（成组布局方式）将元器件按照连接关系划分为不同的组，然后按组放置元器件，这种布局方式适合元器件比较少的情况。“Statistical Placer”（统计布局）根据统计算法放置元器件，优化布局使元器件之间的连线长度最短，该布局方式适合元器件较多的情况。另外，“Quick Component Placement”（快速布局）布局速度较快，但是无法达到最优的布局效果。在本例中由于元器件较少，所以选择成组布局方式即可。

自动布局需要花费计算机的计算时间，所以需要等待软件自动布局完成。自动布局完成后，元器件的摆放按照最短路径原则摆放，所以显得较拥挤，没有充分利用板图空间，而且元器件排列较乱，还需要对元器件进行手动调整，如图 4-57 所示。良好的布局方式可以使后续

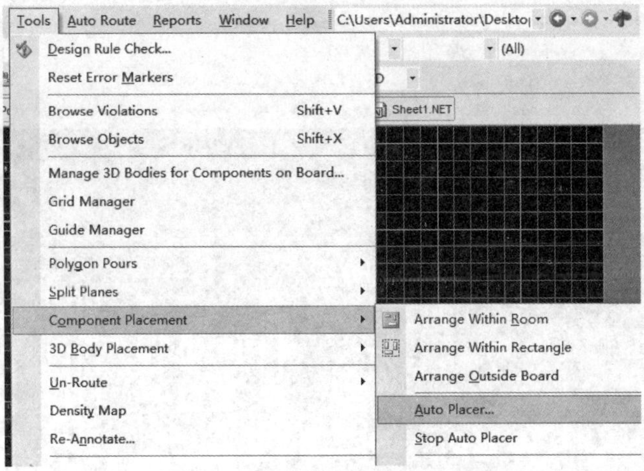

图 4-55　自动布局

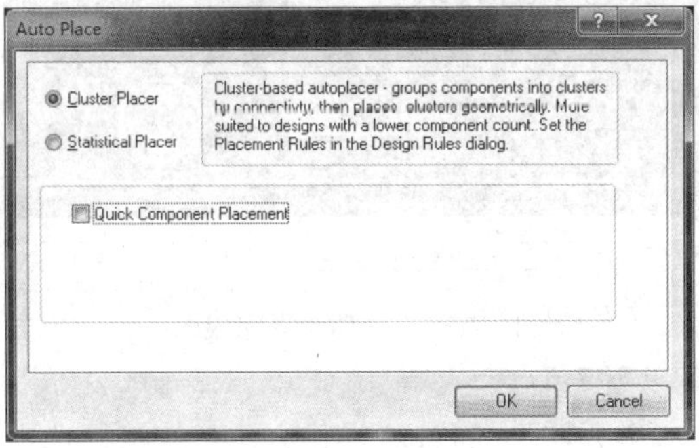

图 4-56　布局方式选择

的布线工作更加简单，布线更简洁，布局直接决定了布线的成败。

由于不同的电路对元器件布局会有相应的要求，所以这里只介绍一般布线规律。

（1）印制导线转折点内角不能小于 90°，一般选择 135°或圆角；导线与焊盘过孔的连接要圆滑，避免出现小尖角。

（2）导线与焊盘、过孔必须以 45°或 90°相连。

（3）双面板上下两层的信号线的走线方向要相互垂直或斜交叉。

（4）在数据总线间，可以加信号地线来实现彼此的隔离。

（5）为了提高抗干扰能力，小信号线和模拟信号线应尽量靠近地线，高压或大功率元器件尽量与低压小功率元器件分开布线，即电源线地线分开走线，在印制电路板上走线应尽可能短。

另外，还应注意的是重要的元器件要摆放在电路板的中间位置。一些特殊元器件要摆放在特殊位置或电路边缘。元器件的排列要求规则、整齐、美观。如同类器件应排列得左右或上下整齐、器件间距相等。对于 IC 器件，引脚排列应一致。在本例中要将 555 定时器放置在板图区中央位置，发光二极管要对应安装孔放置在板图区中间靠下，均匀分布。其他元器件摆放要整齐，要有充分的间距。

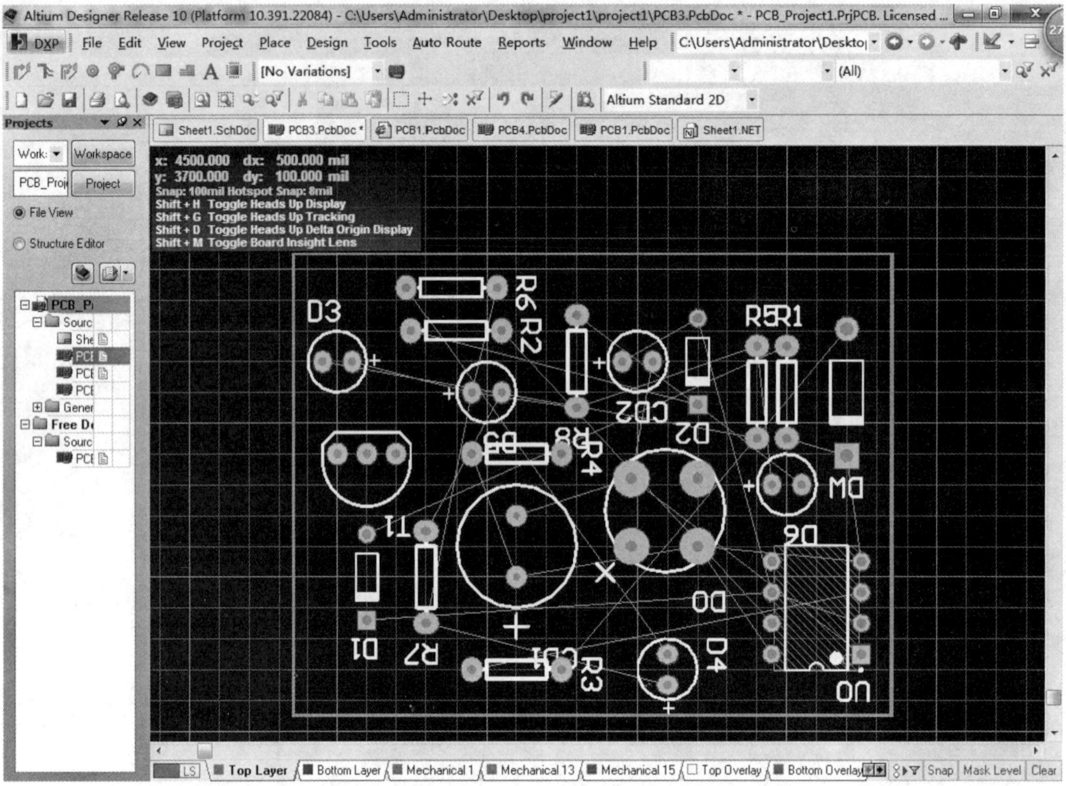

图 4-57 自动布局完成图

手动调整操作主要有以下 3 类。

(1)元器件的移动。单个元器件的移动,操作方法是按鼠标选中要移动的元器件,这时光标出现十字星,可以拖动元器件到合适的位置,放开鼠标左键即可。一组元器件的移动,首先是选组,鼠标操作是在所选元器件的左上角按住鼠标左键,拖动并将要选的元器件全部框在出现的方框内,这时候方框内的器件呈黄色,说明器件已被选择。这时可以像移动单个元器件那样单击任何一个被选元器件来移动整个元器件组。移动后如要去掉选择,可用鼠标左键单击主工具栏中的去掉选择按钮。

(2)元器件的旋转。操作方法是用鼠标左键选中要旋转的元器件,同时按动一次【Space】键,则元器件逆时针旋转 90°,再按一次旋转 180°,以此类推可完成元器件的旋转。

(3)元器件的排列对齐。首先选择元器件,然后对选定的元器件进行排列,单击鼠标右键,在弹出的对话框中选择"Align"(排列),包括左右、上下、中心对齐,水平、垂直方向的扩展、压缩、均匀分布等。先介绍左对齐(Align Left),单击鼠标左键后,光标出现十字星,单击元器件组中的对准器件,元器件组中的所有元器件都以此元器件左边为准对齐。其他对齐方式与此类似。下面看垂直方向的均匀分布(Distribute Vertically),选定功能后,元器件组中元器件在垂直方向就已经分布均匀了。同样,扩展、压缩操作类似。在这里读者可以练习基本的手动调整操作,熟悉工具栏中各种工具的特性,然后进入自动布线。

7. 自动布线及调整

在印制电路板布局结束后,便进入了电路板的布线过程。一般说来,用户先是对电路板布线提出某些要求,然后按照这些要求来预置布线规则。预置布线规则设定的是否合理将直接影响布线的质量和成功率。这就要求学生理解电路板的布线层面以及布线规则。

由于本例中要生成的电路板是单层板,在布线规则方面,有安全间距允许值是 10 mil、布线拐角模式是 45°、布线优先级为 2 等参数要求。学生们通过这些参数的设置可以明确电路板制作的规格形式。

执行“Design”→“Rules”命令,在弹出的规则编辑对话框中,进行逐一设置。在本例中要进行间距设置。其中“clearance”(间距)项用来设置导线的最小间距,在这里设置成 10 mil。

自动布线在菜单栏的“Auto Route”(自动布线)项,主要有以下几个选项:All 表示全局布线;Connection 表示对指定连接点布线;Area 表示指定区域布线;Net 表示对选定网络布线;Component 表示对指定元器件布线。

对于本例中电路采用“All”(全局布线)即可。在弹出的菜单中单击“Route All”项后开始自动布线,自动布线完成后会显示如图 4-58 所示的布线信息框,如最后一项显示“Routing finished with 0 contentions”信息表明布线没有任何问题,成功完成。

关闭信息框后会显示最终图形,需要注意的是图 4-59 中显示的只是一种普通的元器件排列方案,实际上对于本例来说有很多种元器件排列方案可以选择。

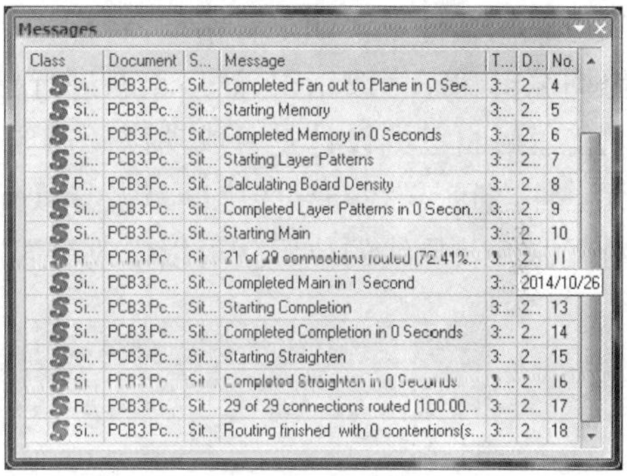

图 4-58　自动布线完成信息框

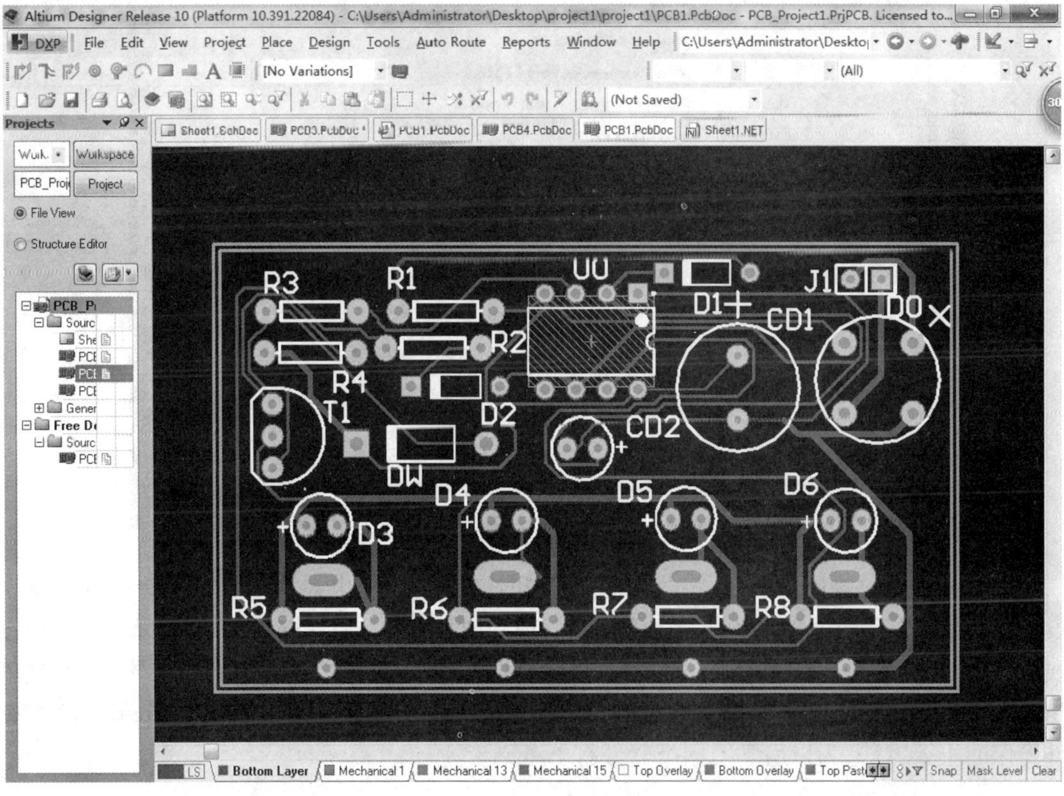

图 4-59　布线完成图

8. **设计规则检查**

Altium Designer 10 具有一个有效的设计规则检查(Design Rule Check,DRC)功能,该功能可以确认是否满足设计规则。DRC 测试各种违反走线情况,比如安全错误、未走线网络、宽度错误、长度错误和影响制造及信号完整性的错误。

进行设计规则检查可以单击主菜单"Tools"(工具)→"Design Rule Check"(设计规则检查器)命令,弹出如图 4-60 所示的菜单,其中包括了 PCB 制作中常见的规则,如线宽设置、过孔大小、元器件的安全距离等常见电气规则。单击"Run Design Rule Check..."按钮即可开始校验。

如果各项检查都没有错误(即各项检验结果都为零),就说明自动布线是成功的,就可以输出电路板文件了。如果有错误,将标记出错误的原因及出错元器件的序号,设计者可返回电路图编辑状态修改错误,然后重新进行自动布线即可。这样设计者就可以通过设计规则检查功能了解自己的设计是否成功以及需要修改的地方。通常出现布线错误的原因是元器件与元器件之间、导线与导线之间以及导线与元器件之间距离过近或者有接触,只需适当调整相应元器件及导线的位置就可以修改错误。

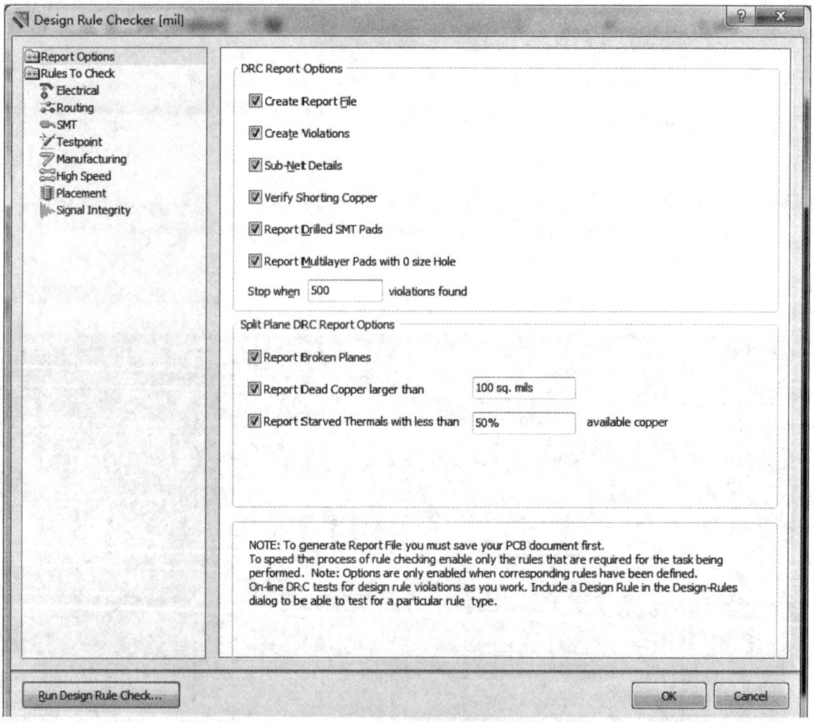

图 4-60　设计规则检查菜单

PCB 文件通过规则检查后,将此文件保存就完成了这个充电器 PCB 图的设计。通过这个设计实例,可以了解电路原理图、生成网络表、规划电路板图、加载网络表、自动布局、自动布线、设计规则检查等 Altium Designer 10 软件操作的主要步骤,包括了该软件的基本功能,这就为深入掌握该软件打下了基础。通过这个练习也了解了同类计算机辅助设计印制电路板软件操作的主要方法,为以后学习同类软件打下基础。

4.6 原理图仿真

4.6.1 概述

仿真(Simulation)是通过对系统模型的虚拟实验来研究存在的或设计中的系统,这个过程又称为模拟。

在电路仿真软件问世之前,当有完成某个具体电路的构思却没有足够的把握时,通常只能在万能实验板上用实际元器件和一些导线去构建实验电路。然后,根据预先设定好的方案去检测在一定的初始条件和给定输入下该电路实际的输出信号是否和预期的输出信号相吻合。这种方法不仅工作量大,开发周期长,而且一旦出现问题时,针对错误的排查比较复杂。

随着计算机技术的迅速发展,各种各样的电路仿真软件纷纷涌现出来。电路仿真是指用仿真软件在电脑上复现即将设计完成的电路、已经设计完成电路的电路参数计算和元器件选择并提供电路电源以及输入信号,然后在计算机上模拟电子测量仪器,给出测试点的电气参数的过程。

要想做原理图仿真,必须要把每个元器件的仿真模型(Simulation Program with Integrated Circuit Emphasis, SPICE)找齐,才可以进行原理图的仿真分析。

SPICE 由美国加州大学伯克利分校于 20 世纪 70 年代推出,是主要用于集成电路的电路分析程序。早期 SPICE 程序只能运行在大型的计算机上,后来美国 MicroSim 公司于 1984 年在伯克利分校 SPICE 的基础上,推出了能在微型计算机上运行的 SPICE 软件,即 PSPICE 软件。大部分同类的仿真软件都能支持 PSPICE 仿真模型,现在使用的 Altium Designer 10 也是其中之一。

Altium Designer 10 自带了仿真用的各种常用的二端元件、三端元件和各种信号源,因此,工程师只需找到自己电路原理图中核心的元器件的仿真模型即可。在模型格式上,Altium Designer 10 自带有一个 XSPICE 的模型向导,方便设计人员在设计元器件封装时将其相应的 SPICE 模型建立起来。来自外部的仿真模型库可将其文件后缀改为 CKT,即可被 Altium Designer 10 导入。

4.6.2 Altium Designer 仿真工具的设置和使用

Altium Designer 10 提供了非常强大的仿真功能可以进行模拟、数字及模数混合仿真。软件采用集成库机制管理元器件,将仿真模型与原理图元器件关联在一起,使用起来非常方便。

在 Altium Designer 10 里要做原理图仿真必须满足以下条件:

(1)有全部元件的 SPICE 仿真模型;

(2)确定仿真电路的 GND 接点,即必须在原理图里面放一个 GND 接点符号;

(3)原理图里必须要有信号源,并且要设好相关的参数;

(4)需要查看的网络须有网络标号;

(5)确定要仿真的类型(工作点分析、瞬态特性分析、直流扫描分析、交流小信号分析、噪声分析、零极点分析、传递函数分析、温度扫描分析、参数扫描分析、蒙特卡罗分析)。

Altium Designer 10 的仿真元件库为用户提供了大部分常用的仿真元器件。其中仿真源位于软件安装目录下的 Altium\AD 10\Library\Simulation 文件夹中,分别有 Simulation Math

Function. Intlib(数学函数库)、Simulation Pspice Function. Intlib(PSPICE 函数库)、Simulation Source. Intlib(信号源)、Simulation Special Function. Intlib(特殊函数)、Simulation Transmission Line. Intlib(传输线)。

基本元器件库位于软件安装目录下 \Altium\AD 10\Library 文件夹下的 Miscellaneous Device. IntLib(混合元器件库)中,像常用的二极管、三极管、电阻、电容、开关等都可以在该库中找到。

4.6.3 Altium Designer 仿真实例

以前面介绍的充电器电路为例,来讲解原理图的仿真过程。图 4-61 是一个脉冲充电器电路图,先简单介绍下电路原理。

首先,从最左端 IN 输入 220 V,50 Hz 交流电,经过 T1 变压器降压,输出电压应为 OUT1,再经过 D1 整流桥整流,整流后由 C1 电容滤波,滤波后为 7 V 直流电源,并加在集成电路 555 定时器和晶体管 VT1 上。由 NE555 和其相应的外围电路 RA、RB、R1、R2、C2 和 CT 组成一个可以产生脉冲方波的电路,由 NE555 的 3 脚输出,经过 R3 控制晶体管 VT1 的基极,经过晶体管 VT1 放大,稳压二极管 D4、电阻 R4 恒流限流后通过电阻 R5 ~ R8 和发光二极管 D2、D3、D5、D6 对四节电池充电。

根据电路的原理组成,仿真分为以下两部分内容。

(1)进行第一部分电路的仿真,根据电路设计将 220 V,50 Hz 的电源经过变压器变为交流 7.8 V 左右,再经过电容 C1 稳压在 7 V。具体电路图仿真步骤如下。

①打开 Altium Designer 10 软件,建立一个 PCB 工程文件,然后在工程文件中添加原理图文件并保存。

②向元器件库中添加 Simulation Sources. Intlib(信号源)、Miscellaneous Device. IntLib(混合元器件库)。

③先从 Miscellaneous Device. IntLib(混合元器件库)将变压器、整流桥和电解电容找到,然后从 Simulation Sources. Intlib(信号源)添加正弦仿真源作为输入信号源,在库文件 Simulation Sources. Intlib 中包含两个正弦仿真源元件,VSIN 正弦电压源和 ISIN 正弦电流源。通过这些正弦仿真源可创建正弦波电压和电流源。

④将从元器件库中找到的元器件在原理图中摆放好并连线,如图 4-62 所示。

⑤按照图 4-62 上的标注,修改各个元器件参数。

⑥选择主菜单中的"Design"(设计)→"Simulate"(仿真)→"Mixed Sim"(混合仿真)命令,对电路图进行混合电路仿真。仿真结果如图 4-63 所示。

仿真结果可以从图 4-63 得到,仿真测试输入端 IN 的信号为信号源信号 220 V,50Hz。经过变压器降压后得到交流输出电压 OUT1 为 7.8 V,再经过整流桥整流和 C1 稳压输出 OUT2 为直流 7 V。

(2)按照其原理组成,再进行第二部分电路的仿真。根据设计,按照第一部分电路图进行原理图仿真的步骤,对 NE555 的电路图进行仿真,如图 4-64 所示。

根据图 4-64 绘出 NE555 的电路图,然后设定相应元器件参数,并仿真。仿真结果如图 4-65 所示。

根据以上仿真分析,可以分析出相应电路所产生的信号是否与设计电路所产生的信号一致,为具体电路功能的验证提供了相应的理论数据及图形。

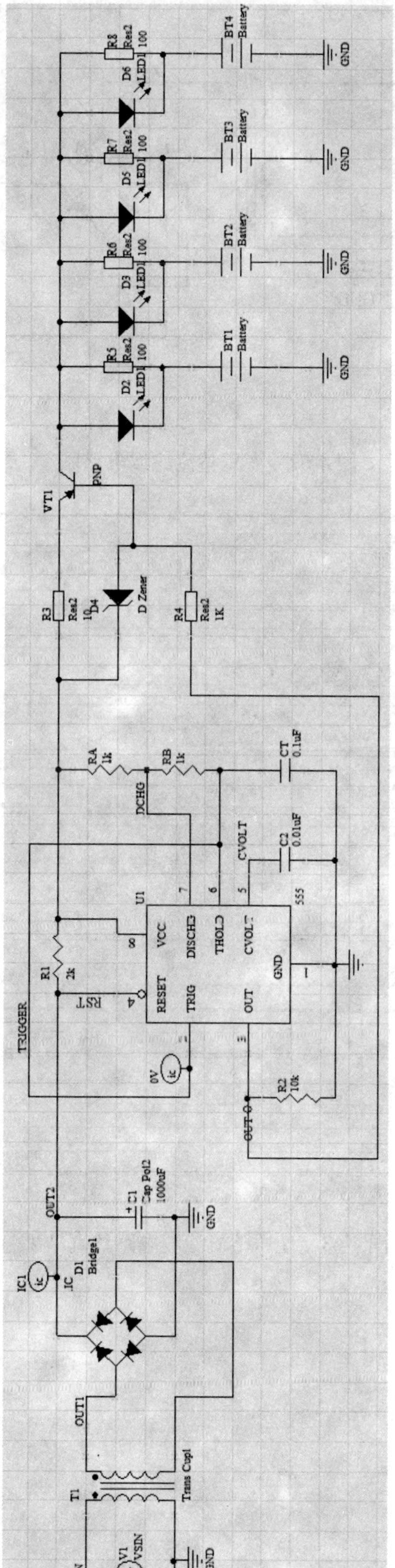

图 4-51　脉冲充电器电路原理图

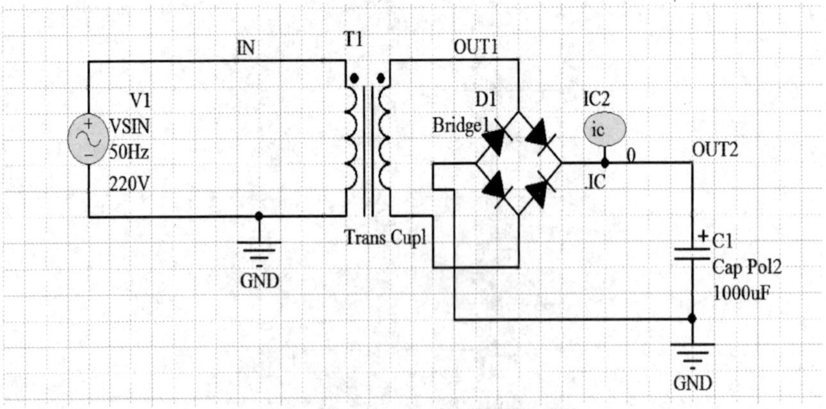

图 4-62 变压整流滤波电路图

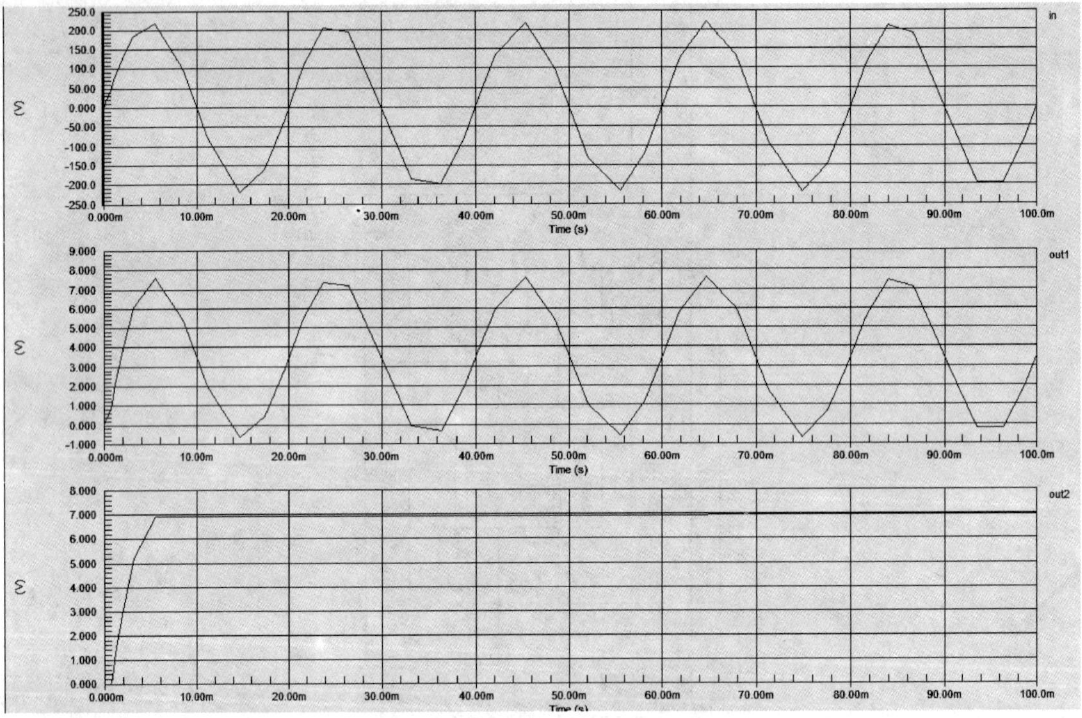

图 4-63 变压整流滤波电路仿真结果

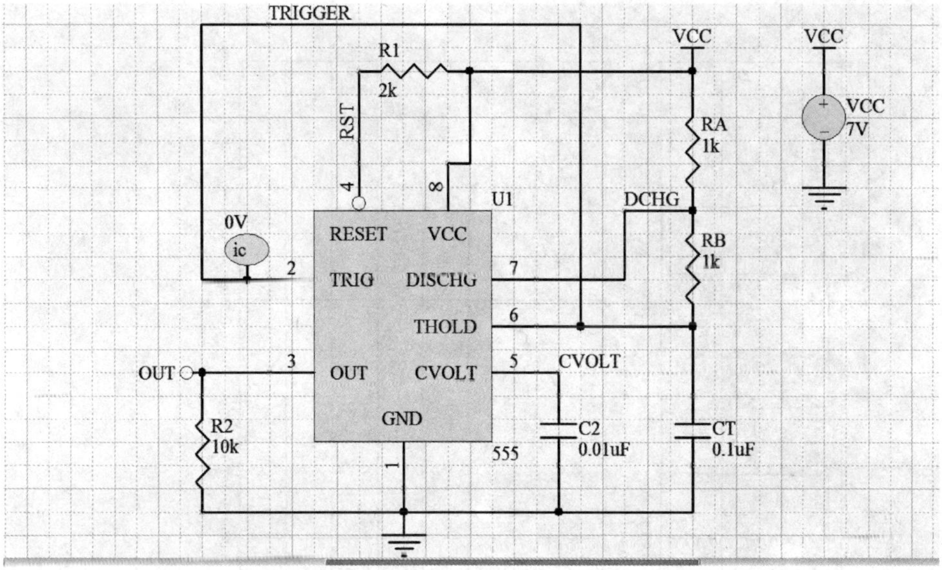

图 4-64　NE555 的电路原理图

4.7　印制电路板的制作工艺

4.7.1　印制电路板制作流程简介

印制电路板的传统制作工艺又称为腐蚀工艺,其主要方法是利用化学溶液在设计好的覆铜板上腐蚀掉多余的部分,保留下的部分就形成了所需的印制电路板。实际上印制电路板的生产过程较为复杂,它涉及的工艺范围较广,从简单的机械加工到复杂的机械加工,有普通的化学反应,还有光化学、电化学、热化学等工艺,还包括了计算机辅助设计、计算机辅助制造等多方面的知识。所以说印制电路板的制造是一门比较复杂的工艺。下面列出单面板和双面板的主要工艺流程,如图 4-66 和图 4-67 所示。

下面就典型的双面板主要的加工步骤配合图 4-68 予以说明。

4.7.2　印制电路板制造流程分析

1. 裁板

按照设计要求利用裁板工具将铜皮和绝缘层压合而成的基板材料裁切成工作所需尺寸。

2. 前处理

去除铜面上的污染物,以利于后续的压膜处理。基材如图 4-69 所示。

3. 压膜

将经过处理的基板铜面透过热压方式贴上抗腐蚀干膜,如图 4-70 所示。

4. 曝光

经光源作用将原始底片上的图像转移到感光底板上,如图 4-71 所示。

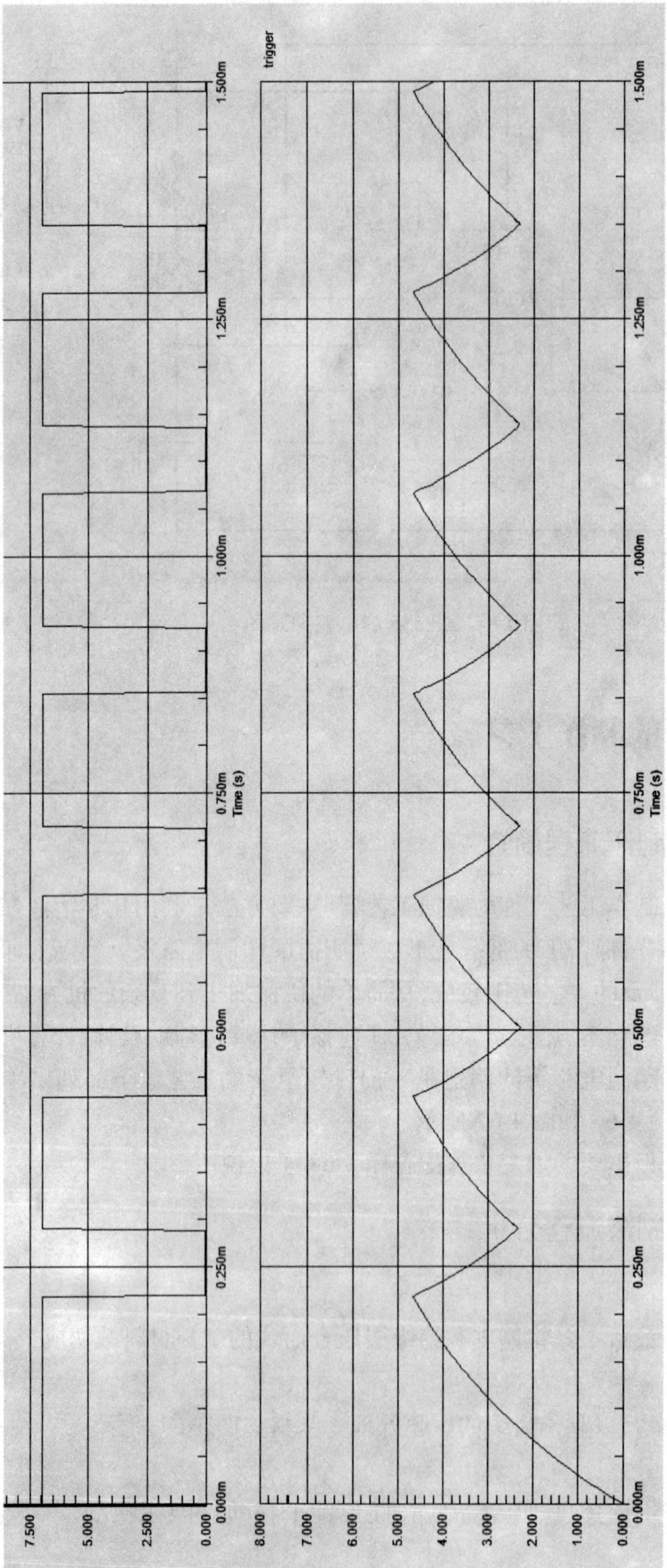

图 4-65 NE555 电路产生的脉冲方波

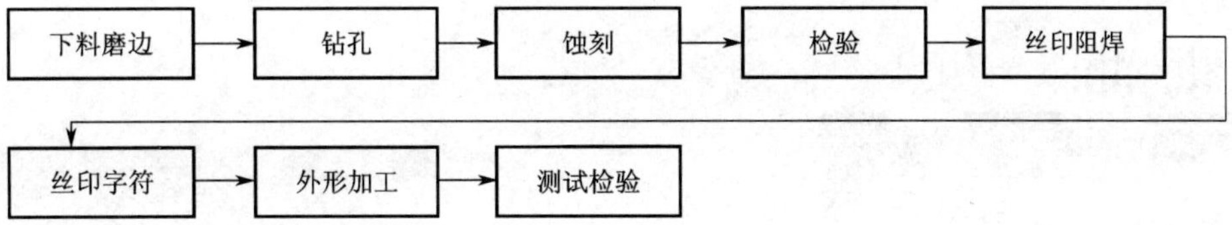

图 4-66 单面板工艺流程

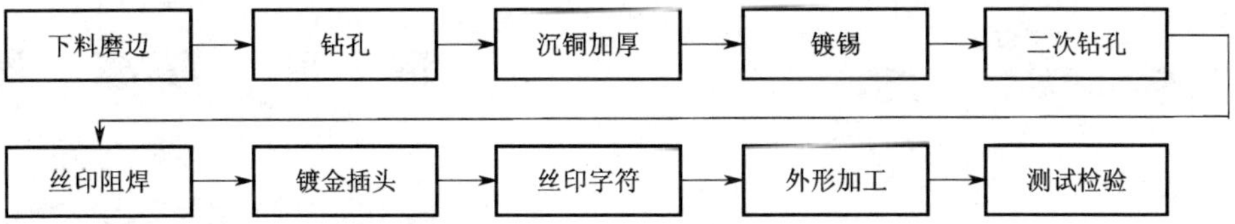

图 4-67 双面板工艺流程

图 4-68 双面板主要加工步骤

图 4-69 基材

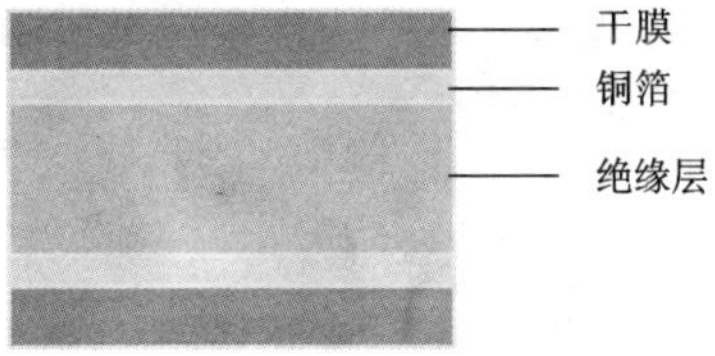

图 4-70 压膜

5. 显影

使用碱液将未发生聚合反应的干膜冲掉，而发生聚合反应的干膜则保留在板面上作为蚀刻时抗蚀保护层，如图 4-72 所示。

6. 蚀刻

利用药液将显影后露出的铜蚀掉，形成内层线路图形，如图 4-73 所示。

7. 去膜

利用强碱将保护铜面的抗蚀层剥掉，露出线路图形，如图 4-74 所示。

4.7.3 印制电路板制造的后期处理工艺

前面所介绍的是印制电路板的主要制作工艺步骤。经过以上步骤地加工处理后就初步制成了印制电路板，但是要作为一种出厂产品还需要经过后期的处理工艺。

(1) 丝印层加工用来在顶层和底层表面绘制元器件封装的外观轮廓和放置字符等，它可以使印制电路板具有可读性，便于电路的安装和维修等，以网版印制的方式印制在电路板上，然后再采用烘烤或者紫外线照射的方式使相应的漆墨硬化，如图 4-75 所示。

(2) 印制电路板的外层加工完成后，加工人员需要再次对板子涂覆绝缘的树脂层来保护

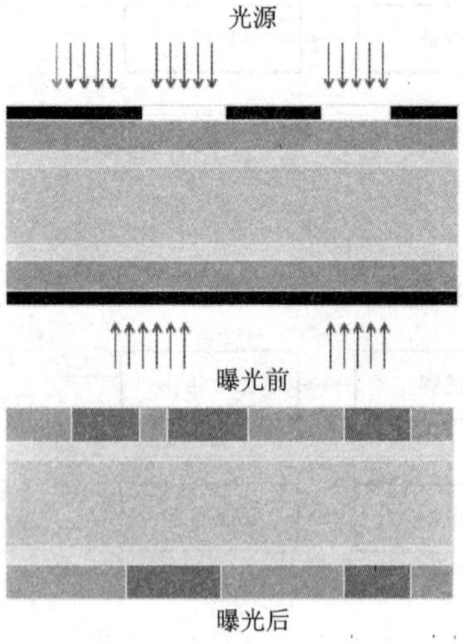

图 4-71　曝光前后对比

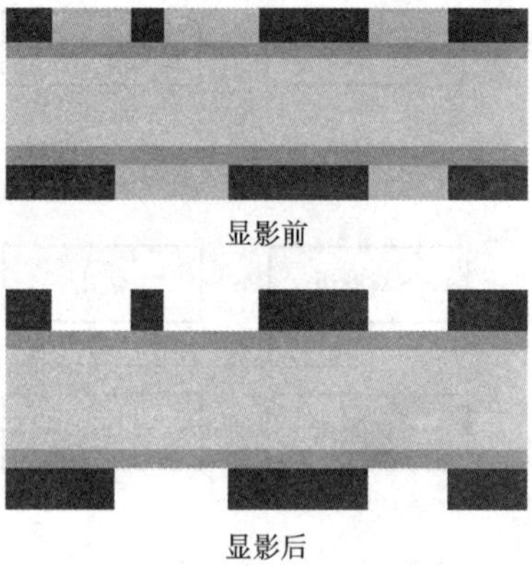

图 4-72　显影

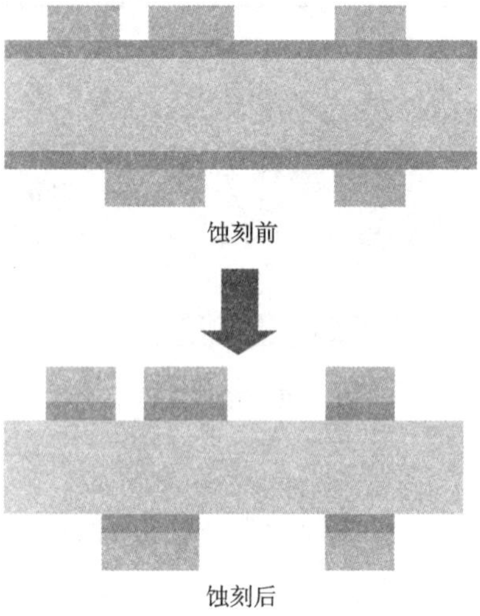

图 4-73　蚀刻

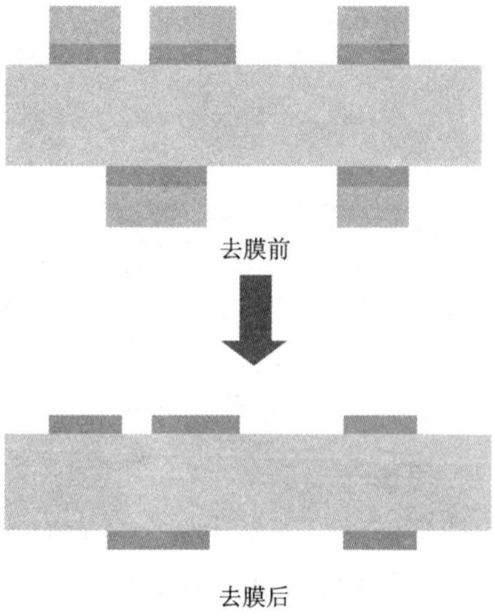

图 4-74　去膜

电路避免氧化和焊接短路。首先以网版印制、帘涂和静态喷涂等方式将液态感光绿漆涂覆在电路板面上,接下来将其预烘干燥,待其冷却后送到相应的紫外线曝光机中进行曝光处理,绿漆在底片透光区域受到紫外线照射后会产生聚会反应,然后再以碳酸钠溶液将涂膜上未受光照的区域显影去除;最后再以高温烘烤的方法将绿漆中的树脂完全硬化形成绝缘绿漆。

(3)完成上面的加工过程后,这时印制电路板上的防焊绿漆覆盖了板上的电路铜面,而仅仅露出了元器件焊接、电路测试和电路板插接等使用的终端接点。这些部分需要添加另外的保护层,目的是避免在长期使用中连通阳极的端点产生氧化物,从而影响印制电路的稳定性和安全性。一般来说,印制电路板的接点加工可以分为以下四部分。

①镀金,具体操作是在电路板的插接端点上(俗称金手指)镀上一层高硬度耐磨损的镍层和高化学钝性的金层,以保护端点和提供良好的接通性能。

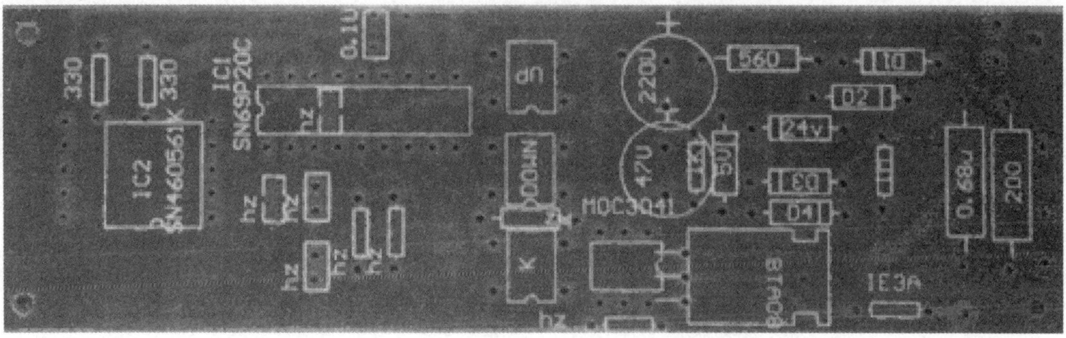

图 4-75　印制电路板上的丝印层

②喷锡,具体操作是在电路板的焊接端点上采用热风整平的方式涂覆上一层锻铝合金层,保护印制电路板的端点和提供良好的焊接性能。

③预焊,具体操作是在电路板的焊接端点上采用浸染的方式涂覆上一层抗氧化预焊皮膜,这样在焊接前可以暂时保护焊接端点和提供较平整的焊接面,使印制电路板具有良好的焊接性能。

④碳墨,具体操作是在电路板的接触端点上采用网版印制的方式印上一层碳膜,保护印制电路板的端点和提供良好的接通性能。

通过上面的各个加工过程,一个完整的印制电路板就已经制造出来了,接下来就可以进行成型切割了。在成型切割之前,操作人员需要采用插杆通过先前钻出的定位孔将电路板固定在模具机床上;然后采用模具机床将电路板切割成客户所需要的外形尺寸。进行成型切割后,操作人员需要进行电路板的接插端点磨角加工,以方便印制电路板的接插使用。最后需要清理印制电路板上的粉屑和表面上的离子污染物。

至此,印制电路板的加工工序就全部完成,通过电气性能检测后就可以作为成品使用了。

4.7.4　印制电路板的简易制作方式

前面介绍的步骤是印制电路板的传统制作技术,即腐蚀工艺,该工艺制作电路板的速度较快,适合大批量生产,但是污染性较大,而且有一定的制作周期,不能满足及时性的需求。

在实际应用中,往往需要及时验证印制电路板设计的可行性,所以要求能及时得到符合设计需要的电路板。目前,印制电路板制作方法应用较多的是热转印法。热转印法就是使用激光打印机,将设计好的印制电路板图形打印到热转印纸上,再将热转印纸以适当的温度加热,热转印纸上原先打印上去的图形就会受热熔化,并转移到敷铜板上面,形成耐腐蚀的保护层。通过腐蚀液腐蚀后将设计好的电路留在敷铜板上面,从而得到印制电路板。

该制作工艺所需的材料包括激光打印机、热转机、剪板机、热转印纸、台钻、敷铜板、钻头、砂纸、去污粉、工业酒精、松香水、腐蚀剂。

1. 打印

首先将设计好的印制电路板图打印出来,执行“File”→“Page Setup”命令,在弹出的对话框中设置“Scale Print”(按实际比例打印),“Scale”项设置为 1.00,“Corrections”项的“X”轴和“Y”轴都设置为 1.00,“Color Set”(颜色设置)设为“Mono”。各项必要的设置如图 4-76 所示。

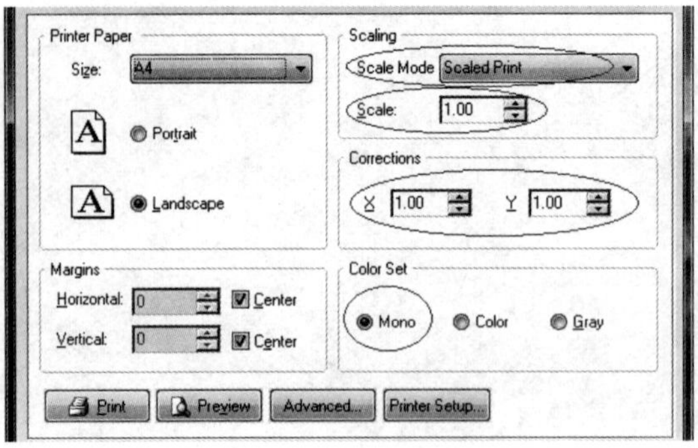

图 4-76 打印设置

设置完成后单击“Advanced”按钮，进入“PCB Printout Properties”对话框，根据打印的需要，选中需要打印的层或者需要删除的层。删除层时，单击鼠标右键，在弹出的对话框中选择“Delete”项，单击“Yes”按钮即可。如果需要插入某个层，只需在空白的地方单击鼠标右键，选择“Insert Layer”项，在弹出的对话框中找到需要插入的层即可。设置项如图 4-77 所示。设置完成后单击“OK”按钮，在打印机上放入热转印纸，执行“File”→“Print”命令即可打印。

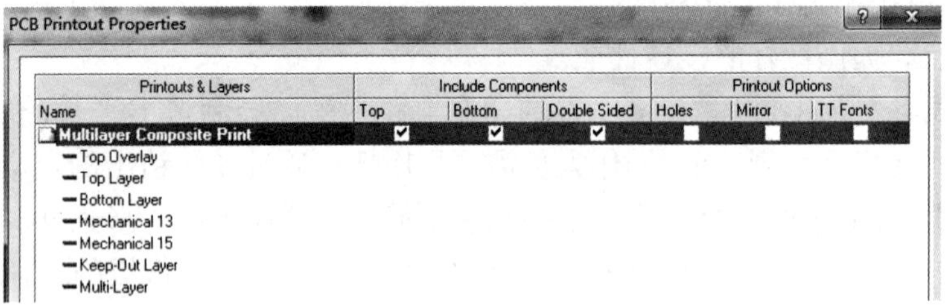

图 4-77 打印层设置

2. 裁剪

将打印好的电路图沿热转印纸剪下，剪下时电路图周围要留 1 cm 白边用于固定，如图 4-78 所示。

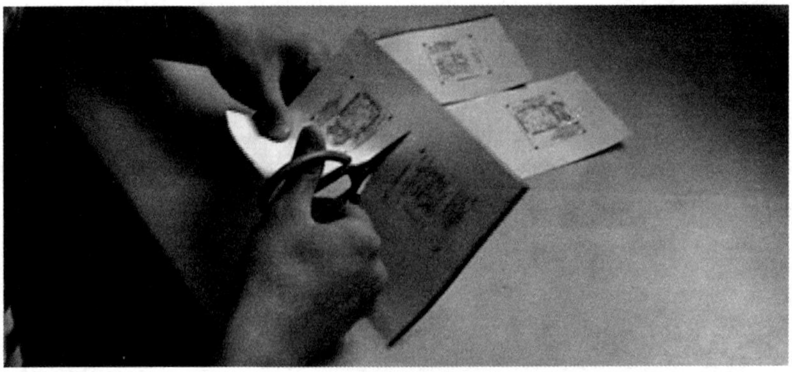

图 4-78 裁剪热转印纸

3. 切板

使用裁板机将覆铜板裁成电路图大小，为了方便转印，覆铜板大小要比实际图形大一些。

4. 去污

将裁好的覆铜板放入腐蚀液中几秒钟，用以去除表面的氧化层及油污，然后擦干。通常使用的是过硫酸钠，其分子式为 $Na_2S_2O_8$，这种化学药剂是一种白色、无味晶体，常作为强氧化剂使用，也可用作单体聚合引发剂。它几乎不吸潮，由于能达到很高的纯度而具有特别好的稳定性，便于储存。它还具有使用方便、安全等优点。正因为有上述特性，所以过硫酸钠常作为一种强氧化剂来使用。

5. 贴板

将打印好的有图形一面的热转印纸用透明胶粘牢在覆铜板上，如图 4-79 所示。

6. 转印

将贴好的电路板放入热转印机中，注意要把铜箔和图形面朝上，如图 4-80 所示。放板时，要按下面板上的工作键（向上箭头），热转印机的温度设置为 150 ℃左右，电路板从热转印机中被缓慢推出，这样就完成了热转印。

图 4-79　贴板

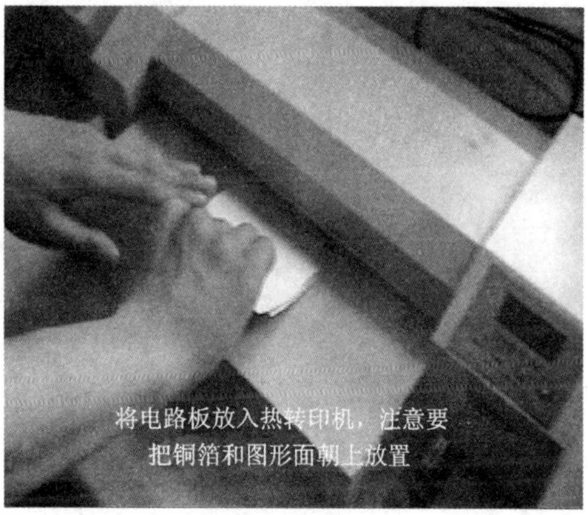

图 4-80　转印

7. 冷却

当电路板从热转印机中被推出后，需要等待覆铜板冷却到室温，然后将转印纸撕掉，并检查电路板有无断线问题。如果存在断线问题，需要用油性笔将断线连上。

8. 腐蚀

将电路板放入腐蚀箱溶液中进行腐蚀，腐蚀从电路板外围开始，直到完全把没有被转印的铜腐蚀掉，如图 4-81 所示。

9. 清洗及打磨

腐蚀完成后用清水清洗电路板，然后用钢丝棉醮上去污粉打磨掉被覆盖的油墨，露出被油墨保护的铜线，如图 4-82 所示。

10. 钻孔

用台钻对准过孔或者焊盘的位置进行打孔操作，打孔操作不能自动进行，是整个工艺过程中人工操作最多的工作，所以需要耐心细致地使用台钻，台钻的钻头直径根据实际孔的大小来选择，打孔时要对准好位置后缓慢降低钻头位置，避免钻头被弄断。当打孔操作完成后

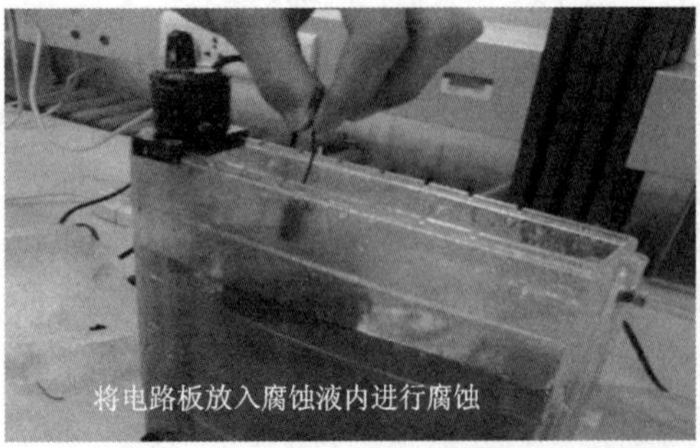

图 4-81 腐蚀

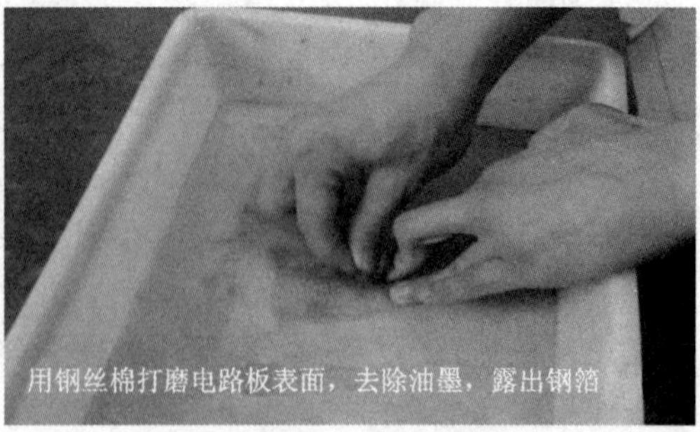

图 4-82 打磨电路板

用酒精擦拭电路板，然后用松香水涂在电路板上作为焊剂来使用，这样一块简易的印制电路板就制作完成了。

第 5 章　自动搜索调频收音机

5.1　自动搜索调频收音机电路原理

5.1.1　主要技术指标

(1)接收频率范围:87～108 MHz。

(2)电源:3 V,由两节 7 号电池供电。

(3)工作电流:7～16 mA,且随音量调小而降低。

5.1.2　整机电路

收音机的整机电路如图 5-1 所示,核心器件是集成电路 SC1088,外接部分元件,即可构成自动搜索调频收音机,具有耗电小、音质好的特点。

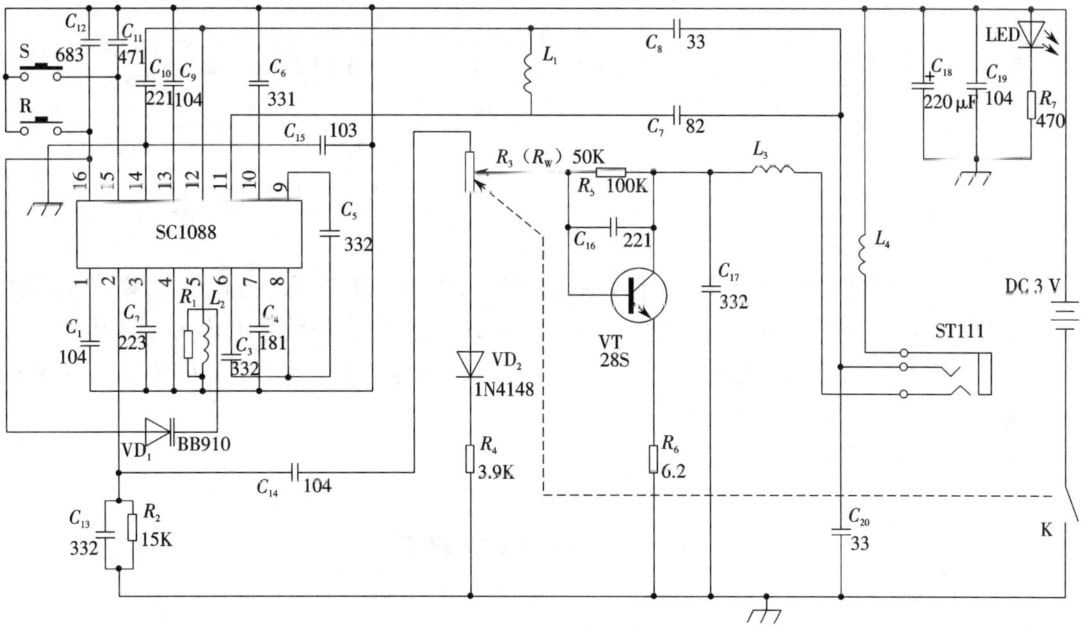

图 5-1　收音机整机电路原理图

5.1.3　单片集成电路 SC1088

SC1088 扁平封装双列 16 引脚,如图 5-2 所示,可以表贴或直接焊在印制电路板上。引脚功能见表 5-1。

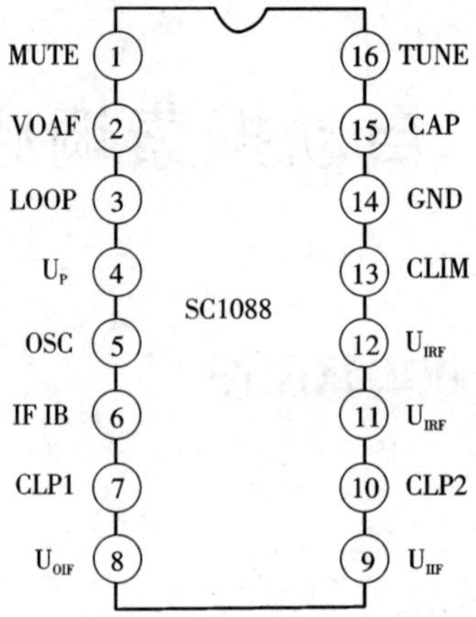

图 5-2　SC1088 引脚

表 5-1　SC1088 引脚功能

引脚	功能	引脚	功能
1	静噪输出	9	中频输入至限幅放大器
2	音频输出	10	中频限幅器放大器的低通电容
3	音频环路滤波	11	射频输入
4	电源	12	射频输入
5	振荡器	13	限幅器失调电压补偿电容
6	中频反馈	14	地
7	1 dB 放大器的低通电容	15	全通滤波器电容输入用于自动搜寻
8	中频输出	16	电调谐/AFC 输出

SC1088 内部框图如图 5-3 所示，它有调频收音机从天线接收、振荡、混频、频率自动控制(Auto Frequency Control, AFC)、中频放大、限幅、滤波、鉴频到音频信号输出等全部功能。此外，还专门设有搜索调谐、信号检测、静噪及频率锁定环电路，TDA7088、CD9088 也具有相同的引脚和功能。SC1088 的直流特性见表 5-2。

除非特殊说明，Tamb = 25 ℃，$U_P = 3$ V。

表 5-2　SC1088 直流特性参数

参数	符号	最小值	标准值	最大值	单位
电源电压(4 脚)	U_P	1.8	3.0	5.0	V
电源电流(4 脚)	I_P	4.2	5.1	6.6	mA
1 脚直流电压	U_1	2.50	2.55	2.60	V
3 脚直流电压	U_3	2.64	2.69	2.74	V
6 脚和 7 脚直流电压	U_6, U_7	2.38	2.44	2.50	V
8 脚直流电压	U_8	1.60	1.67	1.74	V

续表

参数	符号	最小值	标准值	最大值	单位
9、10 脚和 13 脚直流电压	U_9, U_{10}, U_{13}	2.42	2.47	2.52	V
11、12 脚直流电压	U_{11}, U_{12}	0.91	0.94	0.98	V
15 脚直流电压	U_{15}	2.06	2.12	2.18	V
2 脚音频输出电流	I_2	45	60	80	μA
5 脚振荡器电流	I_5	275	375	500	μA

注：U_1，U_2 和 U_3 均为内电压

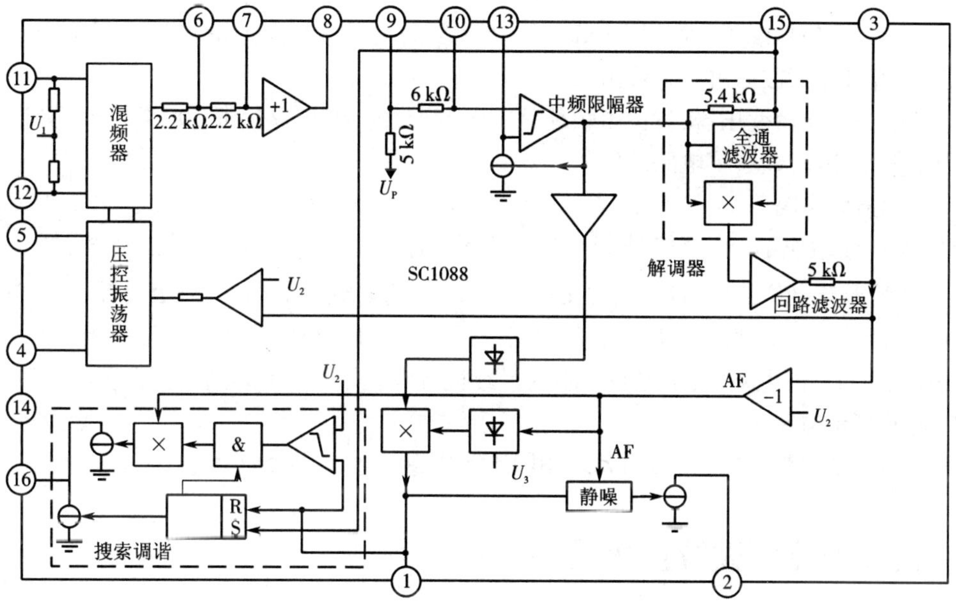

图 5-3　SC1088 内部框图

5.1.4　工作原理

1. 信号输入电路

收音机的耳机线兼作天线，它接收的调频信号经 C_7、C_8、C_{10}、L_1 组成的典型输入电路送入 SC1088 的 11 脚、12 脚混频电路。

图 5-1 电路原理图中的 C_{20} 电容是考虑离调频发射台极近的地域收听效果不好而加的，C_{20} 是分立元件，可根据实际情况取舍。收听信号较弱时不加 C_{20} 并去掉 C_8、L_1，信号直接经 C_7 输入。

2. 本振电路

本振频率主要由 VD_1、L_2 决定，变容二极管 VD_1 的 PN 结电容 C_d 随加在它上面的反向偏压 U_d 的改变而变化。如图 5-4 所示，U_d 增大，PN 结变厚，结电容 C_d 变小；反之，U_d 减小，PN 结变薄，C_d 增大，利用变容二极管的这种特性，将它接在本振电路中作可变电容使用。

收音机设置了搜索（S）和复位（R）两个轻触按键，当按一下 S 键，IC（SC1088）内部的 RS

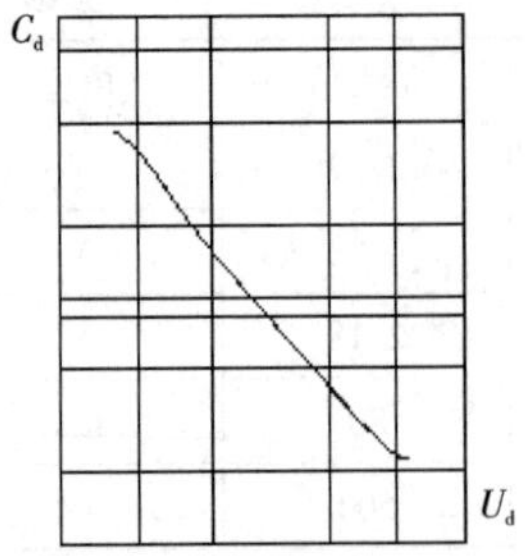

图 5-4 变容二极管的 $C-U$ 特性

触发器打开恒流源，经 16 脚给电容器 C_{12} 充电，C_{12} 上的电压不断上升，VD_1 的结电容随之减小，振荡频率升高，收音机就会从频率低端向高端自动搜索。当收到一个电台信号后，信号检测电路使 RS 触发器再次翻转，恒流源停止向 C_{12} 充电，同时在 AFC 电路的作用下锁定所收广播信号的频率，停止搜索，并稳定接收，直到再次按一下 S 键时，又开始新的搜索。若按一下 R 键时，电容器 C_{12} 放电，本振频率回到最低端，又可重新选台。由于采用电调谐方式，省去了可变电容器，提高了可靠性和使用寿命，缩小了体积，方便了调试，缺点是没有频率指示。

3. 中频与鉴频电路

输入和本振信号混频后产生 70 kHz 的中频信号，经放大、限幅、滤波后送至鉴频器，检出音频信号，经环路滤波后由 2 脚输出。

中频电路不使用变压器，省去了烦琐的中频调谐，由 RC 电路完成 70 kHz 的中频滤波，改善了中频频率特性，缩小了电路的体积。

4. 低频放大电路

SC1088 的 2 脚输出音频信号，经 C_{14} 耦合到晶体管 VT 28S，放大后推动耳机放音。R_3（R_W）为音量调节电位器，随着音量的调小，28S 的下偏置电阻变小，集电极电流 I_C 减小，耗电也减小，可延长电池的使用寿命。L_3、L_4 为高频扼流圈，可减小电路间的相互影响。R_6、R_5（上偏置电阻器）为反馈电阻器，可提高电路的一致性，连同 C_{16}、C_{17} 可起到改善音质的作用。

5. 电源指示电路

电源指示电路由发光二极管 LED 和电阻器 R_7 组成。

5.2 自动搜索调频收音机装焊

5.2.1 收音机元器件明细表

收音机元器件明细表见表 5-3。

表 5-3 收音机元器件明细表

表贴元件					
名称	规格	数量	名称	规格	数量
电阻器 R_5	100K,0805	1	电容器 C_3、C_{13}、C_{17}	332,0805	3
电阻器 R_2	15K,0805	1	电容器 C_{11}	471,0805	1
电阻器 R_4	3.9K,0805	1	电容器 C_6	331,0805	1
电阻器 R_7	470 Ω,0805	1	电容器 C_{16}	221,0805	2
电阻器 R_6	6.2 Ω,0805	1	电容器 C_4	181,0805	1
电容器 C_1、C_9	104,0805	2	电容器 C_7	82 pF,0805	1
电容器 C_{12}	683,0805	1	电容器 C_8	33 pF,0805	1
电容器 C_2	223,0805	1	三极管 VT	28S	1

续表

电容器 C_{15}	103,0805	1	IC	SC1088	1
分立元件					
名称	规格	数量	名称	规格	数量
电容器 C_{19}	(高频小瓷片)104	2	变容二极管 VD_1	BB910	1
电容器 C_5	(高频小瓷片)332	1	二极管 VD_2	IN4148	1
电容器 C_{20}	(高频小瓷片)33 pF	1	发光二极管 VD_3	ϕ3,红色	1
电容器 C_{18}	220 μ/6.3 V/6×5	1	电位器 R_3(R_W)	12B50KS	1
电感器 L_3、L_4	ϕ3 19.5T 0.3P	2	耳机	永乐 138,立体声	1
电感器 L_2	ϕ2.3 6.5T 0.4P	1			
结构件					
名称	规格	数量	名称	规格	数量
轻触开关	四脚 6 mm×6 mm×5 mm	2	外壳(套)	AR-318ABS	1
耳机插座	ST111	1	按键 R、S	AR-318ABS	1
自攻螺钉	KA2×6	2	电位器盘	AR-318ABS	1
机牙螺丝	PM1.7×4	1	装饰圈	AR-318ABS	1
自攻螺钉	PA2×10	1	电池极片(套)	AR-911/998/AR/318	1
印制电路板		1	电源线	红、黑(套)	1

5.2.2　表面贴装元器件的装焊

1. 贴装工艺流程

手工表面贴装工艺流程主要有 4 个步骤:准备工作、印刷焊膏、贴装元器件、再流焊。

1)准备工作

(1)根据环境温度在使用前 2~24 h 从冷藏箱中取出焊膏,达到室温后印刷前再打开焊膏的容器盖,防止水汽凝结。用不锈钢棒等将焊膏搅拌均匀后再使用。使用后应在 0~10 ℃的条件下储存。

(2)图 5-5 是印制电路板,图 5-6 是丝网漏印台,它是由基板、模板以及基板与模板对应调节装置组成。基板上设定了固定放置印制电路板的凹槽,模板上有与印制电路板焊盘相对应的漏孔,而且外形尺寸一一对应。如有差距需调节左右、上下旋钮直至吻合。

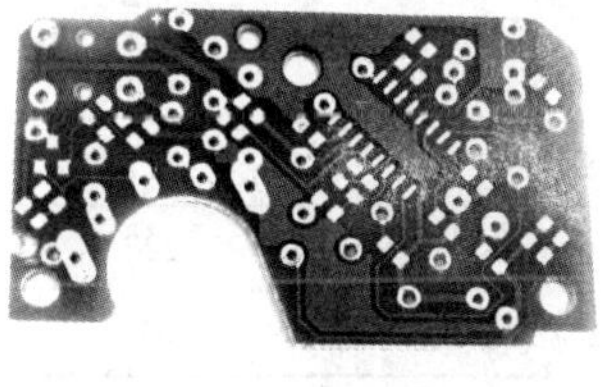

图 5-5　印制电路板

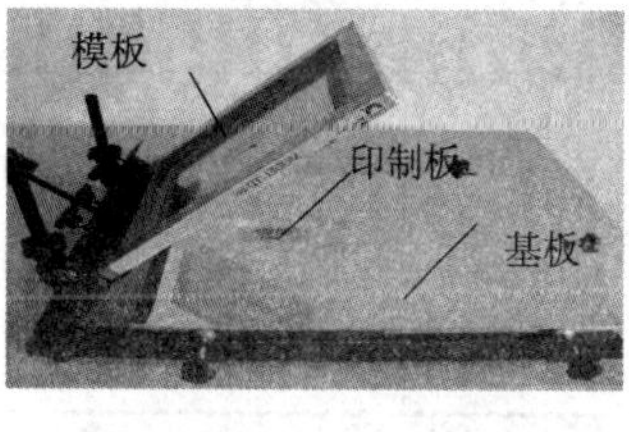

图 5-6　丝网漏印台

2)印刷焊膏

(1)印制电路板放置在固定凹槽中,方向要正确。

(2)模板放下,可从模板的漏孔很清楚地看到印制电路板上与之相对应的焊盘。

(3)如图5-7所示,将适量的焊膏放置在印刷焊膏的刮板上,将刮板呈60°角稍用力接触在模板漏孔上方,向下拉动;刮板在移动过程中角度转换为45°,刮板上的焊膏从漏孔中漏印在印制电路板的焊盘上。在印刷焊膏时需注意:移动刮板用力不够或角度不符合要求时,可能出现有的焊盘全部或部分没有印上焊膏的现象。移动刮板用力过大或角度不符合要求时,印制电路板焊盘上的焊膏过多、过厚,严重的会出现桥接(焊盘与焊盘之间的焊膏连接在一起)。

3)贴装元器件

表面贴装工作台如图5-8所示。工作台上每一个工位放置一种元器件与工位图相对应,参照工位图所标注每个元器件的位置进行流水贴装。贴装元器件的要领如下。

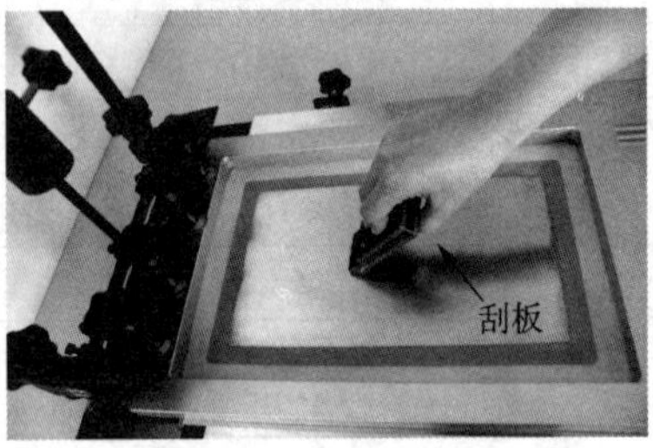

图5-7 印刷焊膏

图5-8 表面贴装工作台

(1)贴装元器件时按照工位的顺序(表5-4)依次贴装。

(2)按照工位图将每个元器件准确无误的放置在相应的位置上。型号、标称值、极性等特征标记要符合要求。表贴元件总装配图如图5-9所示。

表5-4 贴片元件装贴顺序

序号	元件名称	标称值或型号	序号	元件名称	标称值或型号
1	电阻器 R_5	100K	12	电容器 C_{15}	103
2	电容器 C_{16}	221	13	IC	SC1088
3	三极管 VT	L6	14	电容器 C_3	332
4	电阻器 R_6	6.2 Ω	15	电容器 C_4	181
5	电阻器 R_4	3.9K	16	电容器 C_{11}	471
6	电容器 C_{17}	332	17	电容器 C_2	223
7	电容器 C_8	33	18	电容器 C_1	104

(3)贴装的元器件有电阻器、电容器、三极管、集成电路。电阻器和三极管的本体上有数字标注的标称值与型号标识,在贴装时有标识的面朝上。集成电路的圆点标志一定要与工位图的标志相对应。电容器一般可不考虑朝向。

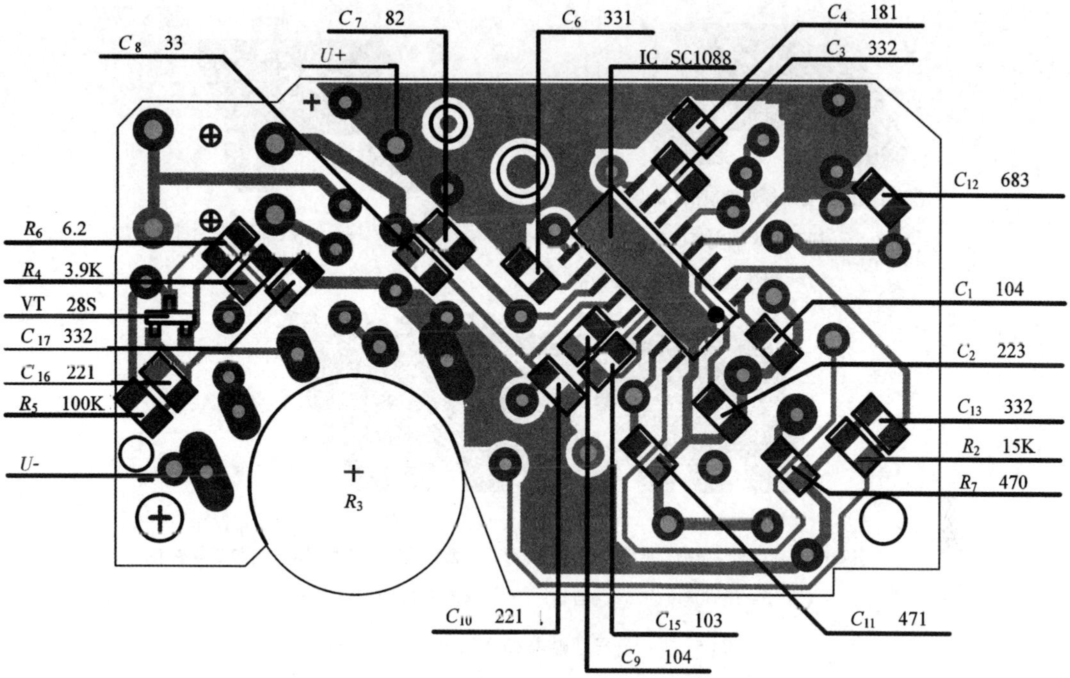

图 5-9　表贴元件总装配图

(4)在贴装元器件时需注意:用镊子夹住元器件的本体,不能夹元器件的电极,否则容易使电极与本体分离而损坏元器件。图 5-10 是表贴元器件贴装图,图 5-11 是贴装元器件的正确方法示意图。

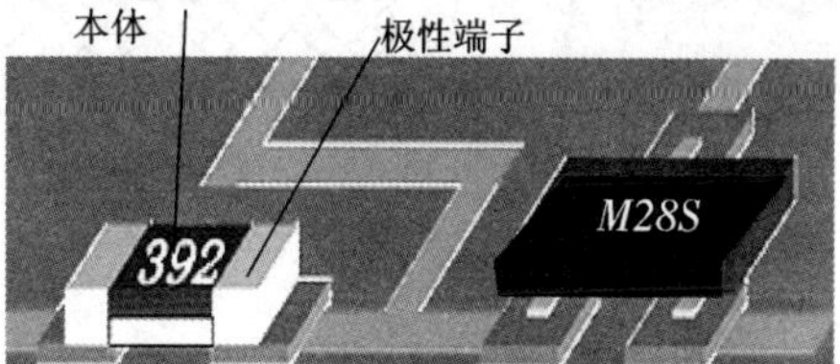

图 5-10　局部元件贴装图

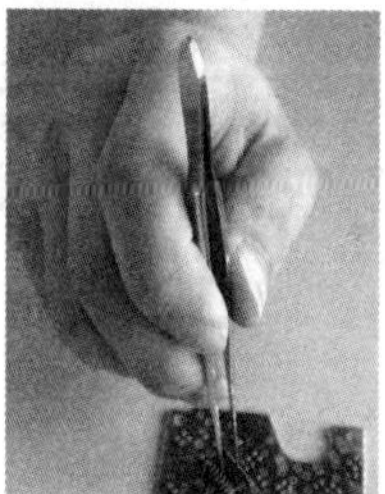

图 5-11　贴装元器件正确方法示意图

(5)元器件与焊盘图形对齐、居中,焊端或引脚应有不少于 1/2 的厚度浸入焊膏。由于再流焊时的自定位效应,元器件的贴装位置允许有一定的偏差,如图 5-12 所示。

(6)贴装好的印制电路板应在 4 h 内完成焊接。

4)再流焊

再流焊炉工作温度与时间依据元器件和焊膏焊接温度要求提前设定。其工艺流程如图 5-13 所示。图 5-13(a)为再流焊前示意图,从最底层开始依次是印制电路板、焊盘、焊膏、元器件。图 5-13(b)为再流焊炉,印制电路板整齐放置在炉内最佳温度区域内。图 5-13(c)为再流焊后示意图,再流焊炉经过预热、升温、再流焊、冷却程序约 4 min,使焊膏形成了裙状拉开、光亮、整洁的焊点。

元器件横向：要求焊端宽度的1/2以上在焊盘上，

即$D\geq$焊端宽度的50%为合格；

$D<$焊端宽度的50%为不合格。

合格：有左右或旋转偏差，但引脚全部位于焊盘上为合格。

引脚横向：元器件引脚有横向或旋转偏差时，元器件引脚指部和跟部全部位于焊盘上，

$P\geq$引脚宽度的75%为合格；$P<$引脚宽度的75%为不合格。

图 5-12　元器件贴装位置允许偏差示意图

（a）　（b）　（c）

图 5-13　再流焊工艺流程

（a）再流焊前　（b）再流焊炉　（c）再流焊后

2. 表贴元器件检测

再流焊完毕取出印制电路板之后，需要对元器件贴装质量进行检测。

（1）目测：观察所贴元器件是否偏离所在位置。如果在贴装时将元器件放歪，再流焊时炉内使各位置温度均匀的风扇装置有可能会使元器件更加偏离其所在位置。位置偏差应在图 5-12 所示的范围内。

（2）用万用表检测每个元器件与电路是否形成良好的电连接。

5. 2. 3　分立元件的检测及装焊

（1）检测电阻器、电容器、电感器、二极管、变容二极管、发光二极管、轻触开关及电位器的调节特性、开关的通断等，若有问题及时更换。

(2)将耳机插入插座再拔出,反复几次后在耳机插入插座的情况下测量①和②,①和③间的电阻,均约为 30 Ω,如图 5-14 所示。

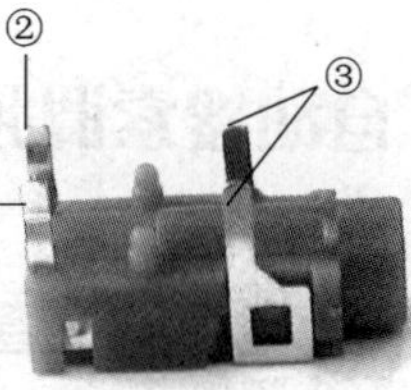

图 5-14　耳机插座图

(3)参考装配图 5-15 与图 5-16 每个分立元器件安装位置相对应进行安装。图 5-17 为焊接面。在安装和焊接中需特别注意如下几个方面。

①电位器 $R_3(R_W)$紧贴印制电路板的圆弧部分放平。5 个

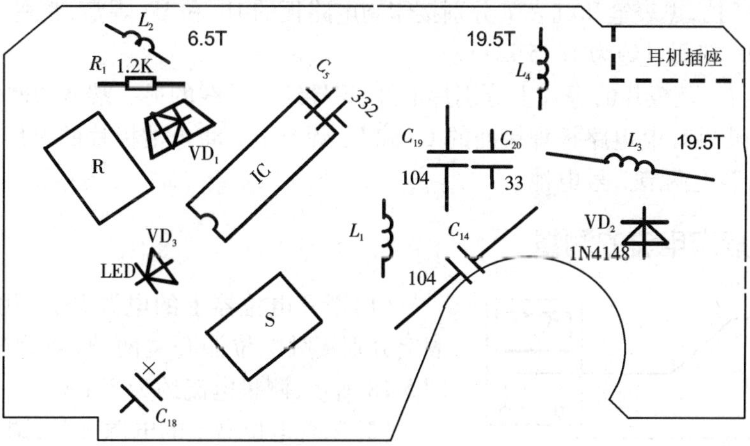

图 5-15　分立元器件装配图

引脚与相应的焊盘对准,如图 5-17 圆圈内所示,焊接时需间隔一定时间,避免电位器过热受损。

②VD_2(IN4148)插入相应的焊盘孔中(标有黑色环一端的引脚为负极),将其压倒,使之紧贴印制电路板再焊接,以免影响电位器的转动。

③耳机插座各引脚插入并紧贴印制电路板,将耳机插入插座内再焊接且时间不宜过长。

④变容二极管(VD_1)的极性如图 5-16 所示,本体应紧贴印制电路板焊接。

⑤发光二极管(VD_3)如图 5-16 所示,将引脚插入印制电路板放正,顶端距印制电路板 8 mm 的高度焊接。

⑥轻触开关、电解电容等均应紧贴印制电路板,如图 5-16 所示。

图 5-16　分立元器件安装面

图 5-17　元器件焊接面

5.3 自动搜索调频收音机调试与总装

5.3.1 通电前的检查

(1)检查焊点有无虚焊、漏焊、桥接等缺陷,元器件规格、型号、安装位置是否正确。

(2)用万用表测量整机电阻器,闭合收音机的电源开关,将音量开至最大,将 MF47 型万用表置"Ω×1K"挡,黑表笔和红表笔分别接印制电路板的 U_+ 和 U_- 焊盘,整机电阻约为 12.8 kΩ(用"Ω×100"挡测量约为 1.75 kΩ)。

(3)在电池正、负极片的焊片上分别焊上红、黑导线。导线的另一端从印制电路板的元器件面穿过,分别焊在印制电路板焊接面的 U_+ 和 U_- 焊盘上。将电池极片的焊片朝下安装在外壳相应的槽内,装上两节 7 号电池。

5.3.2 整机静态电流的测量

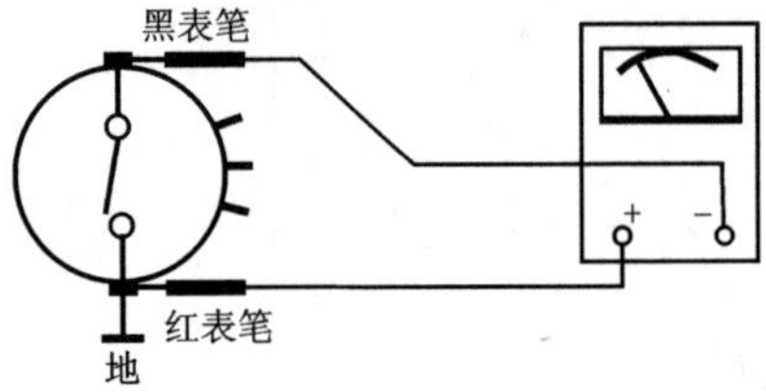

图 5-18 整机静态电流的测量

(1)断开电位器上的电源开关,用万用表红、黑表笔分别接触电位器开关两端(红表笔接地端),如图 5-18 所示,测量电流约为 7 mA。

(2)闭合电位器上的电源开关,调电位器至音量最大位置,将万用表串入电源电路(注意极性),测整机最大电流约为 16 mA。

收音机耗电大小与电源电压和音量调节有关,音量调得越小,耗电也越小。

5.3.3 试听与调试

1. 试听

在元器件安装正确无误、电流在正常范围内时,接通电源,将音量电位器调至最大,先按一下 R 键,再按一次或几次 S 键,应能收到调频广播。若收不到,应仔细检查装焊质量及元器件,直到排除故障、试听正常为止。

2. 调试

(1)接收调频广播信号调试收音机。首先可找当地频率最低的调频台,例如天津滨海广播频率为 87.8 MHz,改变 L_2 的匝间距,即线圈的疏密程度,使按过 R 键或第一次按 S 键后即可收到该电台的广播。按 S 键后过较长时间才收到该电台,说明低端频率过低,应拉大 L_2 的匝间距;若按 S 键后收到比该电台频率高的电台,说明低端频率过高,应减小 L_2 匝间距。

一般在调整好低端电台后,再收听和检测最高端电台,例如天津交通台的频率为 106.8 MHz,当按 S 键能够收到该电台后,确定调整完成,接收频率能覆盖整个频段。

在调整频率范围时,可用一只有频率刻度的调频收音机作比对。

(2)用调频信号发生器调整收音机的接收频率范围。先将信号发生器调至输出频率 87 MHz(幅度适当),收音机的耳机线靠近信号发生器的输出线,改变收音机线圈 L_2 的匝间距,使按一下复位键 R 后(或再按 S 键)收音机立即能收到 87 MHz 的信号,然后将信号源设定输出频率为 108 MHz,连续按收音机的 S 键,直至收到 108 MHz 的信号,否则应适当加大 L_2 的匝间距,以使收音机在接收信号频率的高、低端分别能收到 108 MHz 和 87 MHz 的信号。

(3)频率范围调整好后,应能正常收听调频广播。表 5-5 为天津市区能收到的调频台列表。

表 5-5　天津市区能收到的调频台

电台	频率/MHz	电台	频率/MHz
滨海广播	85.8	音乐广播	99
生活广播	91.1	经济广播	101.4
相声广播	92.1	中央中国声	102.9
中央音乐之声	92.5	文艺广播	104.6
新闻广播	95.1	交通广播	106.8
中央经济之声	98		

注:此表仅供参考。

5.3.4　总装

(1)将电镀装饰圈的固定柱从外壳插入,装饰圈紧压在外壳上,从反面将固定柱的突出部分用烙铁烫平。

(2)将 R、S 键连体桥中间小圆孔套在面壳反面的圆柱上,两键对准并放入面壳的键孔中。

(3)用 PM1.7×4 机牙螺丝将电位器盘固定在电位器轴柄后,将印制电路板焊接面朝上(注意发光二极管顶部应放进面壳的圆槽内),用两个 KA2×6 自攻螺丝固定。

(4)后盖及背夹(注意方向)装好后用 PA2×10 自攻螺丝紧固(注意拧螺丝时不能过力,过力则极易滑扣),装好电池盒盖。

(5)总装完毕应达到外观良好、电源开关及音量电位器调节正常、收听效果良好。

5.4　自动搜索调频收音机故障检修

(1)当收音机装好而收不到电台信号时,应首先检查元器件是否有错焊、虚焊。

(2)可参考表 5-2 测量 IC 各脚及低频部分各点的工作状态,或用手捏住改锥的金属部分碰触收音机的有关各点而区分低频还是高频部分的故障。

(3)低频部分的主要故障主要有:元器件虚焊、错焊,二极管 D_2 极性装焊错误,耳机与插座接触不良等。

(4)高频部分的主要故障主要有:元器件虚焊、错焊,SC1088 信号输入端静电击穿损坏,变容二极管损坏,L_2 电感量调节不当等。

5.5　特别提示

人的正常听力应在 0～24 dB,35～45 dB 的噪声可致听力损伤,超过 105 dB 的声音会对听力造成永久性的伤害,因此在收听广播或音乐时声音宜小,且不宜时间过长。

第 6 章　83(3)型晶体管收音机

6.1　83(3)型晶体管收音机整机电路原理

6.1.1　主要技术指标

(1)接收频率范围:525 ~1 605 kHz。

(2)输出功率:50 mW(不失真),最大 150 mW。

(3)电源:3 V,由两节 5 号电池供电。

(4)扬声器:57 mm,8 Ω。

(5)体积:122 mm ×68 mm ×25 mm。

(6)重量:约 175 g(不带电池)。

6.1.2　整机电路

83(3)型晶体管收音机整机电路如图 6-1 所示。

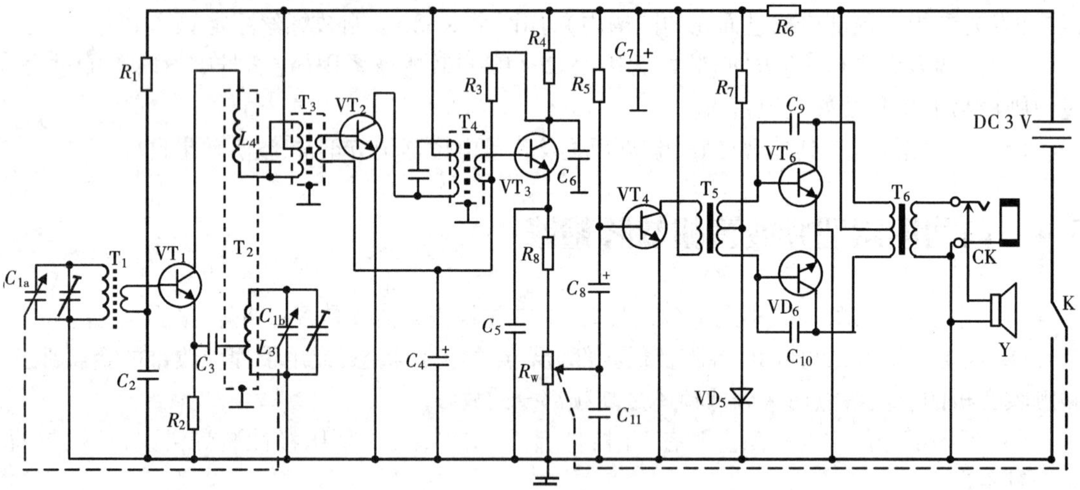

图 6-1　83(3)型晶体管收音机整机电路

6.1.3　工作原理

83(3)型晶体管收音机的原理框图如图 6-2 所示,它由如下几部分组成。

1. 输入电路

接收机天线或其馈线的输出端和接收机第一个管子输入端之间的电路称为输入电路。

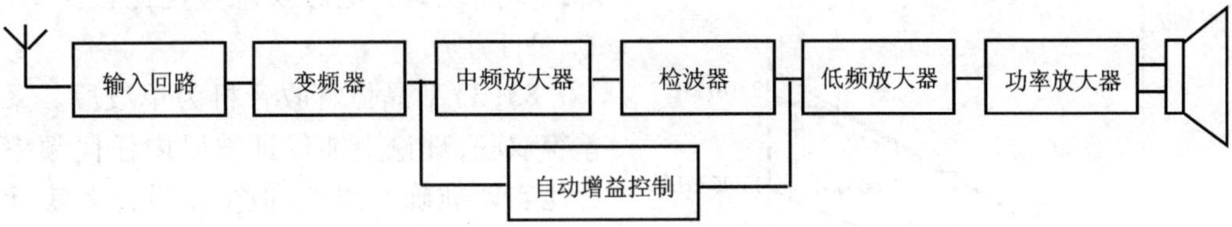

图 6-2　83(3)型晶体管收音机原理框图

它由高频变压器 T_1 的初级和可变电容器 C_{1a} 组成的调谐回路从接收到的许多信号中选择出欲收听的电台信号，经 T_1 的次级耦合到变频管的输入端。

2. 变频器

变频器的作用是把收音机收到的高频调幅信号 u_1 变换为 465 kHz 的固定中频调幅信号 u_3，也就是说调幅信号经变频后改变的只是信号的载频，原调制信号(即要传送的信号)不变，如图 6-3 所示。

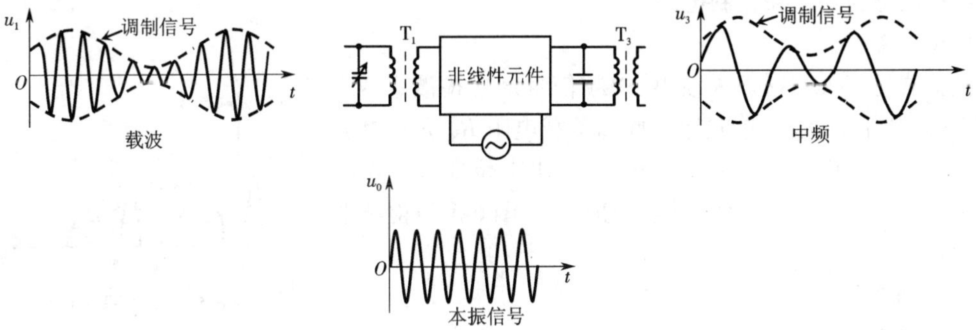

图 6-3　变频器的组成及波形

本振信号为等幅信号 u_0，由变频三极管 VT_1、反馈变压器 T_2、C_{1b} 组成的本机振荡器产生，与输入信号同时加在 VT_1 的输入端，利用其输入特性的非线性产生多种频率的信号实现变频。变频器的负载 T_3 是谐振于 465 kHz 的中频回路，取出的中频信号经 T_3 的次级耦合到中放管的基极。

为了实现在接收频段内所有的信号都能通过变频器变成固定的中频，要求本振信号频率可调并总比接收的信号高出一个中频，这就需要本振频率和输入回路的谐振频率统一调整，称为"统调"，它是由本振和输入回路的两个可变电容器 C_{1a}、C_{1b} 的动片装在同一个轴上，用一个旋钮进行调谐来实现的。理想情况下输入回路的谐振频率和本振频率随电容器转角 θ 的变化如图 6-4 中的直线①和虚线②。

在多波段收音机中，一般使用等容双联即 $C_{1a}=C_{1b}$，由于输入回路的谐振频率和本振频率在波段的最高点与最低点之比(波段覆盖系数)并不相同，如不进行电路补偿，假设本振频率能准确跟踪 1 000 kHz 的输入信号，本振频率随电容转角的变化实为图 6-4 中的直线③，与理想的虚线②相差甚远。

若在本振回路中加与 C_{1b} 并联的微调电容器和与之串联的电容器进行补偿，以提高本振低端、降低高端的频率，则直线③变为 S 形曲线。这样就可在波段的低、中、高 3 点获得准确的跟踪。而在其他频率点上跟踪误差也只有几千赫兹，在允许范围内。这种方法称为 3 点跟

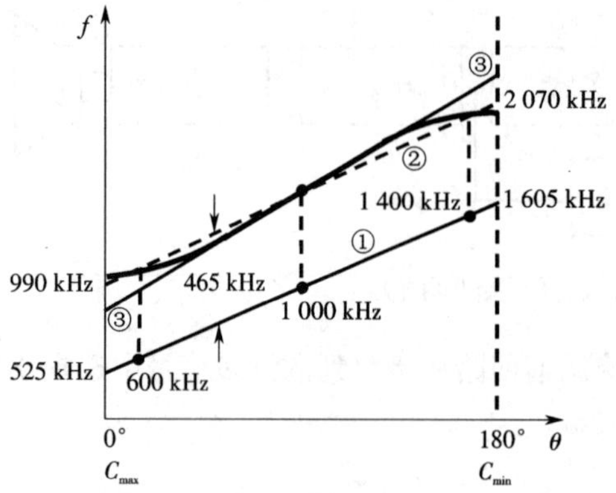

图 6-4 三点统调时电容与频率关系

踪或 3 点统调。电路及调整也比较简单、可靠,便于生产。

83(3)型晶体管收音机为单波段。采用差容双联,理论上能保证波段内任何频率点都能实现准确的跟踪,但由于设计和实际生产的原因即使使用差容双联统调也达不到理想状态。因此,收音机装配完成后,还应进行 3 点统调以达到指标要求。

3. 中频放大器

中频放大器是由三极管 VT_2 和谐振于 465 kHz 的集电极负载组成的共发射极单调谐中频放大电路,该级对收音机的灵敏度、选择性、失真度及自动增益控制等主要性能起着决定性的作用。

4. 检波与自动增益控制电路

1)检波器

检波器是三极管射极检波器,中频信号加在检波管 VT_3 的输入端,利用 be 结的单向导电性和负载电阻 R_8、R_W,电容器 C_5、C_{11} 的充放电并滤波取出音频信号,由电位器 R_W 经 C_8 耦合到低频放大器,R_W 可调节信号的大小。图 6-5 为检波器波形图。

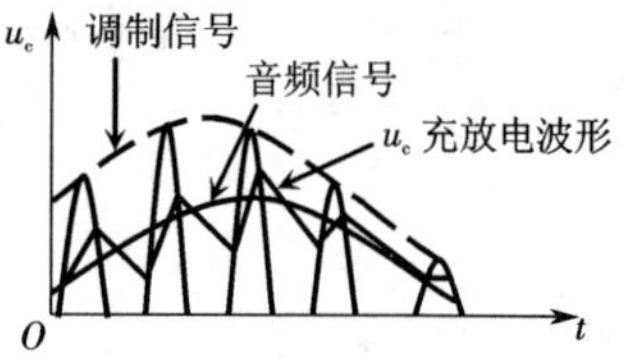

图 6-5 检波器波形图

2)自动增益控制

自动增益控制的作用是在外界条件改变,接收信号强弱在很大范围内变化时自动控制接收机的增益,即信号弱时接收机有很高的增益,信号强时增益自动减小,这可由从检波器输出中随接收信号载波振幅大小而变化的直流分量在 R_4 上产生压降,通过 R_3 去控制中放等级的增益,而使接收机输出信号变化尽可能小,以保证接收机工作稳定、可靠。

5. 低频放大器

检波得到的音频信号由 VT_4 放大,通过变压器 T_5 实现本级的输出阻抗与功率级的输入阻抗匹配,把功率最大限度地传给功率级,且 T_5 的次级为中心抽头式对称输出,使两输出端的信号相对于中心抽头大小相等、相位相反,方便地起到了倒相作用。

6. 功率放大器

功率放大器是由特性基本相同的两晶体管 VT_5、VT_6 和输入、输出变压器 T_5、T_6 组成的推挽电路,在一个信号周期内两管轮流工作在甲乙类状态,要求放大器能不失真、高效率的放大信号,有足够的输出功率去推到扬声器发出悦耳动听的声音。

6.2　83(3)型晶体管收音机装焊

6.2.1　收音机元器件明细表

83(3)型晶体管收音机元器件明细见表 6-1。

表 6-1　83(3)型晶体管收音机元器件明细表

序号	名称	规格	数量	序号	名称	规格	数量	序号	名称	规格	数量
1	R_1	82 kΩ	1	16	C_6	0.033 μF	1	31	中壳		1
2	R_2	2.7 kΩ	1	17	$VT_1 \sim VT_4$	3DG201	4	32	后盖		1
3	R_3	150 kΩ	1	18	VD	CDG24	1	33	频率度盘	套	1
4	R_4	30 kΩ	1	19	VT_5,VT_6	9013	2	34	印制电路板		1
5	R_5	91 kΩ	1	20	T_1	天线线圈	1	35	电位器盘		1
6	R_6	100 Ω	1	21	T_2	LF10－1(黑)	1	36	正负极片	套	1
7	R_7	820 Ω	1	22	T_3	TF10－1(白)	1	37	拎带		1
8	R_8	560 Ω	1	23	T_4	TF10－2(绿)	1	38	拎带环		1
9	R_W	5 kΩ	1	24	T_5	输入变压器	1	39	安装线	套	1
10	C_1	双联电容	1	25	T_6	输出变压器	1	40	螺钉	M2.5×4	2
11	C_2	0.22 μF	1	26	扬声器		1	41	螺钉	M2.5×8	1
12	C_3,C_5,C_{11}	0.01 μF	3	27	磁棒		1	42	螺钉	M2×5	1
13	C_9,C_{10}	0.01 μF	2	28	磁棒支架		1	43	螺钉	M1.5×3	1
14	C_4,C_8	4.7 μF	2	29	耳机		1	44	说明书		1
15	C_7	100 μF	1	30	耳机插孔		1				

6.2.2　元器件的测量

1. 电阻器、固定电容器、二极管、三极管

电阻器、固定电容器、二极管、三极管等元器件的测量,参阅第 2 章电子元器件基础。

2. 用万用表测量双联可变电容器

双联可变电容器的两组动片与轴柄相连由焊片 2 引出,两组定片分别由 1,3 引出,结构如图 6-6 所示。旋转轴柄时,两组电容器的容量同时变化。定片与动片和两定片间都是绝缘的。如用万用表测量,双联的动片旋转至任何位置,它们之间都不应有漏电或直通。

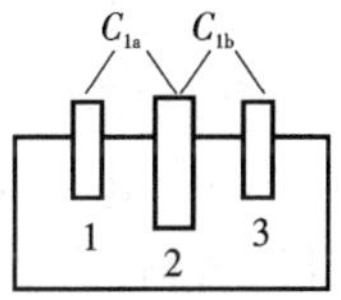

图 6-6　双联可变电容器

双联电容器的每一联都有一微调电容器与之并联,对于微调电容器也用上述方法进行检验。在旋转电容器的过程中,轴应转动灵活、松紧适当。电容器的大小可用电容表测量。

3. **中频变压器及振荡线圈的测量**

中频变压器及振荡线圈各引出端与屏蔽罩间的绝缘电阻应不小于100 MΩ,初次级线圈间的绝缘电阻应不小于10 MΩ。用万用表测量时表头指针应不摆动,若表头指针指向零位,则表示绕组之间或绕组与屏蔽罩间短路。

同一绕组的各引出端间均应呈现较小的电阻。用万用表"Ω×1"挡测量时,若表针不动则表示线圈已断路。各线圈的电感量可用电感电容表测量。

4. **天线线圈的测量**

测量天线线圈 T_1 初、次级的直流电阻以及有、无磁棒条件下的电感量。(注意:避免摔碎磁棒,圈数多的为初级,圈数少的为次级。)

5. **输入、输出变压器的测量**

输入与输出变压器的外形相同,都有5根引出线。一般在外表包纸颜色上有所区别。若标记不清,可用万用表测量直流电阻加以判别。输出变压器的次级与扬声器相接,导线最粗电阻最小(约欧姆量级)。而输入变压器初级线圈的直流电阻最大为数百欧。因此,只要分别测量2只变压器的只有2根引出线的绕组的直流电阻即可区分。

6. **扬声器、耳机的测量**

扬声器的直流电阻可用万用表的欧姆挡测量,但比标称阻抗(例如8 Ω)要小一些。用万用表的一个表笔与扬声器的一个引出端相接,另一表笔去断续地碰触扬声器的另一个引出端,这时扬声器应发出"喀咧"声,如果没有响声,电阻值为无穷大,则说明被测扬声器音圈开路,将信号源的低频输出加在扬声器的两引出端,扬声器应发出清晰的声音。耳机的测量可参照上述测扬声器的方法进行。

7. **耳机插孔的测量**

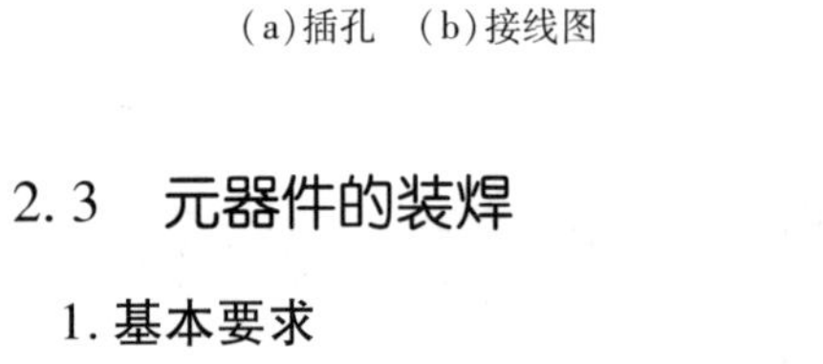

图6-7 耳机插孔及接线
(a)插孔 (b)接线图

未插耳机时(图6-7),3脚与4脚靠弹性接触,用万用表的欧姆挡测量3脚、4脚间电阻为0,4脚、5脚间的电阻为∞(电路中 T_6 次级与扬声器相连)。若将耳机插头插入插孔内,插头上顶3脚,使3脚、4脚脱离接触,量3脚、5脚为耳机的直流电阻,4脚、5脚间的电阻仍为∞(电路中 T_6 次级与耳机相连)。

6.2.3 元器件的装焊

1. **基本要求**

可靠与安全是制造电子产品的重要条件,元器件的安装对于保证整机安全可靠地运行至关重要。对元器件安装的基本要求如下。

(1)保证电性能的导通与绝缘。通与断是指在振动、长期使用、冷热等自然条件变化时都能保证通者恒通、断者恒断。

(2)保证足够的机械强度,能经得起振动、运输及使用的考验。

(3)满足传热、电磁等方面的要求。

(4)符合操作习惯及美观要求。

2. 安装要点

元器件插装时,元器件上有数值精度等字码或色标代码部分应置于易于辨认的方向,并尽可能与元器件所留引脚长度一致。

3. 装焊步骤

(1)拎带环,套上拎带,穿在机壳上的环孔内。

(2)电池极片装弹簧焊引脚。将压簧固定在负极片上,用尖嘴钳压紧,用烙铁将压簧、引脚和电池极片焊在一起。待冷却后再将极片插入机壳的固定槽中,避免烫伤塑料外壳,如图 6-8 所示。

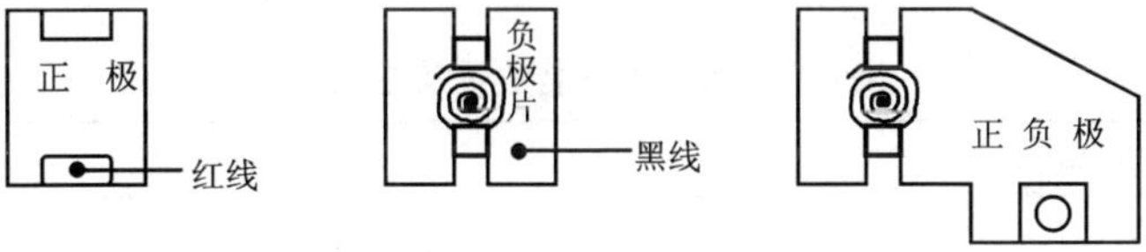

图 6-8　电池正负极片装焊

(3)装焊耳机插孔。焊线时,用镊子夹住引脚(靠近塑料外壳的部分),以免烫坏塑料外壳,如图 6-9 所示。焊完线后将插孔装在机壳内,垫圈、螺母在机壳外。

(4)固定扬声器。将扬声器放入机壳相应的位置,用烙铁加热后靠近扬声器边缘的塑料外壳凸起部分,迅速压向扬声器,将扬声器固定,如图 6-10 所示。

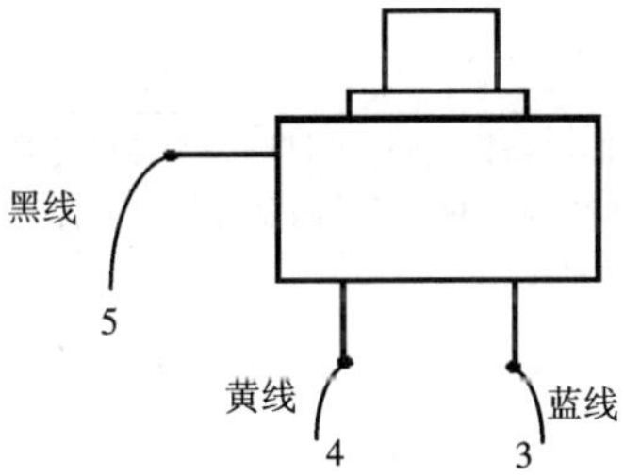

图 6-9　耳机插孔接线

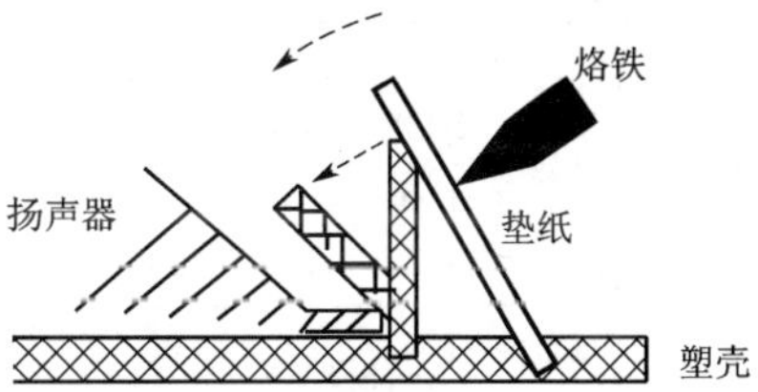

图 6-10　扬声器的固定

(5)印制电路板的检查。

①印制电路板放在机壳内,检查固定孔的位置是否合适,若不合适应进行修整。

②根据电路原理图和接线图,检查印制电路板铜箔线条是否有断线、短路之处。特别注意边缘处的毛刺(用万用表检查,相邻印制导线不应短路,同一条印制导线的两端不应开路),若有问题应修整后再安装元器件,如图 6-11 所示。

(6)元器件在印制电路板上的安装与焊接。根据表 6-2 上列出的元器件,对照印制电路板安装面上所标注的元器件号位,按照安装工艺要求进行安装并焊接。

(7)天线线圈 T_1、印制电路板、耳机插孔、扬声器、电池极片间连线的焊接。天线线圈 T_1 套在磁棒上,初级(圈数多的部分)在磁棒的一端,次级在磁棒中部靠近双联电容器,按接线图焊接。

(8)安装频率度盘及电位器盘。度盘安装应松紧适当、转动灵活。频率度盘下的焊点不应过高,以免影响度盘转动,度盘用 M2.5 ×8 螺钉固定,电位器盘用 M2 ×5 螺钉固定。

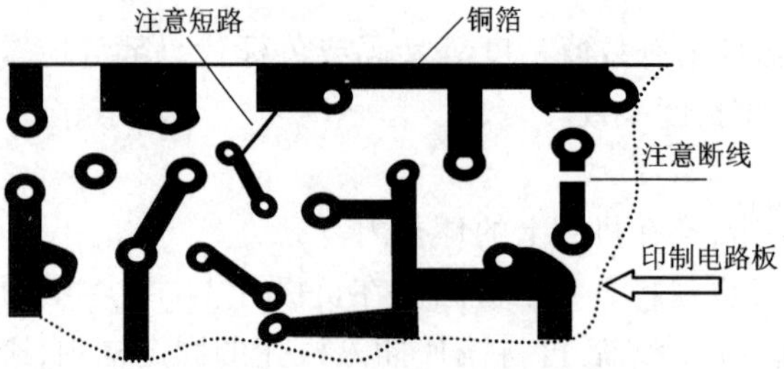

图 6-11 印制导线的检查

表 6-2 元器件安装位置及注意事项

<table>
<tr><th>顺序号</th><th>装焊内容</th><th colspan="2">装焊要点</th></tr>
<tr><td>1</td><td>T_2, T_3, T_4, T_5, T_6</td><td colspan="2" rowspan="2">注意振荡线圈,中频变压器,输入、输出变压器的色标、位置
T_2, T_4的外壳固定支脚内弯 90°;T_3外壳固定支脚外弯 90°后紧贴印制电路板焊接在地线上;最后焊接引脚
输入、输出变压器底部紧贴印制电路板,压紧后再焊接引脚
安装好经指导人员检查后再焊接</td></tr>
<tr><td colspan="2">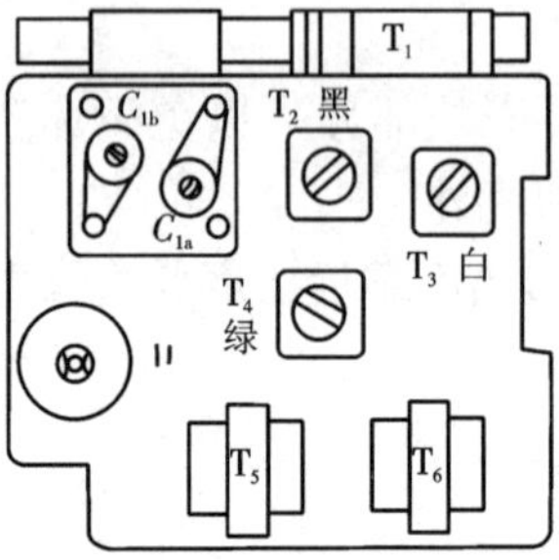
</td></tr>
<tr><td>2</td><td>双联电容器,电位器</td><td colspan="2">将磁棒架压在双联电容器与印制电路板之间,用 M2.5 ×4 螺钉将双联电容器固定在印制电路板上,再将焊片弯 90°紧贴印制导线。焊接时注意时间不要过长,避免过热而损坏双联</td></tr>
<tr><td rowspan="4">3</td><td>VT_1 ~ VT_4, VD, VT_5, VT_6</td><td colspan="2">根据电路图和接线图,确定每只晶体管的引脚安装的位置,注意色标</td></tr>
<tr><td>咏梅 83(3)</td><td>VT_1绿点(A_3),VT_2蓝点(A_4)
VT_3黄点(A_2),VT_4紫点(A_5)</td><td rowspan="2">VT_5, VT_6 为 9013</td></tr>
<tr><td>飞腾 833</td><td>VT_1黄点(A_2),VT_2绿点(A_3)
VT_3黄点(A_2),VT_4紫点(A_5)</td></tr>
<tr><td></td><td colspan="2">所有晶体管的高度要一致,但必须低于中周的高度
二极管采用立式固定,注意极性,高度低于输入变压器
经指导人员检查安装无误后再焊接</td></tr>
<tr><td>4</td><td>修整引脚检查焊点</td><td colspan="2">用偏口钳剪掉多余的引脚,剪时用镊子夹住多余部分或朝向地,避免飞出伤人,检查无漏焊、虚焊、短路</td></tr>
<tr><td>5</td><td>全部电阻器</td><td colspan="2">立式安装,轴线方向与印制电路板垂直,色环方向一致(表示第一位有效数字的色环朝上),高度低于中周。对照电路和接线图,避免装错位置焊接完毕,检查无误后修整引脚,检查焊点(同 4)</td></tr>
<tr><td>6</td><td>全部电容器</td><td colspan="2">C_3, C_9, C_{10},飞腾 833 型仅(C_3)为 0.01 μF 的涤纶电容
电解电容器注意极性,长引脚为正极
电容器的数值朝外,以便观察;电容器高度不能超过中周;焊接完毕,检查焊点,修整引脚</td></tr>
</table>

6.3　整机调试

6.3.1　通电前的检查

(1)检查焊接质量,焊点有无短路,各元器件的位置,电阻器阻值,电容器容量及电解电容器的极性有无差错。电阻器、电容器、晶体管的引脚之间以及和中周外壳有无短路。

(2)不装电池,闭合收音机的电源开关。MF47(测整机电阻器)万用表置"Ω×100"挡,黑表笔接电池的正极片,红表笔接负极片,整机电阻约为 1.3 kΩ。如阻值为零说明电源对地短路。若与 1.3 kΩ 相差较大应寻找并排除故障。

6.3.2　静态工作点检测

1. 整机静态电流的测量

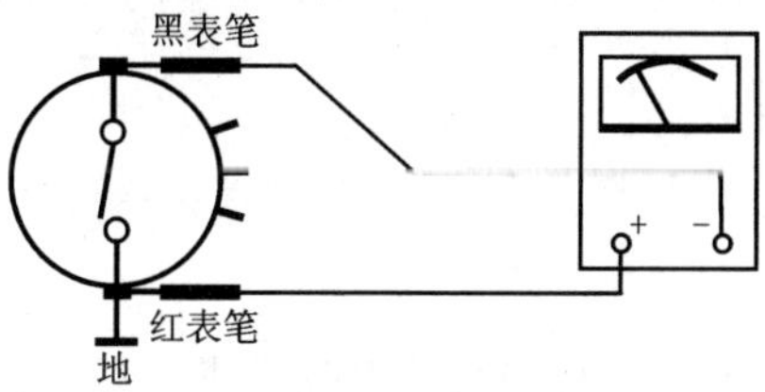

图 6-12　整机静态电流 I_0 的测量

确认电池引脚焊接无误,整机电阻正常后装入电池。将收音机的频率度盘调到频率最低端(525 kHz 左右),断开电位器上的电源开关。如图 6-12 所示用万用表 50 mA 挡测量电位器开关两端(红表笔接地)。此时电流表指示整机静态电流 I_0 约为 14 mA。电流超过 20 mA 时应立即停止通电。电流过大或过小都说明装焊有误或存在其他问题,应仔细检查,寻找故障。

2. 各级静态电流的估测

由于 $VT_1 \sim VT_4$ 的基极偏置电阻都很大,基极电流相对于集电极电流可以忽略不计,因此 $I_c \approx I_e$。忽略基极电流 I_b 后,收音机各级可简化成如图 6-13 所示的直流等效电路。

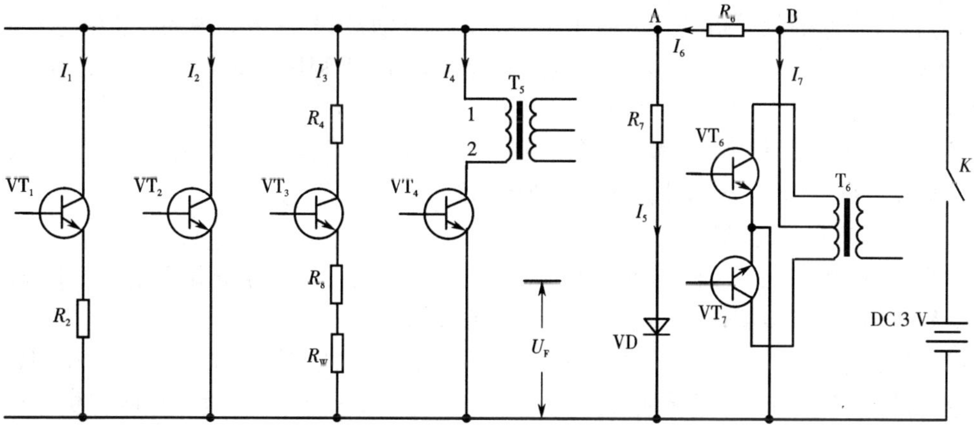

图 6-13　收音机的直流等效电路

根据等效电路可求出:

(1) $I_1 = \frac{U_{e1}}{R_2}$ (2) $I_4 = \frac{U_{1,2}}{R_{1,2}}$ (3) $I_3 = \frac{U_{e3}}{R_8 + R_W}$ (4) $I_5 = \frac{U_A - U_{VD}}{R_7}$

(5) $I_6 = \frac{U_{BA}}{R_6}$ (6) $I_2 = I_6 - (I_1 + I_3 + I_4 + I_5)$ (7) $I_7 = I_0 - I_6$

注意:测量时防止万用表表笔将印制电路板相邻焊点短路。

6.3.3 试听

元器件安装正确,静态工作点经初测确认正常后,可接通电源试听。慢慢转动调谐度盘,应能收听到电台广播,否则应重复以上各项检查(注意此过程不要调中周及振荡线圈),直至找出故障,试听正常为止。

6.3.4 整机调试

经通电检查,试听正常后,在印制电路板和扬声器边缘之间垫一层绝缘物(厚纸或塑料)。目的是防止扬声器将印制电路板上的焊点短路,并用螺钉将印制电路板固定在机壳上,然后进行调试。

1. 用高频信号发生器调试

1)调中频

(1)打开收音机,频率度盘调到频率最低端。

(2)信号发生器的频率选择开关置于 MW(中波)位置,接通电源,移近收音机。

(3)调节信号源的频率,从最低端缓慢地向高端变化的过程中,有两个频率点收音机的输出信号最强。第一个频率为 f_1 的信号,直接通过输入回路,加在收音机变频器的输入端,经变频器放大,通过中放,使收音机输出信号最强。f_1 即为该未经调试的收音机的中频。第二个频率为 f_2 的信号,经过变频,变为中频信号 f_1 使收音机输出信号最强。f_2 为收音机度盘在低端时的接收信号频率。在调中频频率之前首先要区分哪个信号是未经调试的中频信号 f_1(微调振荡线圈 LF10-l 磁帽时 f_1 的频率不变)。

(4)将信号源的频率指针从 f_1 向 465 kHz 方向移动,用改锥微调中周 T_3(白色)、T_4(绿色)的磁帽,使收音机输出信号最强,直至频率指针指向 465 kHz,反复调 T_3 和 T_4,使收音机输出信号最强为止。此时两中频变压器均谐振于 465 kHz 中频。

要注意在用无感改锥调磁帽时,应缓慢微调,防止用力过大拧碎磁帽或将变压器线圈刮断。监听收音机输出信号时应用耳机,以免互相影响。

2)调整频率范围(拉复盖)

(1)调低端频率:中频调好后将信号源的频率指针由第二频率 f_2 逐渐移近 520 kHz,调 T_2 直至信号源频率为 520 kHz,收音机输出信号最强为止。

(2)调高端频率:收音机的频率度盘放在频率最高端。调节信号源在 1 610 kHz 附近的某点频率 f_3,收音机的输出信号最强(还有在频率 $f'_3 = f_3 + 2 \times 465$ kHz 也可使收音机输出信号最强,其中 f'_3 是 f_3 的镜像频率,注意不要错将 f'_3 调到 1 610 kHz 上)。将信号源的频率指针逐渐移向 1 610 kHz,并调节微调电容 C_{1b}(若 f_3 低于 1 610 kHz 需减小电容,反之则增大),直至信号频率为 1 610 kHz,收音机输出信号最强为止。

以上两项反复调整两三次使收音机的输出信号最强。

3)统调(调跟踪)

(1)低端:信号发生器调至 600 kHz,调节收音机的频率度盘在 600 kHz 附近,使输出信号最强。调天线线圈 T_1 在磁棒上的位置使输出信号更强。

(2)高端:信号发生器调至 1 400 kHz,调节收音机的频率度盘至 1 400 kHz 附近,使输出信号最强。调微调电容 C_{1a},使输出信号更强。

(3)重复上述过程两三次。

2. 用扫频仪调试

1)调中频

利用中频扫频仪(HG1230A)对已经装配完毕的收音机进行中频 465 kHz 调整。

(1)电源开关接通前所有控制旋钮位置见表 6-3。

表 6-3　控制旋钮位置

控制旋钮	旋钮位置
衰减/dB	100 dB
电平细调	顺时针方向到头
扫频中心	中心
扫频宽度	逆时针方向到头
亮度	旋钮白线朝上偏右,拉出(AM 中频)
垂直位移	中心

(2)按进扫频仪电源开关,观察显示屏幕如图 6-14 所示,有 5 个标志光点,中间点为 465 kHz 频标。

(3)将收音机的检波输出(VT_3的射极)与扫频仪的输入红色线夹相接,收音机的地线与扫频仪输入的黑色线夹相连。

(4)闭合收音机的电源开关,音量电位器旋至音量最小位置,即扬声器不发出声音,双联电容器旋至容量最大处,将扫频仪的射频(RF)输出线移近收音机的天线线圈,显示器荧光屏上出现如图 6-15 所示的谐振曲线。

用无感螺丝刀反复微调中频变压器 T_3、T_4的磁帽,使中间的频标点落在中频谐振曲线的顶点,并使谐振曲线的幅度最高且两边对称,如图 6-16 所示。若调整过程中曲线超出屏幕,应逆时针旋转增益旋钮,使曲线顶点落在屏幕内,曲线幅度过低时应顺时针旋转增益旋钮。

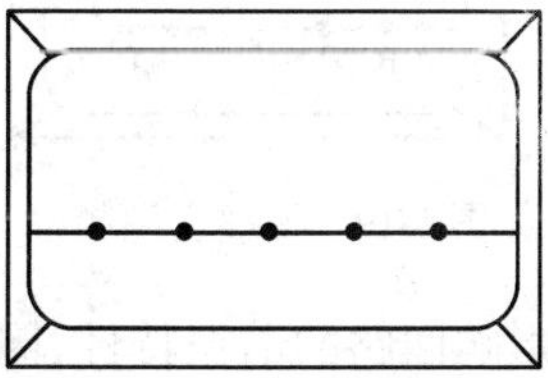

图 6-14　扫频仪显示 1

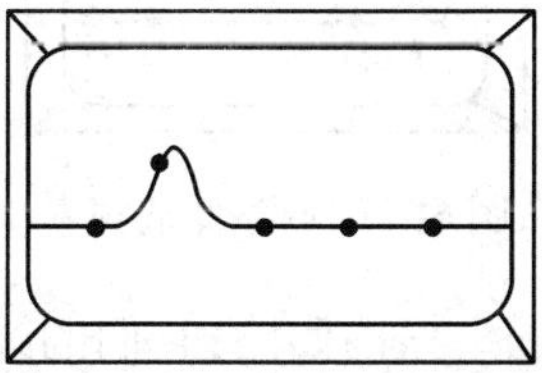

图 6-15　扫频仪显示 2

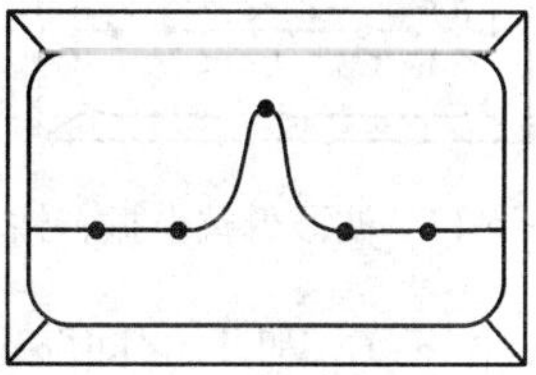

图 6-16　扫频仪显示 3

调整时注意衰减器的 dB 值及射频输出线与收音机线圈的距离应不使被测接收机的输出

信号出现饱和现象。

调 T_3、T_4磁帽时应轻轻微调,防止用力过大,磁帽将中周内部线圈的引脚刮断,甚至拧碎磁帽。

2)频率范围调整(HG1210A 型中频扫频仪)

(1)接通电源前各控制旋钮的位置同调中频(亮度旋钮没有拉出、推进功能)。

(2)设置标志频率。用数字开关预置标志频率,从 A 挡设置最低频率,然后向右顺序地从低到高设置,见表 6-4。

表 6-4 中频扫频仪设置

A	465 kHz	中频频率	D	1 400 kHz	高端统调频率
B	520 kHz	波段低端频率	E	1 610 kHz	波段高端频率
C	600 kHz	低端统调频率			

(3)按进电源开关,显示屏幕出现 5 个标志光点,从左到右分别表示 A、B、C、D、E 所设置的频率。

(4)将收音机的检波输出与扫频仪的红色输入线夹相接,收音机的地线与扫频仪输入的黑色线夹相连。

(5)闭合收音机的电源开关,音量电位器旋至音量最小位置,双联电容器旋至容量最大处,将扫频仪的射频输出线移近收音机的天线线圈,显示器的荧光屏上出现两个谐振曲线,顶点与 A 标志点相重的为中频谐振曲线,另一个是未经调试的收音机的波段低端的谐振特性曲线如图 6-17 所示。

调整低端频率:用无感螺丝刀微调振荡线圈 T_2的磁帽,使第二个频标点 B 落在波段低端谐振曲线的顶点,且谐振曲线的幅度最高,如图 6-18 所示。未调整时,若谐振曲线出现在频标点 B 右侧,此时谐振频率高于 520 kHz,应顺时针方向旋转 T_2的磁帽以加大电感量;若谐振频率低于 520 kHz,应逆时针旋转 T_2的磁帽以减小电感量。

调整高端频率:顺时针旋转频率度盘、双联电容器置于容量最小处,调整双联电容器 C_{1b} 的微调电容(C_{1b}的位置见第 3 节印制电路板的焊接部分图),使频标点 E 落在波段高端谐振曲线的顶点,且谐振曲线的幅度最高,如图 6-19 所示。

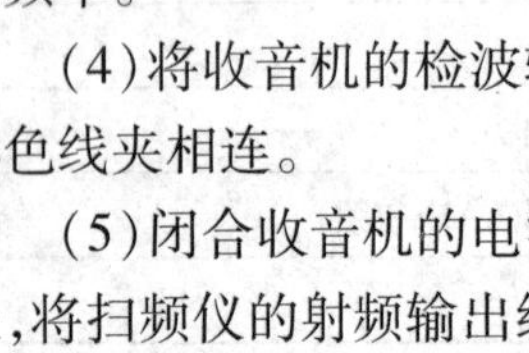

图 6-17 波段低端谐振特性

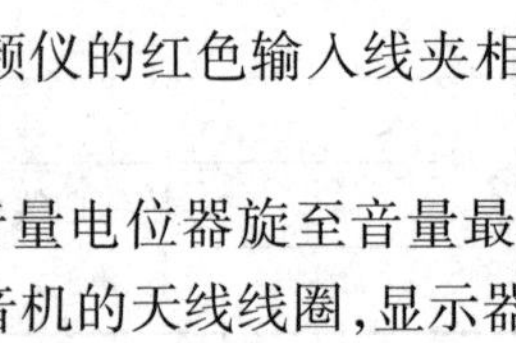

图 6-18 调整低端频率

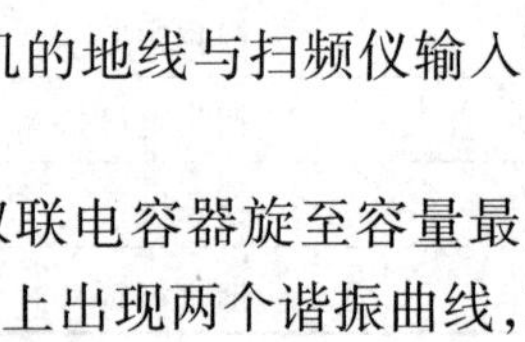

图 6-19 调整高端频率

由于 C_{1b}和 T_2的回路电感处在同一振荡回路,它们的改变都要影响回路的谐振特性,因此上述两项调整应反复进行两三次,直至高低端都调整好为止。

3)统调

(1)低端:调节收音机的频率度盘,使频标点 C(600 kHz)落在谐振曲线的顶点,并调节天

线线圈 T_1 在磁棒上的位置,使谐振曲线的幅度最高,如图6-20所示。

(2)高端:调节收音机的频率度盘,使频标点D(1 400 kHz)落在谐振曲线的顶点并调节双联电容器 C_{1a} 的微调电容,使谐振曲线的幅度最高,如图6-21所示。

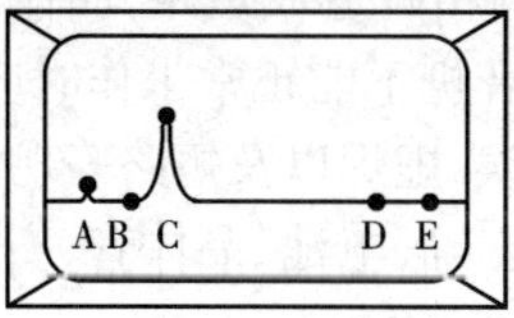

图6-20　低端统调

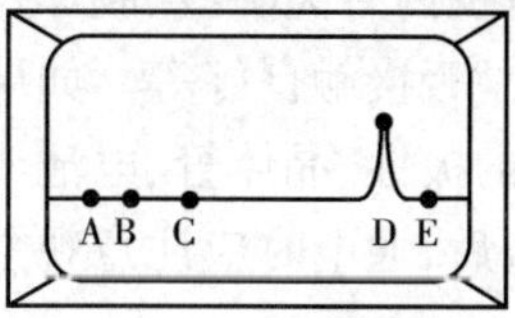

图6-21　高端统调

天线线圈 T_1 的初级电感和 C_{1a} 组成输入回路,因此上述两项调整也需反复进行两三次。调整完毕,试听正常,最后用蜡将天线线圈 T_1 固定在磁棒上,防止因震动等改变 T_1 与磁棒的相对位置,而使性能变坏。

现将用扫频仪调试收音机的项目及调整元器件归纳于表6-5。

表6-5　用扫频仪调试收音机的项目及调整元器件

调试项目		双联位置	调整元件	示意图
中频456 kHz		容量最大	T_3,T_4	图6-14至图6-16
频率范围	520 kHz	容量最大	T_2	图6-18
	1 610 kHz	容量最小	C_{1b}	图6-19
统调	600 kHz	输入回路谐振	L_1	图6-20
	1 400 kHz	输入回路谐振	C_{1a}	图6-21

调好的收音机若在天津市应能收听到的广播电台见表6-6 。

表6-6　天津市应能收听到的广播电台

天津交通台	中央1台	中央2台	天津新闻台	天津经济台	天津文艺台
567 kHz	639 kHz	720 kHz	909 kHz	1 071 kHz	1 386 kHz

6.4　83(3)型晶体管收音机故障检修

6.4.1　故障检修方法

一台好的收音机出现故障,或自己装配的收音机不能正常工作则需进行检修。当拿到一台需要修理的收音机后,不要盲目乱动,重要的是仔细观察、分析找出故障原因及所在,以便"对症下药",所以晶体管收音机故障的检查步骤和方法是修理中的关键。

下面介绍几种常用的检查方法。

1. 直观检查

直观检查法是最简单的初步检查故障的方法之一,它可使检修者对收音机的状态有大概的了解,帮助解决一些简单明显的故障。

首先应查看机内有无断线、脱焊,有无元器件及引脚相碰造成短路,晶体管有无断脚,耳机插座、电池夹是否接触良好等。如果是自己装配的收音机不能正常工作时应特别检查元器件、电解电容器的极性、晶体管、电池或电源引脚有无错误、虚焊以及短路等现象。

经上述检查后,通电时应注意观察电池的极性是否正确,电池、晶体管、变压器、电阻器等是否过热。

在检查时必须注意:①不要随意拆卸或调动元器件的位置,例如磁性天线线圈的位置、振荡线圈及中频变压器的磁帽、微调电容器等,以免破坏收音机的性能;②使用螺丝刀拨动元件或碰触晶体管的基极时,避免螺丝刀的金属部分同时触及其他元器件或电源。

2. 用万用表检查收音机

1)用万用表检查收音机时,应注意以下几点。

(1)万用表的高阻挡"R×10K"挡,表内往往接有15 V或更高的电池,直接用高阻挡来测量,可能损坏晶体管或电解电容器等元器件。

(2)用万用表的电阻挡测量时黑表笔与表内电池正极相连,这与测量直流电流、电压时黑表笔接负极不一样。

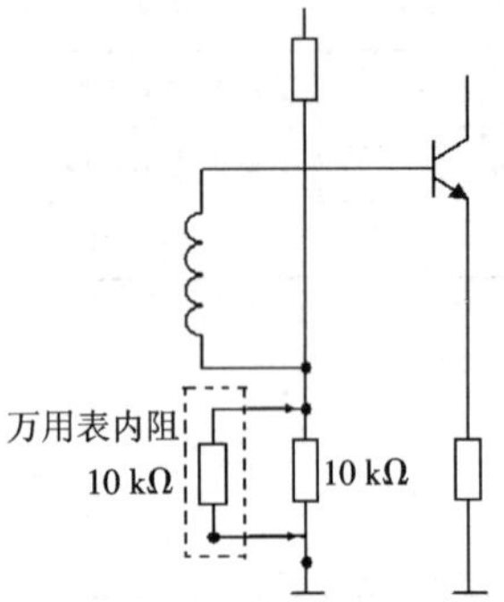

图6-22 万用表内阻对测量电压的影响

(3)测电压时,若表的内阻小,容易引起测量误差。如图6-22所示,在测量基极电压时若用万用表的"5 V"挡测量,万用表的电压灵敏度为2 000 Ω/V,测量时相当于在10 kΩ的电阻上又并联上表的内阻10 kΩ,相当于下偏置电阻由10 kΩ变成了5 kΩ,这时由万用表内阻的分流作用引起测量误差,测得基极电位甚至低于发射极电位,容易产生该级工作不正常的错觉。因此,测电压时要尽可能使用灵敏度高的万用表。

2)电源电压及电流的检查

晶体管收音机电源大多采用干电池,电源或供电电路有问题时,收音机就会出现故障,所以检查供电电路应作为检查故障的第一步。

在接通电源前,应将收音机的电池取下,把电源开关拨在接通位置,用万用表的黑表笔和红表笔分别接触电池夹子的正极片和负极片,测量电源端对地的电阻,若阻值为零说明电源端对地短路,应找出原因排除故障,否则装上电池接通电源就会烧毁电池。经检测证明无短路现象才可通电。

关断电源开关,装上电池,使用万用表直流"50 mA"挡,将两表笔并接在电源开关的两个端点上测量静态总电流的大小(此时应注意万用表的极性,参阅整机静态电流测量)。

通常不同种类的电池当加上满负载时输出电压降不应超过10%或15%。失效电池在加上负载后,其输出电压会大大降低。当需要找出电池组中的失效电池时,把这些电池串联后接到负载上,然后测量各电池电压(图6-23),失效电池输出电压将比其他电池的低或输出为零。有时失效电池的极性可能是反的。

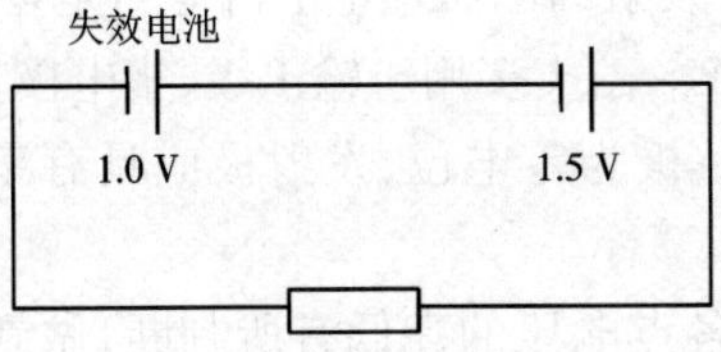

图 6-23　找出电池组中的失效电池

3)直流工作状态检查

如果检查电源电压和整机静态电流不能发现问题,应逐级检查流过晶体管的电流或各级上的电压。它可判断收音机的直流工作状态是否正常。测量时应在无信号的情况下进行。有信号时,电流电压变化范围很大,无法作为测量标准。

Ⅰ. 电流的检查

测量晶体管集电极电流的方法一般是断开印制电路板上晶体管的集电极的引脚(有的收音机线路板上留有集电极电流测试缺口,平时用焊锡封连,测量时用烙铁烫开),根据所测电流的大小适当选取量程,将万用表串联在集电极电路里,这种方法的优点是测量准确,但很不方便,而且使印制电路的铜箔引脚有破损。因此,一般采用间接测量法,如测量发射极电压,已知发射极电阻,而近似得到集电极电流(参阅整机调试中的静态电流估测部分)。表 6-7 为 83(3)型晶体管收音机各级电流参考值,其他型号收音机的各级电流参考值可参阅有关手册。

表 6-7　83(3)型晶体管收音机各级电流

	VT_1	VT_2	VT_3	VT_4	VT_5、VT_6
无信号电流/mA	0.3 ~ 0.5	0.6 ~ 0.8	0.01	2 ~ 4	3 ~ 6

Ⅱ. 电压的检查

工作正常的晶体管电路一旦出现故障,大多数情况下其各电极的直流电压就会出现异常,如果万用表测出有关各点的电压,就有可能作出判断,找出故障所在。

表 6-8 列出了工作在各类状态的晶体管正常偏置情况,工作于甲类放大状态晶体管必须处于导通状态,即发射结处于正向偏置,对于 PNP 锗管基极比发射极电压低 0.2 ~ 0.3 V,NPN 硅管基极比发射极电压高 0.6 ~ 0.7 V。若测得发射结电压与上述值相差甚远,则说明电路有故障。

表 6-8　工作于各类状态的晶体管的正常偏置

工作状态		发射结	集电结
放大状态	甲类	正偏	反偏
	甲乙类	稍正偏	反偏
	乙类	零偏	反偏
	丙类	反偏	反偏
检波状态		零偏或稍正偏	反偏

在乙类状态工作的晶体管,发射结电压理论上讲应当是零,但为了减小失真常略加偏置,锗管约为0.1 V,硅管约为0.3 V。乙类多用于输出级,集电极负载一般是输出变压器。例如,收音机用NPN型晶体管,电池负极为零电位,发射极应具有零电压或低电压,基极电压略高于发射极,集电极应为高电压。

在测量电压前应对放大级各点电压的高低有所判断,做到心中有数,然后根据测出的数据进行分析。表6-9列出了电压法检测收音机电路故障的方法,供检修时参考。

表6-9 电压法检测收音机电路故障(集电极电阻负载)的方法

集电极电压	可能的故障原因	检修方法
集电极电压偏高(趋近集电极供电电源方向)	基极无偏压	上偏置电阻器是否开路,下偏置电阻器(或二极管)去耦电容器是否短路,输入变压器次级是否断线
	晶体管内部开路	检查晶体管
	管脚虚焊	直接量管脚无电压,而量管脚的焊点有电压,说明虚焊
	发射极电阻不通	量发射极电阻器两端电压并测量 R_e 值
集电极电压偏低或为零	晶体管饱和	量基极电压是否过高,上偏置电阻器是否短路,下偏置电阻器(或二极管)是否开路
	晶体管击穿	测量晶体管
	集电极去耦电阻断路,去耦电容短路,负载电阻或变压器线圈开路	检查对应元件

3. 信号注入法

检查时由信号发生器给出信号,一般由后向前逐级进行。检查低频部分给出1 000 Hz(或400 Hz)信号,中频部分给出465 kHz,高频部分给出536～1 605 kHz的信号,若信号发生器输出没有隔直电容器,可在输出端串联一只10 μF电容器,以避免信号发生器影响收音机的直流工作状态。

将信号发生器置于音频输出,地线与收音机的地线相连。然后将信号由①开始至⑧点依次注入(即由后级向前级依次注入信号)。如把信号注入①点扬声器中有“嘟嘟”声,而注入②点扬声器中无声,则故障在耳机插孔或输出变压器。依次类推,信号注入部位示意图和检测流程图分别示于图6-24和表6-10。

表6-10 信号注入检测流程

音频信号注入①	无声	扬声器、耳机插孔、输出变压器故障
音频信号注入②	无声	耳机插孔、输出变压器故障
音频信号注入③	无声	功放级故障
音频信号注入④	无声	功放级故障
音频信号注入⑤	无声	低放级故障
音频信号注入⑥	无声	低放级故障
音频信号注入⑦	无声	C_8、C_{11}、R_W 等元件故障

续表

音频信号注入⑧	无声	R_W、R_8、C_5、VT_3故障
中频信号注入⑨	无声	检波级故障
中频信号注入⑩	无声	中放级故障
中频信号注入⑪	无声	中放级故障
中频信号注入⑫	无声	变频级故障
高频信号汼入⑬	无声	变频级故障
高频信号注入⑭	无声	天线线圈、双联电容器、本振故障

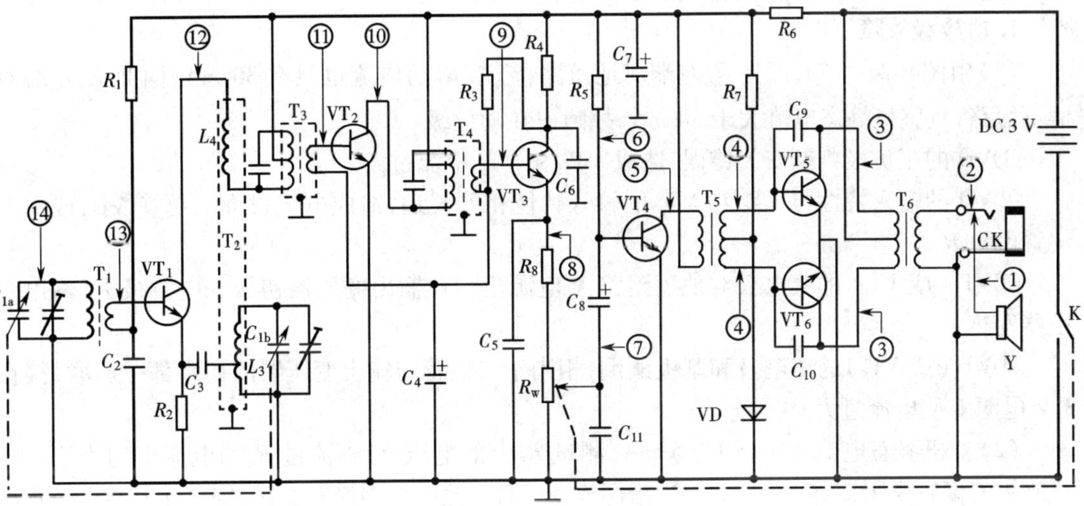

图 6-24　信号注入部分示意图

检查⑧点以前各点扬声器都有声，应继续检查检波、中放及变频、输入电路，此时应分别注入中频和高频信号，直至找出故障部位。

如受客观条件的限制，在没有仪器的情况下，可以用手拿住螺丝刀的金属部分，去触碰收音机电路中的各测试点，这就相当于该点注入一个干扰信号。如果被测试点与扬声器间的电路良好，那么在扬声器中应有“嘟嘟”声。检查方法与步骤和用信号发生器注入信号相同，不过人体感应信号较弱，故碰触图 6-24 中① ~ ④点时可能声音不大。

4. 信号寻迹法

信号寻迹法是利用信号寻迹器或示波器直接从收音机的某些测试点检拾信号，通过监听或观察，检测测试点以前各部分工作是否正常。将调幅高频信号加在天线线圈上，和信号注入法相反，由前级向后级逐点检查，当检测到某一点没有信号时，故障应在该被测点与前次被测点之间，这样可以查出故障的大致部位，进而找出故障原因。信号寻迹法的优点是不一定使用高频信号发生器，可以利用电台的播音寻找故障。

5. 代替法

代替法是在检修过程中，当怀疑某个元器件损坏或失效时，用相同规格的元器件替换以证实故障是否由该元器件所引起。有时也用一架好的收音机从某一部分取出信号加在待修

收音机的另一部分,组成一个新的收音机而判断待修收音机的故障。(注意此时不能破坏各自的直流工作状态)

总之,收音机的电路虽然简单,但产生的故障往往错综复杂,有时是多种故障同时出现。因此,检修时要在理解电路原理的基础上,灵活运用各种检修方法,要先研究后动手、先外部后内部、先简单后复杂、先静态后动态、先粗后细逐步压缩,最后查出故障所在。

以上所述是一些基本方法,检修者可根据上述原则在实践中不断摸索、逐步积累经验。

6.4.2 典型故障分析举例

下面列举的一些故障大多是在装焊收音机的过程中,由于装配错误、虚焊和对元器件没有经过认真的检验而出现的典型故障。

1. 功放级故障

(1)由图6-24可知,即使R_6左端对地短路,流过R_6的电流也只有30 mA,因此R_6左端对地不短路,且整机静态电流大于30 mA,故障出在功放级。

①VD的正负极判断安装错误,造成VT_5和VT_6电流过大。

②VD的输入特性与VT_5和VT_6的输入特性相差甚远,造成电流过大。更换VD,或加大偏置电阻R_7。

③VT_5(或VT_6)的集电极对地短路,3 V电源全加在输出变压器初级。电流极大,输出变压器发热。

④VT_5(或VT_6)的集电极和基极颠倒,相当于二极管与输出变压器的初级部分串联,接在3 V电源上使电流过大。

(2)整机静态电流太小,约为5 mA,测量R_6上的电压,计算流过R_6的电流也约为5 mA。功放级的偏置电阻器R_7应是820 Ω,错焊成82 kΩ。此时用MF47型万用表"Ω×100"挡测量整机电阻是3 kΩ(电路正常时约为1.3 kΩ)。

(3)开机后低频自激有啸叫声,更换反馈电容器C_9、C_{10}或并联一只0.01~0.022 μF电容器。

(4)电路焊接正确,工作点正常,但给功放级注入音频信号,扬声器无声。耳机插孔3、4脚未能接触或连线错误。

(5)收音机音量小,VT_6(VT_5)发射极、基极引脚装反。

2. 低频放大级故障

功放级工作正常,将信号源的1 000 Hz的音频信号由检波输出端注入,扬声器无声。

(1)输入变压器初级开路。测量变压器两端,直流电压约为2.7 V(2.7 V实际是变压器开路后R_6左端和VT_4集电极之间的电压)。

(2)不装电池,万用表置"Ω×100"挡,测量整机电阻为几百欧,VT_4集电极对地电阻小于几百欧,VT_4损坏。

(3)VT_4引脚安装错误。

3. 检波级故障

信号源输出的音频信号加在检波管VT_3的发射极时,扬声器发声,低频部分工作正常。信号源输出置于465 kHz,加压在VT_3的基极,收音机工作不正常。

(1)检波管各极安装错误。

(2)VT_3的集电极、发射极两极短路。

(3)收音机音量小且声音失真,VT_3的集电极、发射极两极安装错误。

4. 中放级故障

收音机无声、自激,信号不能通过中放级。

(1)印制电路板两部分地经 T_3金属外壳相连,外壳两引脚没有焊接或虚焊。

(2)VT_2各极引脚安装焊接错误。

(3)中频变压器损坏。

(4)中频变压器引出端对地短路。

(5)中频变压器 T_2与 VT_2基极或中频变压器 T_3与 VT_2集电极之间的印制电路断开。

5. 变频级故障

(1)信号源置 465 kHz,收音机有信号输出,但信号较弱。信号源在整个中波段范围内变化时,收音机无输出。

①有振荡信号,双联电容器与输入电路相连的一起联动,定片间内部短路,或引出焊片与印制电路板脱焊。

②无振荡信号,振荡线圈中的反馈线圈,内部接线错误,使反馈变为负反馈不能起振,属振汤线圈的绕制问题。

③无振荡信号,双联与振荡线圈相连的一起联动,定片内部短路,引出焊片脱焊。

④无振荡信号,VT_1集电极与振荡线圈的 5 脚之间线路开路。

(2)整机静态电流 30 mA,整机电阻器 100 Ω。R_1与 R_6相连一端对地短路,振荡线圈引脚与外壳短路。

(3)有噪声无台,旁路电容器 C_2损坏或失效。

6. 输入回路故障

(1)L_1与 L_2倒置。

(2)天线线圈与变频器级的输入端接触不良。

第 7 章　数字万用表

7.1　数字万用表电路原理

7.1.1　数字万用表的基本结构

图 7-1 是袖珍式数字万用表的基本结构框图，其核心电路是由 A/D 转换器、显示电路等组成的基本量程数字电压表。与模拟万用表测量的基本量是直流电流不同，它测量的基本量是直流电压，被测信号需转换成直流电压再进行测量。功能和量程选择通过拨挡开关来实现，有的万用表可根据输入信号的大小自动切换量程。

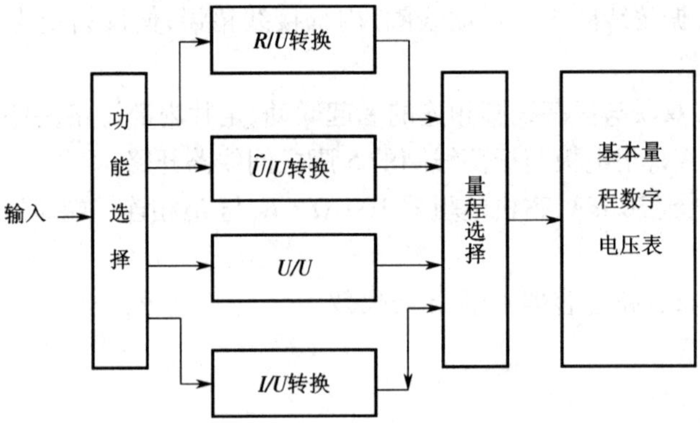

图 7-1　袖珍式数字万用表的基本结构框图

7.1.2　数字万用表的性能特点

1. 显示直观

采用数字显示，可消除视差，读数准确、迅速。数字万用表的显示位数有 $3\frac{1}{2}$、$3\frac{2}{3}$、$3\frac{3}{4}$、$4\frac{1}{2}$、$4\frac{3}{4}$、$5\frac{1}{2}$、$6\frac{1}{2}$、$7\frac{1}{2}$、$8\frac{1}{2}$等，其中 $3\frac{1}{2}$位、$3\frac{2}{3}$位、$3\frac{3}{4}$位万用表的最大显示值分别为 1999、2999、3999，$8\frac{1}{2}$位为 199999999，最大显示值加 1 即为满量程值（此时仪表已溢出），能显示 0 ~ 9 所有数字的位是整数位；分数位的数值是以最高位的最大显示数字为分子，满量程时最高位的数字作为分母而确定的。

2. 有较高的准确度和分辨力

（1）准确度是仪表的测量误差限，也就是在规定条件下仪表测量误差的一个范围。它是测量结果中系统误差与随机误差的综合，表示测量值与真值之间的一致程度。数字万用表的准确度有两种表示方法。

准确度 = ±($a\%RDG + b\%FS$)

式中,RDG 为读测值(即显示值),FS 为满量程值。括号内的前一项表示转换器、分压器等产生的综合误差即读数误差;后一项为满度误差,是由数字化处理带来的,它取决于不同量程的满度值。对于某块数字表而言,b 值是固定的,a 值与测量项目及量程有关,通常 $b \leqslant a/2$。

准确度 = ±($a\%RDG + n$ 个字)

式中,n 是量化误差反映在末位数字上的变化值,若把 n 个字折合成满量程的百分数,即是第一种表示方法中的准确度表示方法。

DT830B 袖珍式数字万用表的测量误差就用这种表示方法。例如,直流电压测量时各量程的误差均优于 ±(1% +2)。

一般数字电压表的位数越多,准确度就越高,测量误差也就越小。

若环境条件(例如温度、湿度等)与规定的条件相差较大时,应考虑由此产生的附加误差。此外,影响万用表准确度的主要因素是表内基准电压的准确度与稳定性以及时钟频率的稳定性。通常直流挡的准确度较高,交流及电阻挡因转换器引起误差而准确度稍低一些。

(2)分辨力是指数字万用表最低量程末位一个字所对应的数值。它反映仪表灵敏度的高低,并且随着显示位数的增加而提高。以 $3\frac{1}{2}$ 位数字万用表“200.0 mV”挡为例,末位 1 个字表示 0.1 mV,即分辨力为 0.1 mV,是模拟式万用表,例如 FM47 最低电压量程“1 V”挡的最小分度值(即灵敏度)为 0.02 V 的 200 倍。

分辨力也可用相对值分辨率表示,即仪表最小显示数(零除外)与最大显示数之比,并用百分数表示。$3\frac{1}{2}$ 位数字表的分辨率为 1/1 999≈0.05%。

数字表还具有测量速度快、输入阻抗高、抗干扰能力强、抗过载能力强、测量功能强、种类多,数字表采用 CMOS 大规模集成电路功耗低,便于装配维修,可靠性高,易于扩展成数字温度表、电容表、频率表、压力表、照度计等多种仪表等特点。

7.1.3　7106 $3\frac{1}{2}$ 位双积分 A/D 转换器芯片

1.7106 的性能特点

(1)7106 为单片大规模 CMOS 集成电路,单电源供电,规定为 7 ~ 15 V,常选用 9 V 叠层电池,降至 7 V 时仍能正常工作。

(2)功耗低,7106 消耗电流仅为 1.8 mA,构成整机耗电为几十毫瓦。

(3)工作温度为 0 ~ 70 ℃,受液晶显示器的限制不宜超过 40 ℃,相对湿度≤80%。

(4)有极高的输入阻抗,典型值为 10^{10} Ω。

(5)内设时钟电路,可采用低成本的阻容振荡器或高频率稳定度的石英晶体振荡器,亦可外接时钟信号。

(6)能自动显示极性,并通过内部电路实现自动调零。利用外部电路还可显示超量程(超限溢出)标志符号和小数点。

(7)芯片内部 U_+ 与 COM 之间有稳定性好、典型值为 2.9 V 的基准电压源。利用电阻分压器,可获得所需的基准电压 U_{REF},以保证 A/D 转换的准确度达 0.05 % ±1 个字。

(8)可以很方便地进行功能检查。

(9)可直接驱动 LCD 显示器,外围电路简单,只需再配上 5 个电阻和 5 个电容即可构成基本量程直流数字电压表,再加上转换开关及其他辅助电路便可构成数字万用表。

2. 7106 芯片的引脚排列与功能

(1)7106 引脚功能

7106 A/D 转换器各引脚的功能及 40 脚、44 脚芯片对应的引脚列于表 7-1。

表 7-1 7106 芯片引脚对照及功能

引脚序号		符号	功能
44 脚	40 脚		
1	—	DEEN	反向积分输出
2	—	INTEN	正向积分输出
3	37	TEST	测试脚(接 U_+ 时显示器的全部字段被点亮,显示 -1888)
4	38	OSC_3	时钟振荡器引出端
5	—	HOLD	读数保持(接 U_{CC} 时读数保持)
6	39	OSC_2	时钟振荡器引出端
7	40	OSC_1	时钟振荡器引出端(OSC_1 ~ OSC_3 外接阻容元件构成两级反相式多谐振荡器产生系统的时钟信号)
8	1	U_+	电源正极
9	2	D_1	LCD 个位 d 字段驱动端
10	3	C_1	LCD 个位 c 字段驱动端
11	4	B_1	LCD 个位 b 字段驱动端
12	5	A_1	LCD 个位 a 字段驱动端
13	6	F_1	LCD 个位 f 字段驱动端
14	7	G_1	LCD 个位 g 字段驱动端
15	8	E_1	LCD 个位 e 字段驱动端
16	9	D_2	LCD 十位 d 字段驱动端
17	10	C_2	LCD 十位 c 字段驱动端
18	11	B_2	LCD 十位 b 字段驱动端
19	12	A_2	LCD 十位 a 字段驱动端
20	13	F_2	LCD 十位 f 字段驱动端
21	14	E_2	LCD 十位 e 字段驱动端
22	15	D_3	LCD 百位 d 字段驱动端
23	16	B_3	LCD 百位 b 字段驱动端
24	17	F_3	LCD 百位 f 字段驱动端
25	18	E_3	LCD 百位 e 字段驱动端
26	19	AB_4	千位(即最高位)字段驱动端,接 LCD 显示器的 b、c 字段
27	20	POL	负极性指示驱动端

续表

引脚序号		符号	功能
44 脚	40 脚		
28	21	BP	液晶显示器背面公共电极(简称背电极)驱动端
29	22	G_3	LCD 百位 g 字段驱动端
30	23	A_3	LCD 百位 a 字段驱动端
31	24	C_3	LCD 百位 c 字段驱动端
32	25	G_2	LCD 十位 g 字段驱动端
33	—	LB	低电压驱动(电池电压低于 7.4 V 时显示电池符)
34	26	U_-	电源负极
35	27	INT	积分器输出端,接积分电容 C_{INT}
36	28	BUF	缓冲放大器输出端,接积分电阻 R_{INT}
37	29	AZ	积分器和比较器的反相输入端接自动调零电容 C_{AZ}
38	30	INLO	模拟输入信号低端
39	31	INHI	模拟输入信号高端
40	32	COM	模拟信号的公共端,简称“模拟地”
41	33	C_{REF-}	基准电容负端
42	34	C_{REF+}	基准电容正端
43	35	U_{REF-}	基准电压负端
44	36	U_{REF+}	基准电压正端

(2)40 脚 7106 芯片的引脚排列与功能如图 7-2 所示。

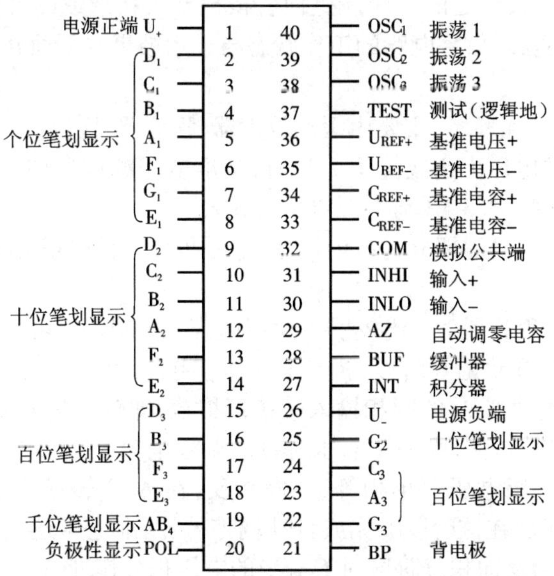

图 7-2　40 脚 7106 芯片的引脚排列与功能

(3)44 脚 7106 芯片的引脚排列如图 7-3 所示。

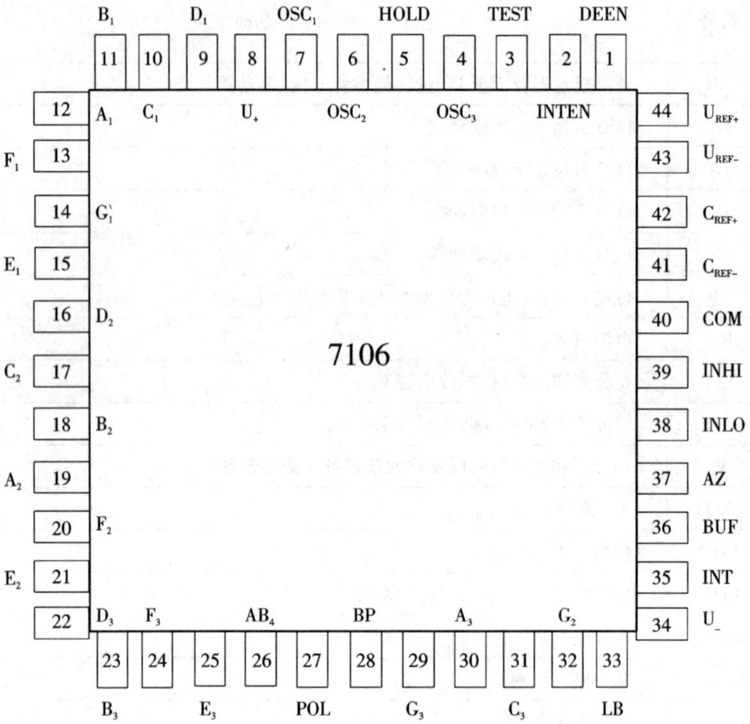

图 7-3 44 脚 7106 芯片的引脚排列

3. 7106 A/D **转换器的工作原理**

7106 是把模拟电路和数字电路集成在一块芯片上的大规模集成电路。模拟和数字电路是互相联系的,控制单元按规定的时序产生使各模拟开关接通或断开的控制信号,另外模拟电路中比较器的输出还控制数字电路的工作状态与显示结果。下面介绍各部分的工作原理。

1)模拟电路

模拟电路框图如图 7-4 所示,主要由缓冲放大器、积分器、比较器、模拟开关和基准电压源构成。当 U_+ 和 U_- 间的电压大于或等于 7 V 时,基准电压源产生内部基准电压 $E_0 = 2.9$ V。COM 端的电位比 U_- 高 4 ~7. 3 V(与电源电压有关)。

A/D 转换器的每个测量周期分为自动调零、信号积分和反向积分 3 个阶段。

Ⅰ. 自动调零

7106 的缓冲器 A_1、积分器 A_2、比较器 A_3 均为运算放大器,不可避免地存在失调电压,使测量结果产生误差。在自动调零阶段,模拟开关 S_{AZ} 闭合,其余的开关断开,芯片引脚 IN_+、IN_- 与外部引脚断开,缓冲器 A_1 的同相输入端接模拟地,即输入信号 $U_{IN} = 0$。积分器的反相输入端与比较器的输出端短接,由失调电压对自动调零电容 C_{AZ} 充电,自动调零阶段结束时,C_{AZ} 上保持的电压与总失调电压大小相等、方向相反,在 A/D 转换之前互相抵消,即 $U_{IN} = 0$ 时,数字万用表显示为 0。在该阶段除完成自动调零外,基准电压还向基准电容充电,使 C_{REF} 上的电压值等于 U_{REF},为反向积分阶段对 C_{REF} 上的电压积分作准备。

Ⅱ. 正向积分、反向积分

双积分 A/D 变换属 $U-T$ 变换方式,在一个测量周期内,首先断开模拟开关 S_{AZ},输入端

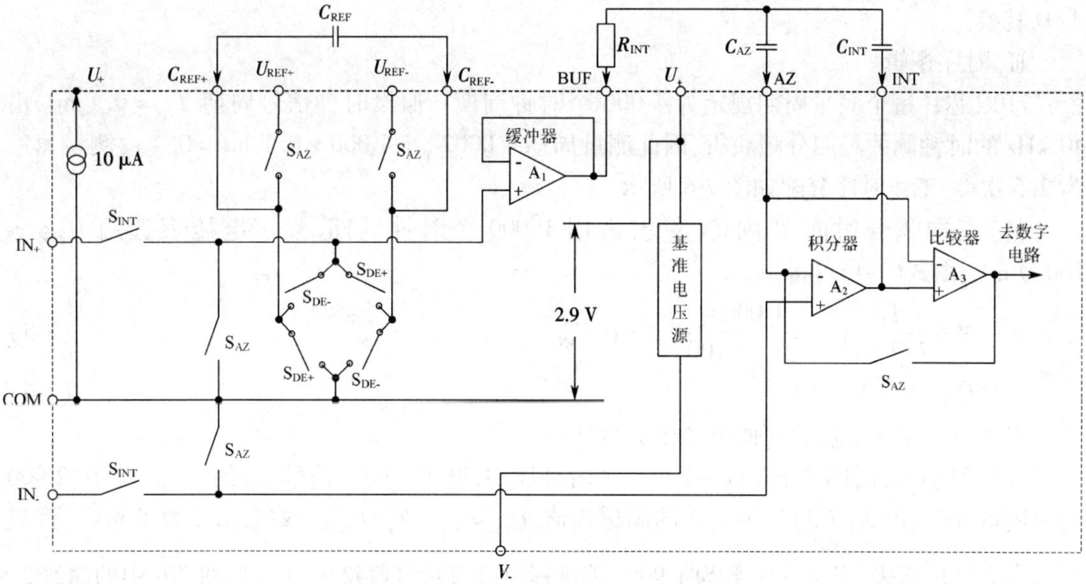

图 7-4　40 脚 7106A/D 转换器模拟电路框图

不再短路，积分器、比较器正常工作，接通开关 S_{INT}，被测电压 U_{IN} 通过缓冲器加到积分器的输入端，在确定的时间 T_1 内对 U_{IN} 进行正向积分（定时积分）。

反向积分（基准电压积分或定值积分）阶段，S_{INT} 断开，时序逻辑控制电路根据比较器输出电压的极性对 U_{IN} 作出极性判断之后，选择接通模拟开关 S_{DE} 中的两个，将 C_{REF} 上在自动调零阶段充好的基准电压 U_{REF} 与 U_{IN} 极性相反地送入积分器，进行反向积分，经过时间 T_2 积分器的输出又回到零，反向积分结束。双积分输出电压示意图如图 7-5 所示。

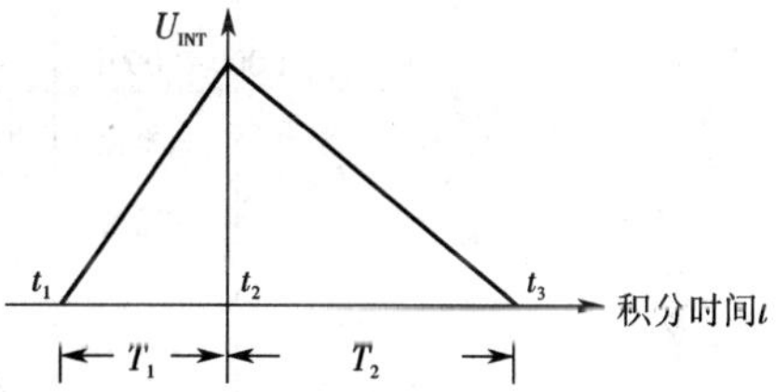

图 7-5　双积分输出电压示意图

正向积分时，A/D 转换器以 $U_{IN}/(R_{INT}\cdot C_{INT})$ 的斜率对 U_{IN} 积分为

$$U_0=\frac{-K}{R_{INT}\cdot C_{INT}}\int_{t_1}^{t_2}U_{IN}\mathrm{d}t=\frac{-KU_{IN}}{R_{INT}\cdot C_{INT}}T_1 \tag{7-1}$$

式中，K 表示缓冲放大器的电压放大倍数。

反向积分时，经时间 T_2 积分器的输出又回到零，即

$$U_0-\frac{K}{R_{INT}\cdot C_{INT}}\int_{t_2}^{t_3}U_{REF}\mathrm{d}t=U_0-\frac{KU_{REF}}{R_{INT}\cdot C_{INT}}T_2=0 \tag{7-2}$$

将式(7-1)代入式(7-2)，整理后得到

$$T_2=T_1\frac{U_{IN}}{U_{REF}} \tag{7-3}$$

假定在 T_2 时间内计数为 N，计数脉冲的周期为 T_{cp}，则 $T_2=NT_{cp}$，代入式(7-3)，可得

$$N=\frac{T_1}{T_{cp}U_{REF}}U_{IN} \tag{7-4}$$

因 T_1、T_{cp}、U_{REF} 都是定值，由式(7-4)可看出计数值 N 与被测电压 U_{IN} 成正比，从而实现了

A/D 转换。

Ⅲ. 时序逻辑

7106 芯片每个测量周期规定为 4 000 个时钟周期。假设时钟信号周期 $T_{cp}=0.1$ ms，由 40 kHz 的时钟脉冲经四分频获得，因此测量周期 4 000$T_{cp}=4\ 000\times0.1$ ms $=0.4$ s，测量速率为 2.5 次/s，工作时序分配如图 7-6 所示。

(1) 正向积分时间 T_1 固定不变，占用 1 000 个时钟周期，数字电压表选用 $U_{REF}=100.0$ mV，由式(7-4)可得

$$N=\frac{T_1}{T_{cp}U_{REF}}U_{IN}=\frac{1\ 000T_{cp}}{T_{cp}\cdot 100}U_{IN}=10U_{IN} \tag{7-5}$$

$$U_{IN}=0.1N \tag{7-6}$$

将小数点定在十位后面便可直读测量结果。

(2) 反向积分时间 T_2 占用 0 ~ 2 000 个时钟周期，取决于输入信号 U_{IN} 的大小。其中 2 000 对应满量程值，由式(7-3)被测电压的满量程值，$U_{IN}=(T_2/T_1)U_{REF}=2U_{REF}=200.0$ mV。该表为 $3\frac{1}{2}$ 数字电压表，最大显示数为 1 999，满量程时将显示过载符号“1”，如图 7-6 中的曲线 2。当 $U_{IN}=U_{REF}$ 时，显示值(即时钟脉冲数)为 1 000，如图 7-6 中的曲线 1。图 7-6 中曲线 3 表示 U_{IN} 超量程计数器溢出，芯片给出过载信号。

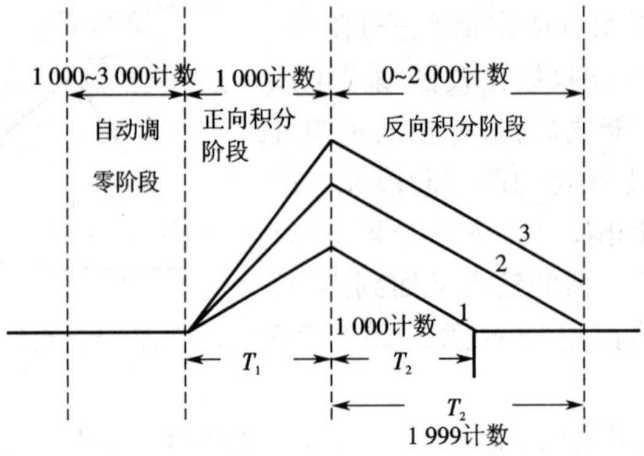

图 7-6 7106 工作时序

(3) 自动调零时间是 1 000 ~ 3 000 个时钟周期，必须等上一次反向积分结束后才能开始，当 $U_{IN}=U_{REF}$ 时，反向积分占用 1 000 个时钟周期，剩下的 2 000 个时钟周期用于下阶段的自动调零。若 U_{IN} 满量程时，只有 1 000 个时钟周期用于自动调零。

2) 数字逻辑电路

7106 逻辑电路框图如图 7-7 所示，它由以下电路组成。

Ⅰ. 时钟脉冲发生器

时钟脉冲发生器产生时钟脉冲经 4 分频后得到计数脉冲，再经由一级 2 分频和二级 10 分频组成的 200 分频后输出约 50 Hz 的方波为 LCD 背电极供电。

Ⅱ. 计数器

7106 采用二—十进制 BCD 码计数器，最高位千位(亦称 1/2 位)只有 0 和 1 两种计数状

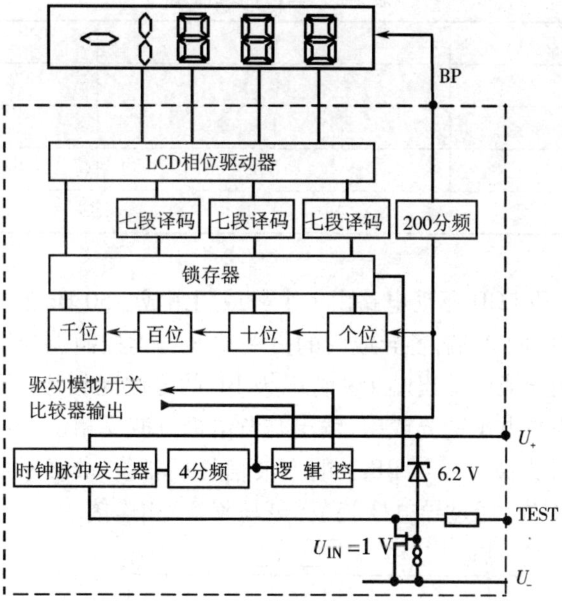

图 7-7　40 脚 7106 逻辑电路框图

态。4 个计数器级联即可构成 3 $\frac{1}{2}$位 A/D 转换器内部的计数器。

Ⅲ. 锁存器

锁存器的输入端与计数器的输出端相接，存放 A/D 转换的结果（即反向积分阶段计数器的计数值 N），直到下一次 A/D 转换的结果送入锁存器。这样可避免显示数字随计数器状态的变化而跳动，便于观察与记录。

Ⅳ. 译码器

译码器是将锁存器存放的 BCD 码译成七段显示所需的二进制码。译码器输出端 a ~ g 的状态对应七段显示器字段的组合，输出信号可驱动 LCD 显示器，以显示相应的数码。

Ⅴ. 液晶显示器及驱动器

液晶显示器采用段电极显示方式，显示器的前电极被分割成 a ~ g 各段，均引出一电极端子，背后的电极不被分割，为前面各段电极所共用，故称公共电极或背电极（BP）如图 7-8 所示。为了避免因直流电场使液晶发生电化学变化而缩短工作寿命。液晶显示器必须采用交流驱动方式，寿命可达 10 000 h。各段电极 a ~ g 与背电极（BP）间电位相等时液晶不显示（消隐），而两者之间存在电位差时就发光。通常将占空比为 50% 相位相反的两个方波分别加到某段（或几段）笔画的引出端与 BP 之间，利用两者的电位差来驱动该笔画发光显示相应的数字。

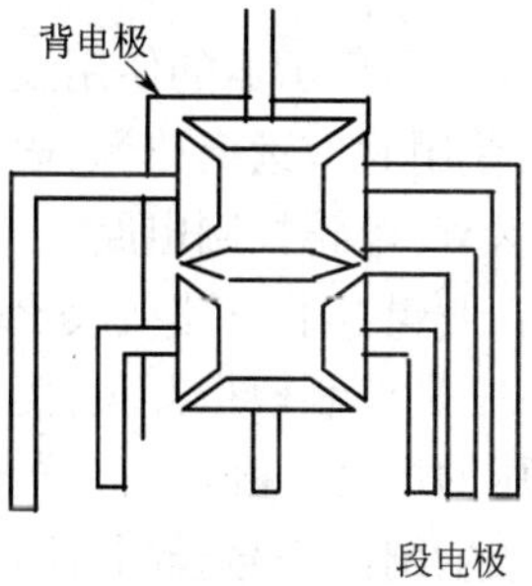

图 7-8　液晶显示器电极

驱动电路采用异或门，它的特点是两个输入端 A、B 的状态相异（一个是高电平，一个是低电平）时，输出 J 为高电平，反之 J 为低电平。异或门的真值表见表 7.2。

表 7-2 异或门真值表

A	B	J
0	0	0
0	1	1
1	0	1
1	1	0

如图 7-9 所示的七段 LCD 驱动电路由 7 个异或门组成。50 Hz 的方波驱动信号加在 LCD 的背电极 BP 和各异或门的 A 端,各异或门的另一端 B 作为控制端分别与译码器的输出端相接。输入端为低电平的异或门输出端 J 和背电极 BP 的方波同相位,两电极间的电位差为 0,该笔画消隐。输入端为高电平的异或门,输出与背电极方波反相位,该字段被点亮。如图 7-9 所示,a、b、g、e、d 各字段方波信号与 BP 上的方波信号反相位,故显示数字“2”。7106 的各驱动端与 LCD 引脚一一对应,通过导电橡胶条(斑马胶条)相连接。

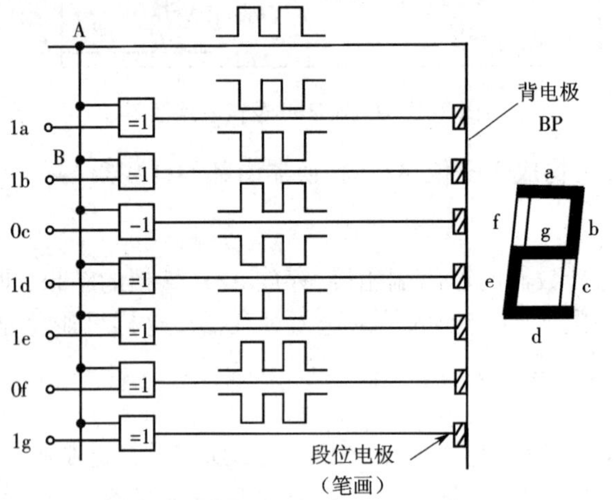

图 7-9 异或门 LCD 驱动电路

液晶显示器的使用温度范围较窄,一般工作温度为 -5 ~45 ℃,极限储存温度为 -20 ~55 ℃,使用时应远离热源,避免阳光直射,还应注意防压、防潮。

Ⅵ. 逻辑控制电路

逻辑控制电路接收比较器输出的过零脉冲和计数器的溢出脉冲,经过处理后输出 4 个指令:一是控制模拟开关,使其按规定的时序通断,确保 A/D 转换正常循环进行;二是判断输入电压的极性,控制“ - ”号显示;三是超量程时发出溢出信号,千位显示“1”,其余位均消隐;四是产生闸门信号,控制计数脉冲的个数。

7.1.4 基本量程数字电压表

由 7106 A/D 转换器、LCD(LCD94)液晶显示器和少量外围元件构成的 200.0 mV 基本量程数字电压表电路如图 7-10 所示。R_4、C_5为积分电阻器、电容器;C_3、C_2分别为自动调零电容器和基准电容器;R_3、C_4组成输入滤波电路;R_1、C_1为阻容振荡元件,与 7106 内部的两级反相器组成振荡电路,振荡频率$f_0 \simeq \frac{0.455}{RC}$,经四分频后产生时钟信号。信号积分时间 T_1 为 1 000

个时钟周期，当 T_1 为工频周期的整数倍 n，且 n 愈大时对串模干扰的抑制能力也就愈强，我国采用 50 Hz 交流电网振荡频率可选 100 kHz、50 kHz、40 kHz，采用 60 kHz 供电的地区可选 120 kHz、80 kHz、60 kHz、48 kHz、40 kHz 等。当 R_1 = 100 kΩ，C_1 = 100 pF 时，时钟频率约为 48 kHz，有较好的适应性，此时每秒读数 3 次。

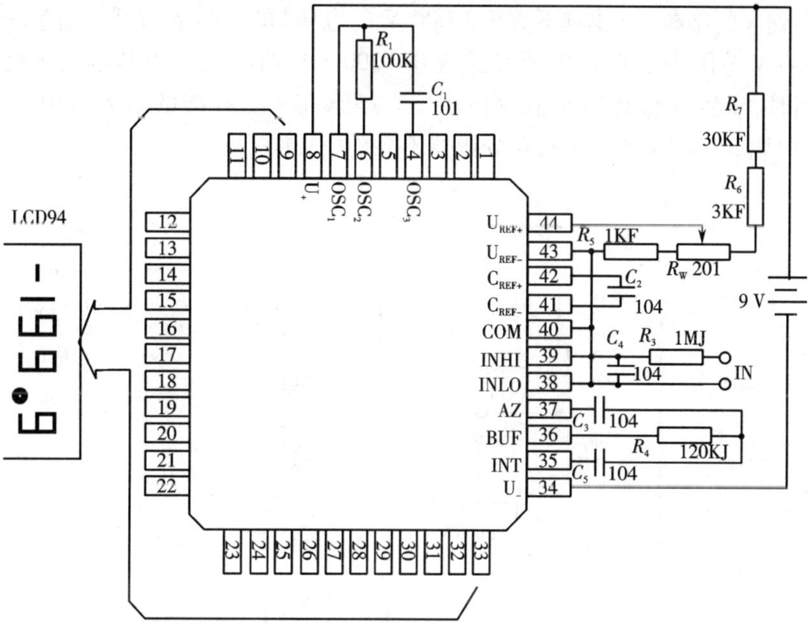

图 7-10　基本量程数字电压表电路

注：图中标注的电阻器后移字母表示精度，如 D 表示误差为 ±0.5%，F 表示误差为 ±1%，J 表示误差为 ±5%，以下各图同。

基准电压由芯片内部 U_+ 和 COM 间的 2.9 V 基准电源经 R_7、R_6、R_W、R_5 分压获得，调整 R_W 使 U_{REF} = 100.0 mV 时，该表即为满量程 200.0 mV 的基本表。当输入信号等于基准电压 U_{REF} 时，基本表计数 1 000 显示 100.0。若将 R_W 改成 24 kΩ，调整基准电压为 1.000 V 时，也可构成 2.000 V 量程的基本表。

液晶显示器的引脚排列如图 7-11 所示。

BAT	HV	BP	BP	G_3	F_3	A_3	B_3		G_2	F_2	A_2	B_2	G_1	F_1	A_1
32	31	30	29	28	27	26	25	24	23	22	21	20	19	18	17

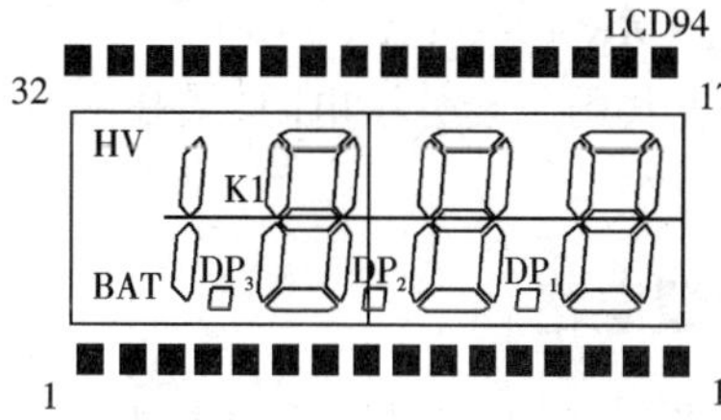

1	2	3	4	5	6	7	8	9	10	11	12	13	14	15	16
BP	POL	AB_4	DP_3	E_3	D_3	C_3	DP_2	E_2	D_2	C_2	DP_1	E_1	D_1	C_1	B_1

图 7-11　液晶显示器的引脚排列

7.1.5 多量程直流电压测量电路

多量程直流电压测量电路如图 7-12 所示。直流电压测量有 200 mV、2 V、20 V、200V、1 000 V 5 个量程，分别采用分压比为 1/1，1/10，1/100，1/1 000，1/10 000(按 2 000 V 设计分压电阻，考虑到表的结构，只能测不大于 1 000 V 的电压)的电阻衰减器。由量程开关选择即可把 0 ~ 1 000 V 范围内的直流电压衰减成 0 ~ 200 mV 的电压再由基本表进行测量。使用“1 000 V”挡时，液晶显示器的左上角显示 HV 提示高压。各挡的输入电阻为 1 MΩ，由于 7106 的输入电阻 R_{IN} = 10 000 MΩ，对分压器不会构成影响。

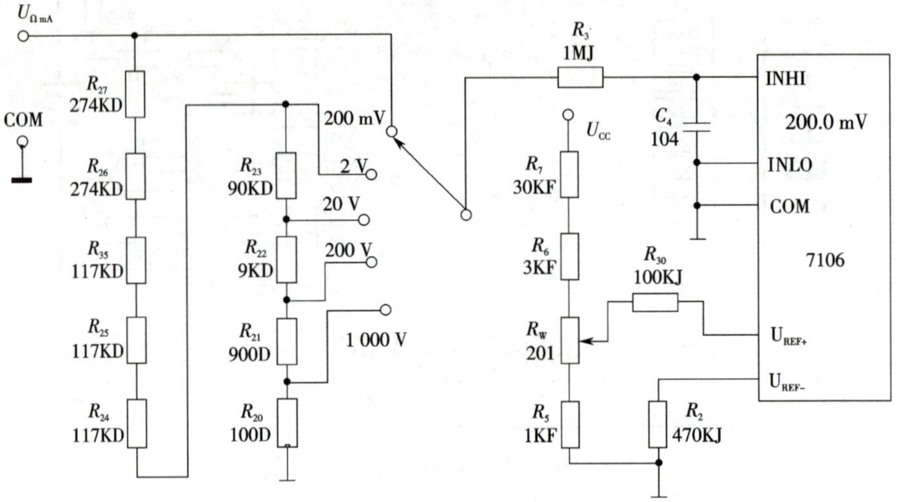

图 7-12 多量程直流电压测量电路

7.1.6 多量程交流电压测量电路

多量程交流电压测量电路如图 7-13 所示，图中二极管 VD_3 是 AC - DC 转换元件。由于基本表测量的是直流信号，而交流信号经 VD_3 半波整流后得到的平均分量是有效值的 45%，电阻衰减器就是依据这种关系而设计的。例如，测量 100 V 的交流电压，整流后的平均值为 100 ×0.45 = 45 V，由电阻分压器取出，再由基本表进行测量。

$$45\frac{R_{21}+R_{20}}{R_{35}+R_{25}+R_{24}+R_{23}+R_{22}+R_{21}+R_{20}}\approx\frac{45}{450}=100\ \text{mV} \tag{7-7}$$

为了节省元件与直流电压表共用一套分压电阻，最高测量为 750 V，此时液晶显示器的左上角显示 HV 提示高压。

7.1.7 多量程直流电流测量电路

被测电流流过电阻产生压降，实现 $I-U$ 转换，以此为基本表的输入电压。电流表有 200 μA、2 mA、20 mA、200 mA、10A 5 个量程。“200 μA”挡所需分流电阻 $R=\dfrac{200\ \text{mV}}{200\ \mu\text{A}}=1\ \text{k}\Omega$，其余各挡的分流电阻依次为 100 Ω、10 Ω、1 Ω 和 0.01 Ω。

该表可把 0 ~ 10 A 范围内的直流电流转换成 0 ~ 200 mV 的电压，利用基本表测量并直接

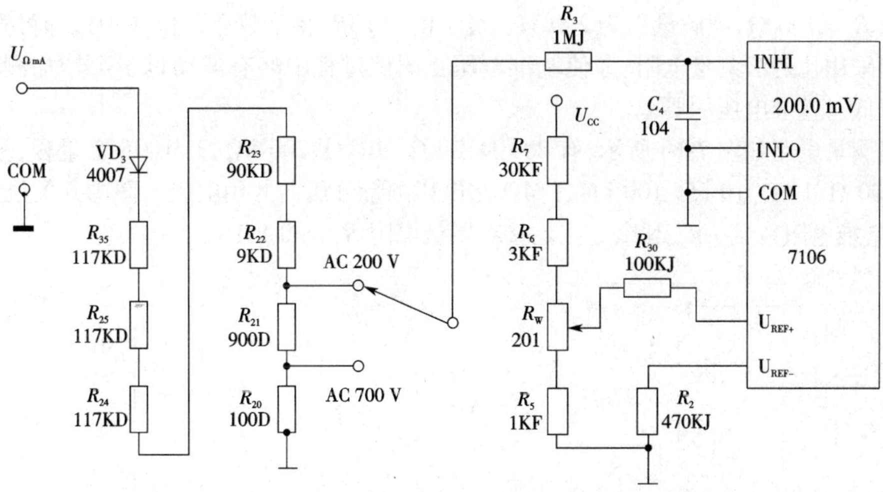

图 7-13　多量程交流电压测量电路

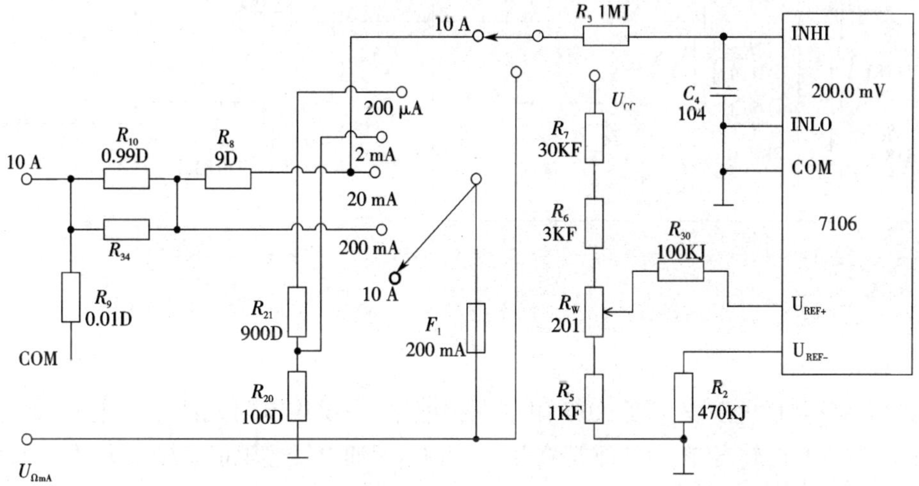

图 7-14　多量程直流电流测量电路

显示电流的大小。电路如图 7-14 所示，图中开关位置为"10 A"挡，保险丝不起作用，电流从直流 10 A 插孔输入，0. 01 Ω 分流电阻用黄铜线做成。

7. 1. 8　电阻测量电路

图 7-15 是电阻测量的原理电路，利用 7106 芯片的 2. 9 V 基准电压 E_0（U_+与 COM 间）给基准电阻 R_0和被测电阻 R 提供测试电流。R_0上的压降 U_{R_0}当作基准电压，被测电阻 R 上的电压 U_R作为输入电压，有关系式：

$$\frac{U_R}{U_{R_0}}=\frac{IR}{IR_0}=\frac{R}{R_0}$$

当 $R=R_0$时，显示数 1 000，$R=2R_0$时满量程，有

$$一般显示值=1\ 000\,\frac{R}{R_0} \tag{7-8}$$

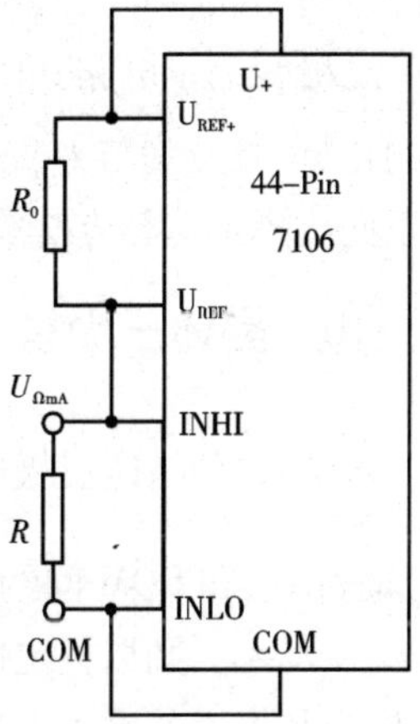

图 7-15　电阻测量原理电路

若取 $R_0=100\ \Omega$，则满量程为 200 Ω。显示值为 10*R*，将小数点定位在十位即可直读测量结果。因采用比例法测量电阻，即使基准电压在测试过程中略有波动也不会增加测量误差，因此可降低对基准电压的要求。

电阻测量电路如图 7-16 所示，有 200 Ω、2 kΩ、20 kΩ、200 kΩ、2 MΩ 5 个量程，基准电阻依次为 100 Ω、1 kΩ、10 kΩ、100 kΩ、1 MΩ 与电压测量分压器共用电阻。图中开关位置为 200 Ω 量程，基准电阻直接 U_{CC}，其余各挡均接有限流电阻 $R_7=30\ \text{k}\Omega$ 。

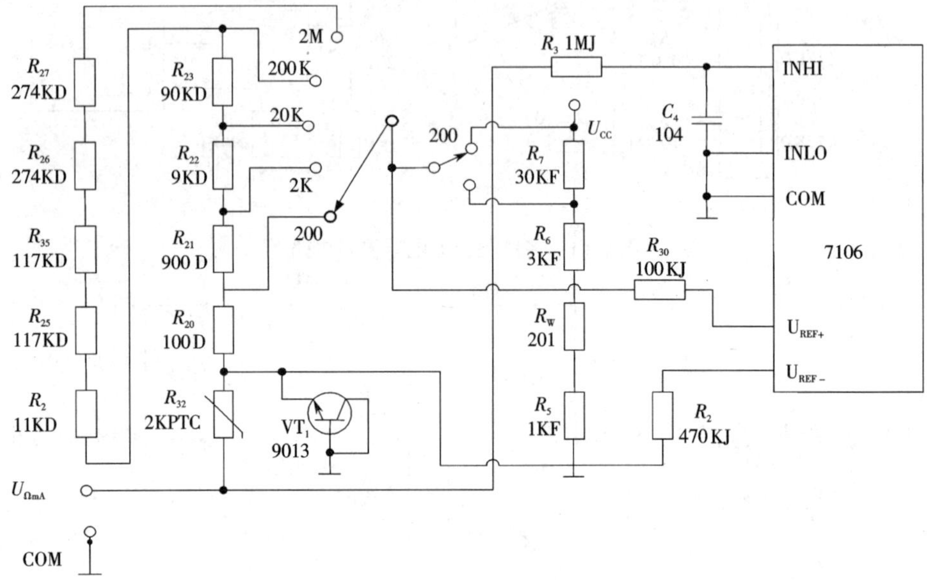

图 7-16 电阻测量电路

R_{32} 为 2 kΩ 热敏电阻，与 $VT_1$9013 组成保护电路，当误用电阻挡测量市电时，通过 R_{32} 与 VT_1 形成回路，VT_1 被软击穿，电压维持在几伏，而 R_{32} 因通电发热阻值急剧增大，使 VT_1 和 7106 芯片不被烧毁。

7.1.9 二极管测量电路

二极管测量电路如图 7-17 所示。取 $R_{21}+R_{20}$ 即 1 kΩ 电阻上的压降作为基准电压，二极管的正、负极分别与 $U_{\Omega mA}$ 插孔（红表笔）和 COM 插孔（黑表笔）相接，万用表直接显示二极管的正向压降。这种方法线路简单，但测量误差较大。

7.1.10 晶体三极管 h_{FE} 测量电路

图 7-18 是晶体三极管 h_{FE} 的测量电路，$h_{FE}=\dfrac{I_c}{I_b}$，I_b 由 R_{19}（NPN 晶体管）或 R_{18}（PNP 晶体管）通过 U_{ec} 和 COM 间约 2.9 V 电源提供，考虑到被测晶体管 b、e 间的压降，$I_b\approx 10\ \mu\text{A}$，又因 $I_e\approx I_c+I_b\approx I_c$，则取样电阻 $R_8+R_9+R_{10}$（接在 NPN 管的发射极，PNP 管的集电极）上的电压 U_{IN} 作为基本表的输入电压：

$$U_{IN}\approx I_e(R_8+R_9+R_{10})\approx I_c(R_8+R_9+R_{10})=h_{FE}\cdot I_b(R_8+R_9+R_{10}) \tag{7-9}$$

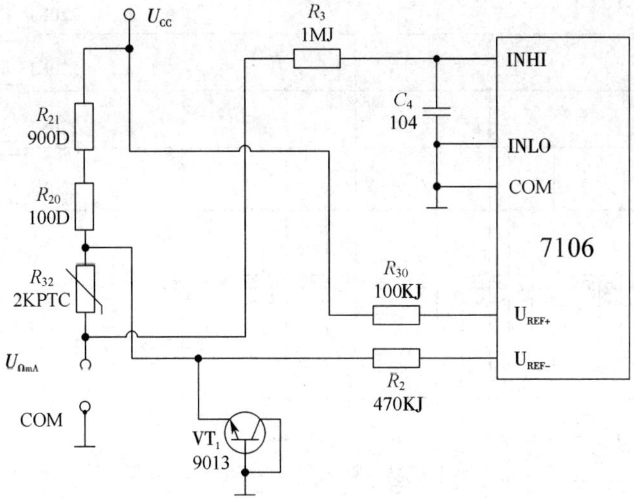

图 7-17　二极管测量电路

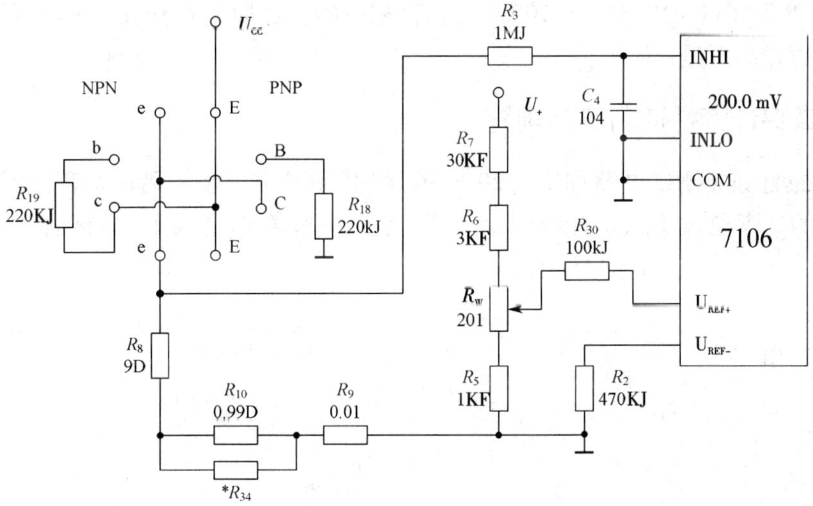

图 7-18　晶体三极管 h_{FE} 测量电路

将 $I_b = 10\ \mu A$，$R_8 + R_9 + R_{10} = 10\ \Omega$，代入上式得 $U_{IN} = 0.1h_{FE}$(mV)，即

$$h_{FE} = 10U_{IN} \tag{7-10}$$

因此，可用 200.0 mV 的基本表测量 h_{FE}，基本表去掉小数点后，U_{IN} 的单位是 0.1 mV，此时

$$h_{FE} = U_{IN} \tag{7-11}$$

可直接显示被测结果，量程为 0～1 000。

7.1.11　小数点、HV 字符显示电路

小数点、HV 字符显示电路如图 7-19 所示，根据测试功能和量程通过转换开关给相应的触点加上 U_+ 电压使该触点与背电极(BP)之间产生电位差，以点亮某个小数点，而另外两个小数点与 BP 间加有同相的方波而不被点亮。

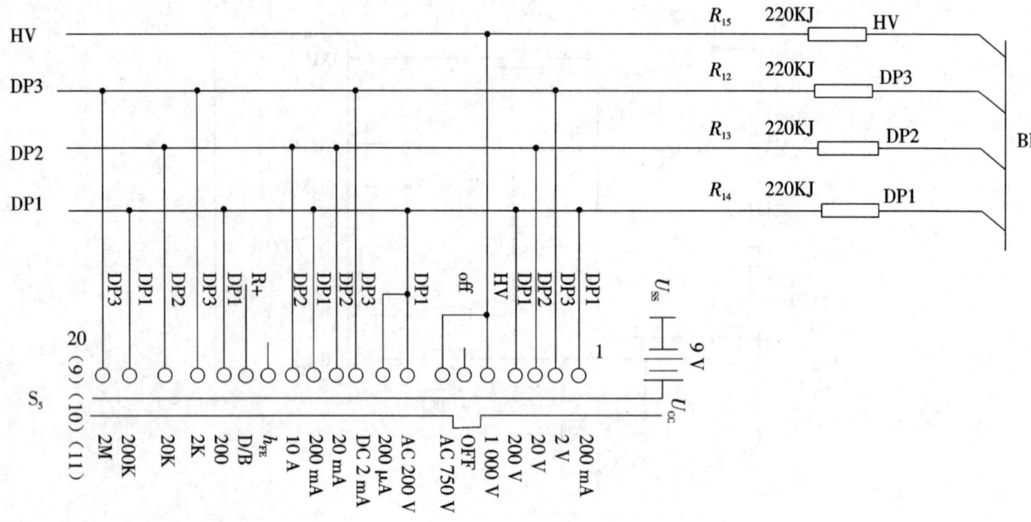

图 7-19　小数点、HV 字符显示电路

当开关拨至"1 000 V"或"AC 700 V"挡时，相应的触点加上 U_+ 电压，液晶显示器左上角显示 HV 字符作高压量程提示。

7.1.12　蜂鸣连续性通断测试电路

蜂鸣连续性通断测试电路如图 7-20 所示，将开关置于二极管测试量程，待测状态运放 358(IC3A)的 3 脚通过 R_{16}、R_{28} 接至 U_{CC} 为高电平，1 脚输出高电平，二极管 VD_2 导通，358(IC3B)的 6 脚被钳位，7 脚输出低电平。

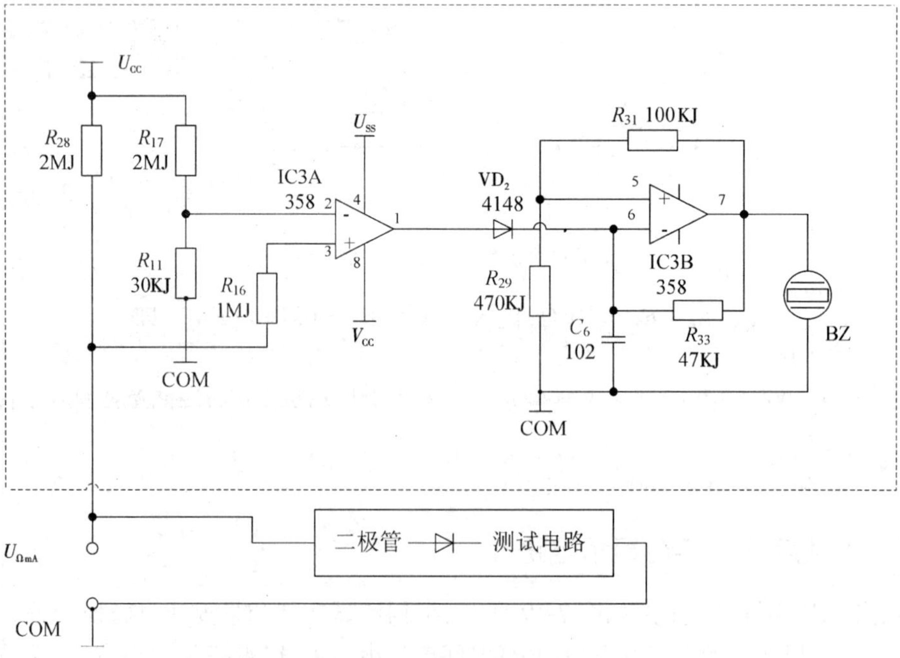

图 7-20　蜂鸣连续性通断测试电路

当测试笔跨接在被测两点间,而电阻小于50 Ω时,IC3A 3脚的电位低于2脚,1脚输出低电平,VD_2截止,IC3B和外围元件构成自激多谐振荡器,7脚输出方波信号,蜂鸣器便会发出声响。

图7-21中的自激多谐振荡器是典型的方波产生电路,R_{31}、R_{29}分压器提供基准比较电压$U_{R_{29}}$,IC3B 7脚输出电压为最大值U_H时,通过R_{33}对C_6充电;当U_{C6}升高到略高于$U_{R_{29}}$(基准电压)时,输出电压迅速跳变到最低值U_L,电容上的电压开始放电,当U_{C6}略低于$U_{R_{29}}$时,输出电压再次跳变到U_H,C_6又开始充电,这样周而复始IC3B 7脚输出连续的方波信号,蜂鸣器发声;测量结束后电路恢复到待测状态,发声停止。

7.1.13 DT-830B $3\frac{1}{2}$位数字万用表整机电路

DT-830B $3\frac{1}{2}$位数字万用表整机电路原理图如图7-21所示,虚线框内的电路为蜂鸣连续性通断测试电路,加上这部分电路即为DT830D数字万用表。

7.2 袖珍式DT-830B数字万用表的装焊

7.2.1 装焊基本要求与要点

在装焊前应对元器件进行测试,熟悉元器件的型号、参数、性能并判别质量的优劣,以便合理选用。

1.装焊基本要求

装焊的基本要求是对经检测合格的元器件再进行装焊,装焊质量对于保证整机安全可靠运行至关重要。

(1)保证电性能的导通与绝缘。电气连接的通与断是指在振动、长期使用、冷热等自然条件变化中都能保证通者恒通、断者恒断。

(2)保证足够的机械强度,能经得起振动、运输及反复操作的考验。

(3)符合传热、电磁等方面的要求。

(4)操作习惯及美观要求。

2.装焊要点

(1)安装元器件时应注意与印制电路板上的印刷符号一一对应,不能错位。例如,R_{20}立式安装时,将电阻本体紧靠印制电路板,引脚上弯半径$r \leqslant 1$ mm(防止引脚过高,后盖屏蔽层将电阻短路),表示第一位有效数字的色环朝上,如图7-22所示。

(2)卧式安装时,电阻表示第一位有效数字的色环朝上,电容的数值应易于观察。

(3)焊接时勿将焊锡散落在印制电路板开关滑道及与LCD各脚相对应的极片上。印制电路板元件装配图、印制导线图形分别示于图7-23和图7-24,焊接面印制导线图形如图7-25所示。图中标出了各挡开关簧片所在位置,开关滑道由外圈往里分别为1~11滑道。

7.2.2 装焊步骤

根据以上装焊要求和袖珍式DT-830B数字万用表元器件的结构特点,其装焊工艺流程如下。

调测步骤：1.在200 mV量程输入100 mV直流电压，调节R_W使显示器显示值为99.9~100.1；

2.“10 A”挡调节时输入10 A电流，当显示值大时，在R_9中间加锡使电阻值变小，当显示值小时，可在R_9上刻槽使电阻变大，使显示值在说明书范围内；

3.200 mA挡，输入100 mA，当显示值大时，可并一适当阻值的R_{34}使显示值在说明书范围内；

4.装配前请用橡皮擦干净PCB量程开关没盖的圆环。

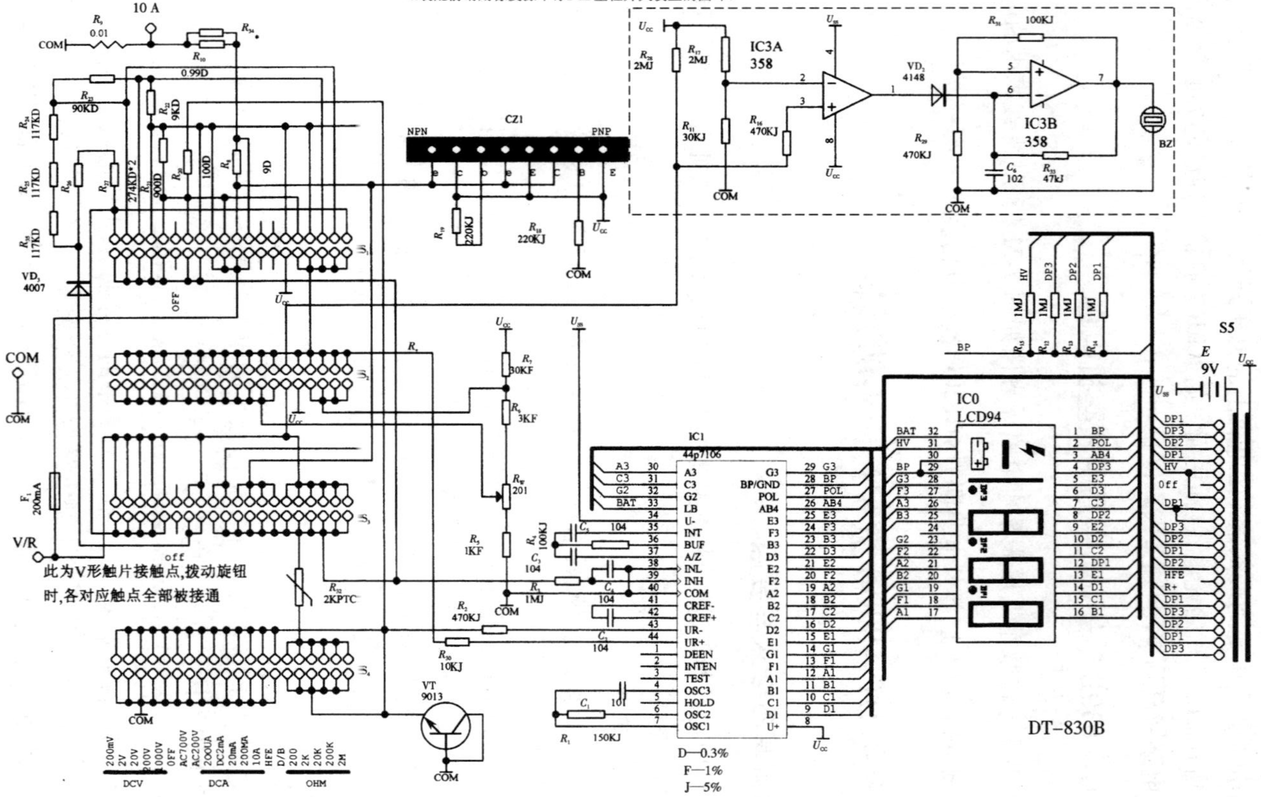

图7-21 DT 830B $3\frac{1}{2}$位数字万用表整机电原理图

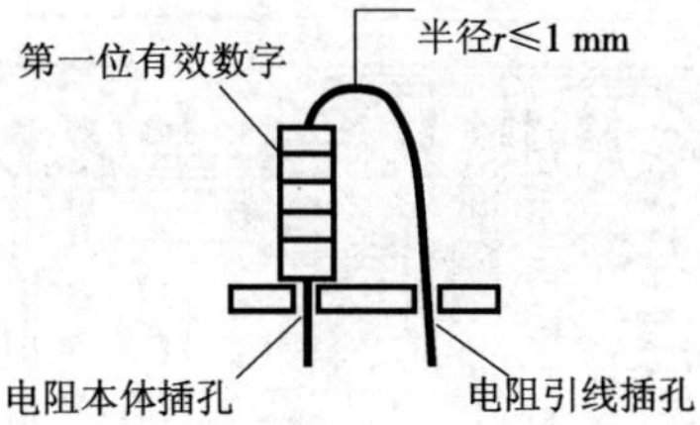

图 7-22　电阻元件立式安装图

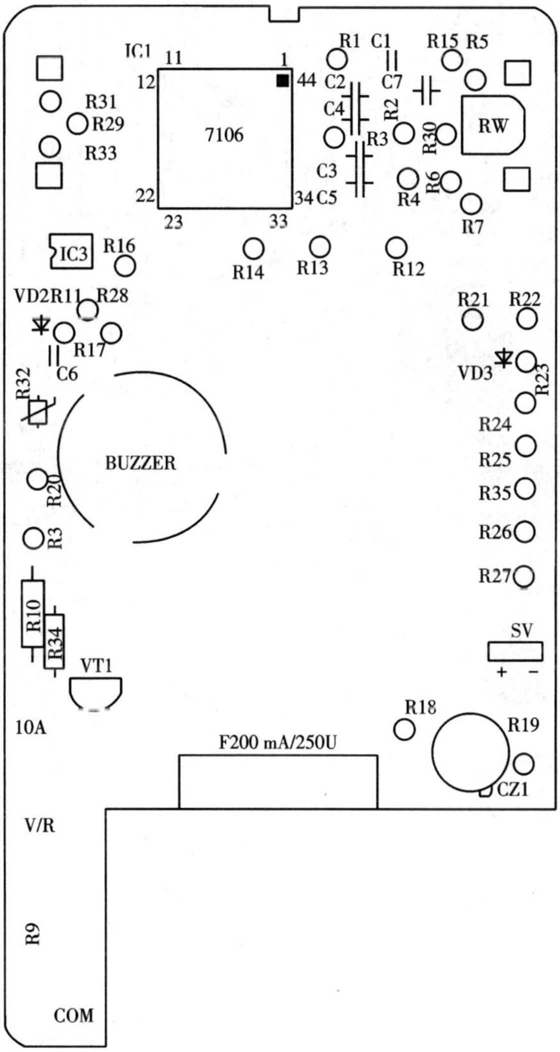

图 7-23　元件器装配图

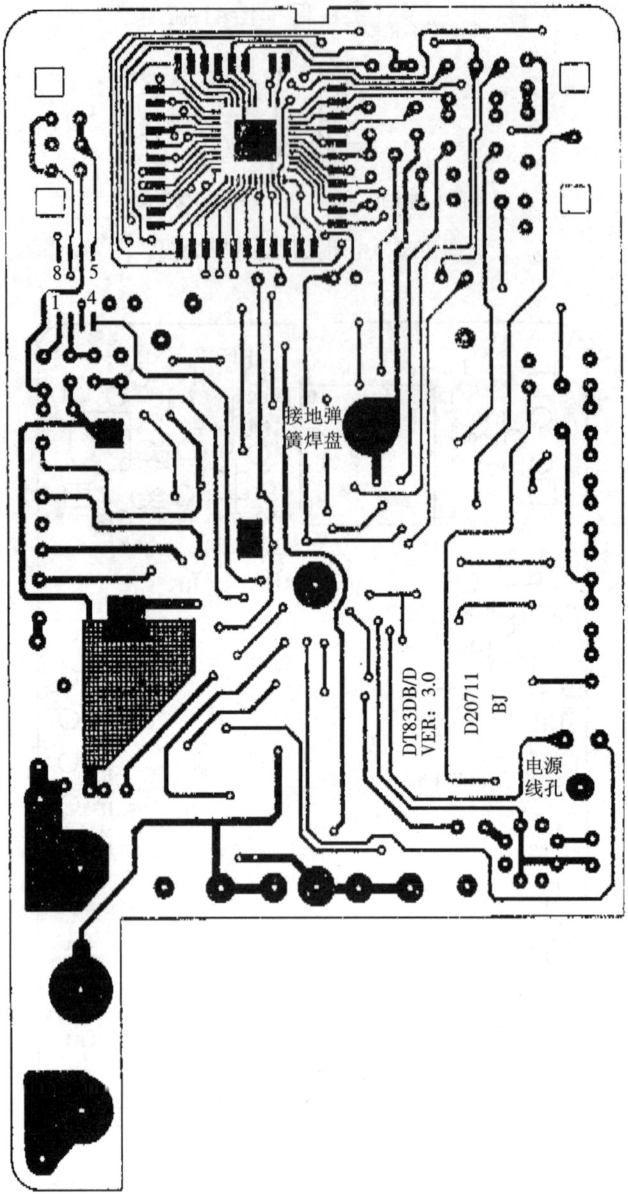

图 7-24　元器件面印制电路图形

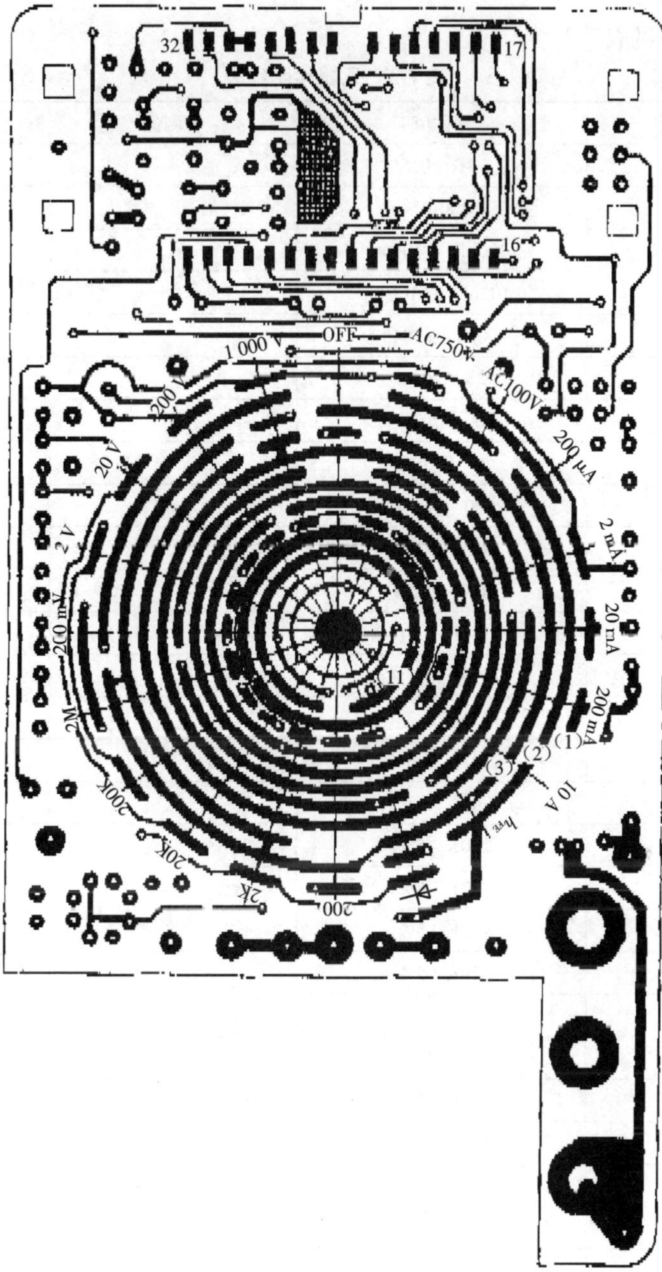

图 7-25　焊接面印制电路图形

1. 元器件装焊

元器件明细表见表 7-3。

表 7-3　元器件明细表

序号	标称值	实测值	色环
R10	0.99Ω　0.5%		
C1	100pF		—
C2	100nF　(104)		—
C3	100nF　(104)		—
C4	100nF　(104)		—
R32	2K　20%		
R20	100　0.3%		
R8	9　0.3%		
R21	900　0.3%		
R22	9K　0.3%		
R23	90K　0.3%		
R24	117K　0.3%		
R25	117K　0.3%		
R35	117K　0.3%		
R26	274K　0.3%		
R27	274K　0.3%		
R18	220K　5%		
R19	220K　5%		
R1	150K　5%		
R15	220K　5%		
R5	1K　1%		
R3	1M　5%		
R2	470K　5%		
R30	100K　5%		
R4	100K　5%		
R6	3K　1%		
R7	30K　1%		
R14	220K　5%		
R13	220K　5%		
R12	220K　5%		
RW	201		
C5	100nF		
VD3	IN4007	正向压降	反向电阻
VT1	9013	h_{FE}	U_{be}

(1)阻容元件装焊:将阻容元件按图 7-23 位置插装并焊接。

(2)晶体管的装焊:测试并装焊二极管 VD_3(IN4007)和三极管 VT(9013)。

(3)分流电阻 R_9(铜线):在元器件面将铜线 R_9 插入印制电路板相应的焊盘孔中,在焊接面外露约 2 mm,两面焊接。

(4)h_{FE}管座:h_{FE}管座的标志凸筋对准仪表外壳相应部分凹槽,将管脚从焊接面插入印制电路板。插座的上端与仪表面板持平时,在元器件面焊接一点(注意不要烫坏外壳),然后将印制电路板从外壳中取出后再焊其他各点。

(5)保险管:保险管卡装在元器件面,保险管止销朝外,如图 7-26 所示。

(6)电池极扣引脚:如图 7-27 所示,用万用表测量红线与正极扣,黑线与负极扣相通,确认无误后,将两导线从焊接面穿过电源线孔,再从元件面插入相应的焊盘孔中,在焊接面焊接电源线,孔的位置如图 7-24 所示。

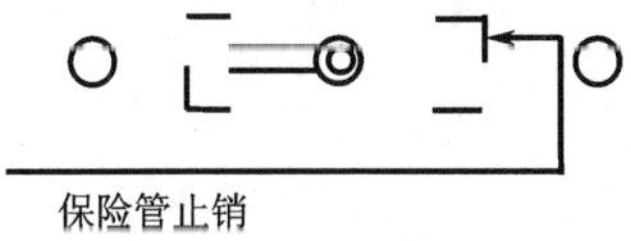

图 7-26　保险管卡装示意图

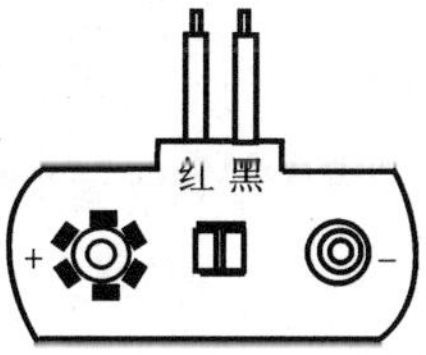

图 7-27　电池极扣

(7)接地弹簧:将 ϕ4 mm × 15. 5 mm 接地弹簧焊接在印制电路板元器件面的焊盘上,焊盘位置如图 7-24 所示。

2. **结构件及附件的装配**

1)液晶显示器安装

(1)将液晶屏灰色面朝上,标志突起朝右放在液晶屏固定点之内,如图 7 28 所示。

(2)仔细观察,去掉导电胶条上的微尘颗粒、毛绒细丝后,将胶条放入框架内与液晶屏相接触。

(3)将固定胶条支架宽面朝下接触液晶屏,卡住导电胶条。

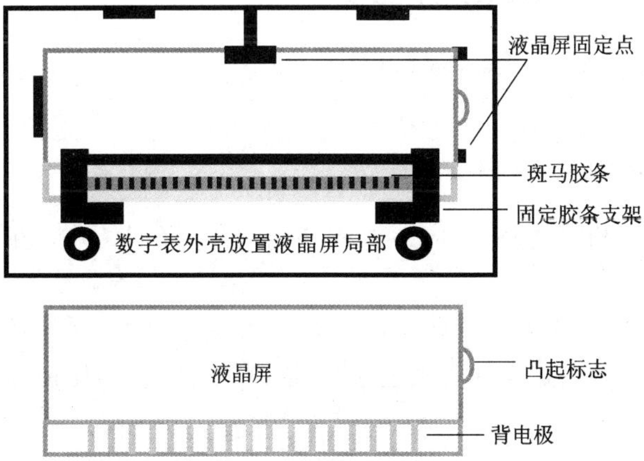

图 7-28　液晶屏装配示意图

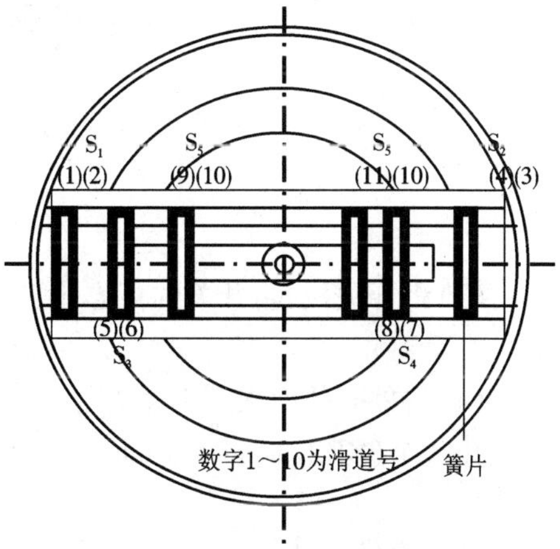

图 7-29　开关簧片装配图

2）开关及印制电路板的安装

（1）开关平放，将 6 个 V 形滑动接触片安装在开关相应的筋条上。簧片 $S_{1(1,2)}$、$S_{2(4,3)}$、$S_{3(5,6)}$、$S_{4(8,7)}$、$S_{5(9,10)}$ 和 $S_{5(11,10)}$ 分别与滑道（1、2）、（3、4）、（5、6）、（7、8）、（9、10、11）构成 5 组开关，如图 7-29 所示。

（2）V 形接触片朝下平放，将两弹簧（ϕ2.9 mm × 5 mm）涂上少许凡士林油，分别放入两圆孔中，再将 ϕ3.0 mm 钢珠涂上少许凡士林油分别放在两弹簧上（见机械装配图 7-30）。

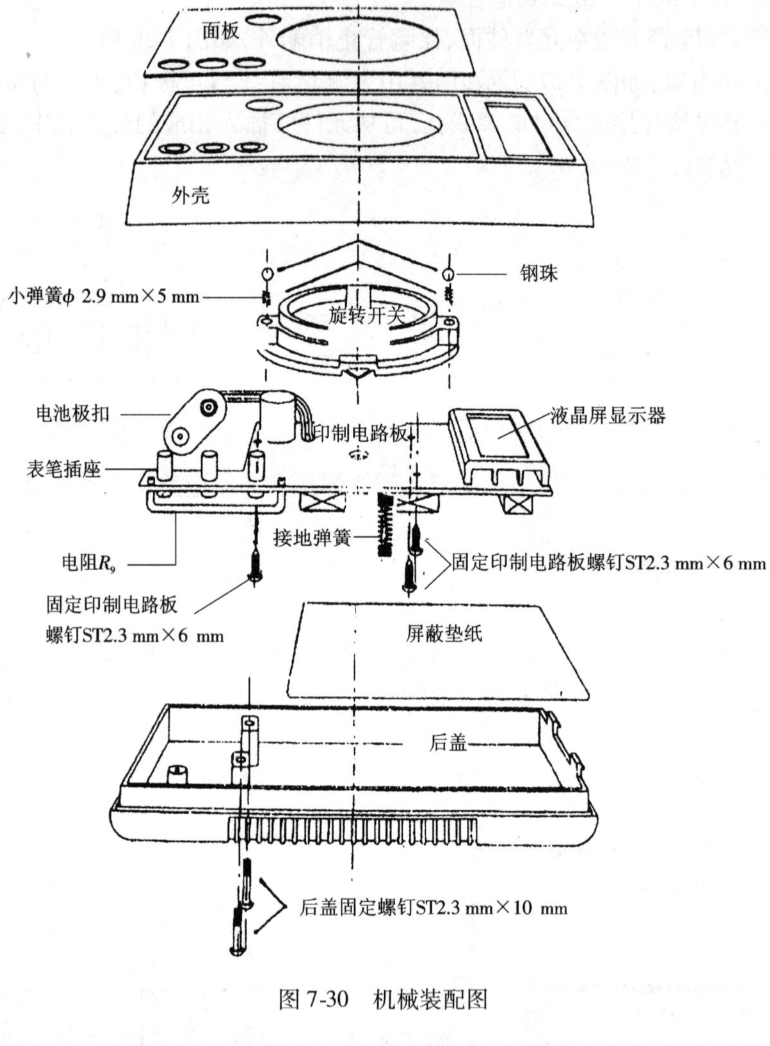

图 7-30 机械装配图

（3）将开关托起，开关的标志小圆孔与 OFF 位置相对应地放入外壳的开关孔中（外壳在上）。

（4）将外壳的面板朝下拿在手中，将装焊好元器件的印制电路板放入外壳中（元器件朝上），用 3 个（ST 2.3 mm × 6 mm）小螺钉将印制电路与外壳固定，拧紧器钉（不能过力）压住开关。

3）保险丝管、后盖

（1）将 F 250 mA/250 V 保险丝管安于保险管卡中。

(2)将基准电压调好,工作正常后,盖上后盖用两(ST 2. 3 mm × 10 mm)螺钉固定。

4)机械装配图

外壳、开关、印制电路板、后盖的装配示意图如图 7-30 所示。

7.3　DT - 830B 数字万用表的调试与校验

将电池的一个极安在相应的极扣中,万用表置直流"mA"挡串联在电池的另一个极和极扣间,测量整机静态电流,一般略小于 1 mA。若电流值相差较大,应检查焊接、装配问题,正常后再进行校验、调试。

数字万用表在组装之后应进行调试、校验,以确保满足技术指标的要求。一般生产厂家多利用校准仪完成。校准仪的种类很多,有单一功能的,例如直流电压校准仪、直流电流校准仪、交流电压校准仪、交流电流校准仪、电阻校准仪等,也有多功能智能化的,例如天津中环科学仪器公司与迪特朗公司合作生产的 9100 通用仪器校准源,其与数字万用表校准有关的部分功能见表 7-4。

表 7-4　9100 部分功能及主要指标

功能	校准范围	分辨率	最佳年不确定度
直流电压	0 ~ ±1 050 V	1 μV	0. 006%
交流电压	0 ~ ±1 050 V (10 Hz ~ 100 kHz)	1 μV	0. 04%
直流电流	0 ~ ±20 A	1 nA	0. 016 %
交流电流	0 ~ ±20 A (10 Hz ~ 30 kHz)	1 nA	0. 08%
电阻	0 ~ 400 MΩ	100 μΩ	0. 015%
电容	500 pF ~ 40 mF	0. 1 pF	0. 3%

如果条件不具备,可用经过校准的高一级数字万用表进行比对。

7. 3. 1　零点校验

装上电池,将两表笔短路("DCA"和"10A"挡将"10A"插孔与 COM 插孔短路),顺时针依次旋动开关,各功能挡及量程应显示的数及小数点位置见表 7-5。"200 Ω"挡显示的约 0. 04 Ω 为两表笔导线的电阻。(括号内的数为两表笔开路时的显示数)

若显示值与表 7-5 不符或严重跳数,应重点检查电池供电是否正常,输入电路(包括表笔)有无断线、转换开关是否接触良好以及 LCD 和 A/D 转换器的质量好坏。

上述检查如正确,可证明转换开关基本上不存在问题。

表 7-5　DT－830B 各挡显示数及小数点的位置

项目与量程		显示数	项目与量程		显示数
ACV	750	HV000	Ω	200	00.4(1　.)
	200	00.0		2K	000(1.　)
DCA	200μ	00.0		20K	0.00(1.　)
	2m	.000		200K	00.0(1　.)
	20m	0.00		2M	.000(1　)
	200m	00.0	～DCV	200m	00.0
	10	0.00		2	.000
h_{FE}		000		20	0.00
→|		000 (1)		200	00.0
				1000	HV000

7.3.2　200.0 mV 基本表的功能检查

将 DT－830B 数字万用表置直流“200.0 mV”挡，进行如下的功能检查。

1. 检查基准电压 U_{REF}

把 $IN_{+(39)}$ 与基准电压正端 $U_{REF(44)}$ 短接（可将 $U_{\Omega mA}$ 插孔与 7106 44 脚或 R_W 的滑动头短接），用基准电压作为输入电压，即 $U_{IN} = U_{REF} = 100.0$ mV，仪表应显示 100.0，一般允许有 ±1 个字的误差。该项检查称为比例读数检查，它表示 $U_{IN}/U_{REF} = 1$ 时，仪表的固有显示值。

2. 查液晶显示器的全亮字段

一般把测试端 TEST 与电源 U_+ 端短接。此时芯片内部的数字地为高电平，数字电路不工作。每个字段都加有直流电压，则全部被点亮，（不含小数点）仪表显示 －1888。在做此项检查时，加在各字段上的是直流电压而不是方波，因此检查时间必须很短，应控制在 30 s 以内，以免降低 LCD 的寿命。但 DT－830B 万用表的 TEST 端接地，若进行此项检查时可将 $BP_{(28)}$ 与 $U_{+(8)}$ 短接一下，仪表也显示 －1888。

3. 检查溢出显示及负号

将 $IN_{+(31)}$（即红表笔）与电源负端 $U_{-(26)}$ 短接，此时仪表应显示负号“－”，由于输入电压绝对值大于 200.0 mV，同时显示超量程符号“1”。

输入为零的显示数在零点校验一项中进行，上述功能检查可归纳于表 7-6 中，7106 的引脚如图 7-3 所示。

表 7-6　200.0 mV 基本表功能检查

检查内容	检查方法	显示读数				
	被短接的引脚	负号	千位	百位	十位	个位
比例读数(100.0)	$IN_+ - U_{REF+}$（第 39 脚—44 脚）	消隐	1	0	0	0±1

续表

检查内容	检查方法	显示读数				
	被短接的引脚	负号	千位	百位	十位	个位
液晶显示器全亮字段 - 1888	$BP-U_+$ （第 28 脚—第 8 脚）	—	1	8	8	8
负号和溢出	IN_+-U_- （第 39 脚—34 脚）	—	1	消隐	消隐	消隐

经上述检查无误，证明 200.0 mV 基本量程电压表的功能正常，A/D 转换器 7106 和 LCD 显示器性能良好。

7.3.3　基准电压调试

将 DT-830B 数字万用表置于“200.0 mV”挡，两表笔短路，用 $4\frac{1}{2}$位数字万用表“200.00 mV”挡作为基准，测量 R_W 滑动端与 COM 间的电压，调整 R_W 使其为 100.0 mV，即基准电压 U_{REF} = 100.0 mV。

7.3.4　万用表各挡的调试与校验

1. 直流电压挡的调试与校验

校验时可用标准电压发生器给出电压或用经校验的 $4\frac{1}{2}$位数字万用表做对比。

（1）“200.0 mV”挡分别输入 10 mV、190 mV 标准电压，检查该挡的两端，若显示超出 ±(1% +2)的最大允许误差可将 R_W 稍微偏调，使之满足准确度指标的要求。

（2）若需检查 200.0 mV 基本量程数字电压表的线性，可分别输入多点的标准直流电压信号进行校验。

（3）200.0 mV 校验合格，其他各挡误差应小于 ±(1% +2)，若出现较大误差一般应检查分压电阻。

2. 直流电流挡的校验与调试

直流电压挡工作正常，若“10 A”挡误差较大，可在 R_9 上用烙铁增减焊锡量，或在焊接面改变 R_9 的外露长度进行调整。“200.0 mA”挡电流大时可在 R_{10} 上并联 R^*，以满足精度 ±(1% +2)的要求。其他各量程若出现较大测量误差，则与分流电阻、转换开关的接触电阻有关。

3. 电阻挡的校验

校验时最好用标准电阻箱，也可选用优于 0.2% 的 RJ 型电阻，各挡的误差应在 ±(1% + 2)之内。

检查时应注意：

（1）“200 Ω”挡应考虑表笔本身的电阻；

（2）高阻挡易受外界干扰，必要时表笔线可改用屏蔽线，屏蔽层接 COM 插孔。

4. 交流电压挡的校验

将 100.0 V、250.0 V 交流电压分别加到 200 V、750 V 挡，显示值不应超过 ±(1.3% ±

10)，若条件不具备时可置万用表到交流 750 V 量程，测量 220 V 或 380 V 交流市电与标准表比对。由于与直流电压挡共用分压电阻，若出现较大误差应重点检查整流二极管。

7.4 检修与典型故障举例

7.4.1 故障检修

DT－830B 袖珍式数字万用表出现故障时，一般应在充分了解电路原理、结构特点的基础上，对故障的过程和现象加以观察分析。首先大致判断故障范围，如仪表的某些挡工作正常而另一些挡工作不正常，则说明 200.0 mV 基本表部分工作正常。当直流电压挡工作正常而交流电压挡工作不正常时，说明故障出在 AC/DC 变换部分。

对仪表的故障一般是先分析后检修，先机械部分（如功能、量程开关的触点）后电气部分，先外观后通电，先电源部分后电路部分，先基本表部分后附加电路部分，先直流部分后交流部分。

检修时查找故障的一般方法如下。

1）直觉法、替代法

这两种方法直接、快速，常能迅速查明一些故障，可参考晶体管收音机 6.4.1 的故障检修内容。

2）电路工作状态测量法

用万用表或示波器对电路关键点的波形和数值进行分析，并与正常值进行比较，找出故障所在。

（1）电压测量：检查各级工作电压，如 U_+ 与 U_- 间约 9 V（电池电压）、U_+ 与 COM 间约 2.9 V，U_{REF} = 100.0 mV 等。

（2）观察波形。

①观察 7106 第 4 脚，振荡周期约 40 μs，稳定性好。若振荡无输出，可能是外部阻容元件开路，U_+ 端未加上电压或 7106 内部电路损坏。

②时钟信号正常时，7106 的 21 脚（液晶显示器背电极驱动端）应有周期约为 32 ms 的方波，否则是 7106 内部分频器损坏或印制电路板相应部位短路。

③双线示波器同时观察背电极 21 脚与相位驱动各输出端的波形，当某输出端对应的字段为显示状态时，两者波形为相位相反的方波。

（3）200.0 mV 基本表的功能检查见本章 7.2 节。

依照上述或其他方法找到故障点后，若是简单的故障，如清除仪表内部的灰尘异物、更换功能量程开关的簧片、电池、保险丝及部分故障元件等应仔细认真、及时修复。

若 7106 A/D 转换器损坏（7106 集成电路贴装在印制电路板上）、量程开关在印制电路板滑道上的铜箔触点脱落等故障难以处理，或整机损坏严重难以修复时，因万用表本身成本不高可考虑报废。

修复后应根据故障部位的情况，对有关功能挡的准确度、基准电压等进行复检或调试。

7.4.2 典型故障举例

（1）装配后试机缺字少段：主要由接触不良所致，特别是液晶显示器与 7106 相对应的电极通过斑马胶条相连,极易引起接触不良。出现故障时,将相应部位做清洁处理,尤其应去除附着在斑马胶条上的毛绒细丝和微尘颗粒,必要时可用无水酒精擦拭,剪短液晶显示器部位阻容元件多余引脚。

(2)百位应显示“ 0 ”时缺少“c”字段:更换液晶显示器和斑马胶条不起作用,用示波器观察 7106 31 脚(百位 c 字段驱动信号输出端)无方波信号,则 7106 芯片故障。

(3)只显示小数点:观察 7106(28 脚)背电极无方波信号,(4 脚)无振荡信号 U_+(8 脚),则与 8 脚相连的一段印制导线断线。

(4)小数点同时被点亮,则滑道(9)相应部位短路。

(5)“2 V”挡少小数点,则 R_{12}电阻开路。

(6)交流“750 V”挡测 220 V 时,显示 145 V,整流二极管 D_3故障。

(7)基准电压调不到 100.0 mV(例如最高到 80 mV),则电池故障,输出电压过低。

7.4.3　使用数字万用表的注意事项

(1)使用前应仔细阅读使用说明,熟悉功能、量程开关和各插孔的作用以及过载、极性等显示符号。测试笔插孔旁边的符号表示最大输入量,切勿超过每个量程所规定的输入极限值。

(2)测量前必须仔细检查功能、量程开关、表笔在插孔中的位置是否正确。表笔绝缘层是否完好,有无断线,以免误操作损坏仪表或受到电击。

(3)数字万用表在开始测量时会出现跳数现象,应使显示值稳定后再读数。

(4)测量直流电压时,红表笔插入 UΩmA 插孔、黑表笔插入 COM 插孔,开关置于“DCV”量程范围,最高不得超过 1 000 V。万用表与被测电路并联。

(5)测量交流电压时,开关置于“ACV”量程范围,最高不得超过 750 V。频率范围为 40 ~ 400 Hz 的正弦波。数字电压表 A/D 转换器反映的是平均值。当被测正弦信号的非线性失真 >5% 时,测量误差明显增大,因此一般万用表不能直接测量三角波、锯齿波、矩形波、方波等非正弦信号。

(6)直流电流测量时,开关应置于“DCA”量程范围,万用表串联在被测电路中。若被测电流小于 200 mA,红表笔插入 UΩmA 插孔,黑表笔插入 COM 插孔,万用表中的 0.25 A 保险丝起过载保护作用。当 200 mA < 被测电流 < 10 A 时,红表笔插入 10ADC 插孔,开关置于 10 A 位置,最大电流 10 A 时测量时间不应超过 10 s。

(7)如无法估计被测电压或电流的大小,则应先用最高量程挡测量,再视具体情况逐挡变换,直至得到满意的分辨率。若只显示“1”说明已超限溢出,开关应置于更高的量程。测量时可不必考虑极性,数字万用表有自动极性转换功能并自动显示极性。

(8)当被测直流电压高于 60 V 或交流电压高于 42 V 时,必须注意安全。当电压超过几百伏时,应先把黑表笔固定在被测电路的公共端,然后用红表笔接触测试点,单手操作,集中精力,确保安全。万用表的后盖没盖好前严禁使用,否则有电击的危险。

(9)测量电阻时,将量程开关置于“Ω”量程范围,黑表笔插入 COM 插孔、红表笔插入 UΩmA 插孔。

①使用“200 Ω”挡测量低电阻时,应首先将两支表笔短路,测出表笔电阻(约 0.4 Ω),每次测量完毕应从测量结果中减去此值加以修正。

②输入开路时,显示“1”为过量程状态;当被测电阻 >1 MΩ 时,仪表需数秒后才能稳定读数,对于高阻测量属正常现象。

③测电阻时,两手不得同时碰触表笔的金属部分或元件引出端,以免人体效应电阻与被测电阻并联引起测量误差。

④数字万用表红表笔接 UΩmA 插孔带正电、黑表笔接 COM 插孔带负电,这与模拟式万用表正好相反。在测量晶体管、电解电容等有极性的元件时,必须注意两表笔的极性。

⑤由于测试电压和电流均不相等,使用不同挡测量同一非线性元件的电阻值会有很大的差异。由于电阻挡提供的测试电流很小,测量二极管、三极管的正向电阻时,比模拟式万用表电阻挡测出的数值要高几倍到几十倍。

⑥严禁测量带电线路中的电阻,也不允许测量电池的内阻。检查电气设备上的电解电容时,应切断设备上的电源,将电解电容的正负极短路放电后再进行测量,防止电容上积存的电荷经数字万用表泄放而损坏仪表。

(10)晶体二极管和三极管的测量。

①如前所述,DT-830B 数字万用表的二极管测量与电阻测量共用电路,虽然线路简单但误差很大,只能大约测量二极管的正向压降。测量时将功能开关旋至—▶|—位置,红表笔、黑表笔分别接二极管的正、负极,当二极管反接时,显示超量程状态。

②将开关旋至 h_{FE} 位置,利用 h_{FE} 插孔测量三极管时,应先认定是 PNP 型还是 NPN 型,然后将被测管的引脚插入相对应的测试插孔内,测试条件为 $E_0 = 2.9$ V、$I_b = 10$ μA,测出的 h_{FE} 值仅供参考。对于穿透电流较大的锗管,可能产生较大的测量误差。

(11)严禁在测量时任意改变量程开关位置,特别是在高电压、大电流的情况下旋动量程开关易产生电弧烧毁开关触点。

(12)不允许在高温(超过 40 ℃)、阳光直射、寒冷(低于 0 ℃)、高湿度(相对湿度≤80%)环境中使用数字万用表,以免损坏液晶显示器和其他器件。

(13)为延长电池的使用寿命,测量完毕应将开关置于“OFF”位置,长期不用时取出电池,防止电池泄漏出的电解液腐蚀印刷电路板。若将开关旋至除“OFF”外的位置,不显示任何数字时,应检查叠层电池是否失效。若显示低压指示符号(有低电压显示功能)应更换新电池,更换电池和保险管时必须在测试笔移开被测电路及切断电源后进行,并按指定规格更换。本表使用的电池为 9 V,保险管为 F 250 mA/250 V 快速熔断型。

(14)请勿揭下贴在表后盖里面的喷铝纸屏蔽层,屏蔽层与 COM 间的弹簧不应脱离接触。

第 8 章　51 单片机焊装与调试

自从 1946 年美国宾夕法尼亚大学研制了世界上第一台电子计算机 ENIAC(Electronic Numerical Integrator And Computer)以来,计算机的发展经历了 4 个时代(电子管时代、晶体管时代、集成电路时代、大规模及超大规模集成电路时代),现代的计算机都是大规模集成电路计算机,它们具有功能强、结构紧凑、系统可靠等特点,其发展趋势是巨型化、微型化、网络化及智能化。微型化是计算机发展的重要方向,把计算机的运算器、控制器、存储器、输入/输出(I/O)接口 4 个组成部分集成在一个硅片内,于是就出现了以一个大规模集成电路为主组成的微型计算机,也称单片微型计算机(Single Chip Microcomputer),简称为单片机。

单片机的应用技术是工科类学生必须掌握的一门实践性很强的应用技能。在电子工艺实习教学中,将单片机开发板的焊装调试作为一个实习产品,也是希望培养学生运用单片机的能力,提高学生分析和解决实际工程的能力。

8.1　实验板简介

8.1.1　实验板的功能

本单片机工艺实验板是以 8 位的微处理器芯片 MCS8051 为核心,配置按键、发光二极管显示器件、8 段 LED 数字显示器、串行通信接口、红外线接口、发声器件、电源稳压器等电子器件构成的微型计算机最小系统。它将单片机 51 开发板、51 单片机、51 学习板、51 实验板四合一集成。单片机实验板套装资源丰富,集硬件仿真、编程、实验开发于一体,功能强劲,配合串口下载线,可以通过 RS-232 接口实现轻松下载程序到实验板。初学者可以方便快捷的学习单片机编程,学习外围器件的硬件接口方式,不用烧录器就可以对芯片通过串口仿真下载程序和程序的烧录。

8.1.2　51 单片机实验板的功能分区和工作原理

1.51 单片机实验电路板功能分区

单片机实验板功能分区如图 8-1 所示,其电路原理图如图 8-2 所示,按照其功能可分为 8 个部分,以 A、B、C、D、E、F、G、H 字母标注。单片机实验板功能分区见表 8-1。

表 8-1　单片机实验板功能分区表

分区编号	功能区	基本功能
A	电源和直流稳压	当按下开关 SW 后,对实验板 +5 V 供电
B	8 段数码显示器	8 个 8 段 LED 显示器,可以显示数字和字母,提供输出信息的显示
C	LED 灯	用于实现跑马灯等简单程序
D	串行通信、RS-232 接口	实现计算机之间的信息交换,也可实现程序的下载

续表

分区编号	功能区	基本功能
E	独立按键	用于实现独立键盘程序
F	CPU 区	包括中央处理单元、时钟电路、上电复位电路和手动复位电路
G	1602 接口	提供 1602 接口
H	蜂鸣器	可以实现音乐的演奏

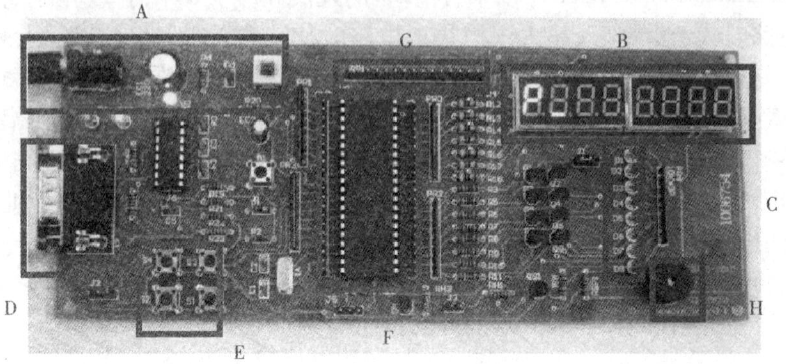

图 8-1　单片机实验板功能分区

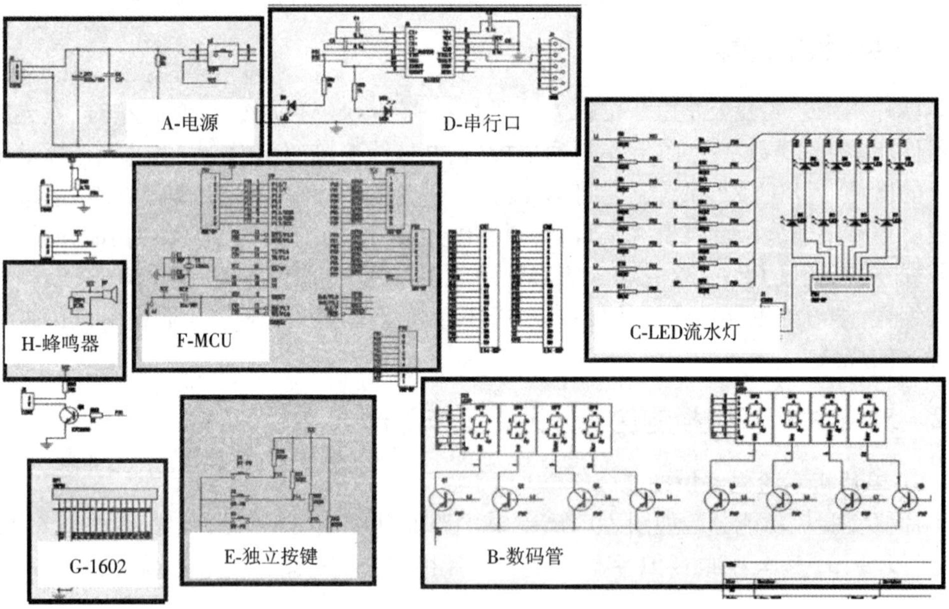

图 8-2　单片机实验板电路原理图

2. 单片机实验板的工作原理

1）基本系统

图 8-3 为单片机基本系统的结构框图，这个单片机的基本系统也称为最小系统。单片机的应用系统通常由单片机芯片、复位电路、时钟电路、输入输出设备和电源等组成。单片机芯片是一个大规模的集成电路芯片，又称为微处理器芯片或微控制器（MCU）。它是采用大规模

集成电路技术和工艺把运算器、控制器、存储器和输入输出接口电路和芯片内部的总线集成在一个硅片上的集成电路芯片，通过芯片的外部引脚和外设连接。其中输入输出设备包括键盘、LED 发光二极管显示器、串行输入输出接口等。电源部分提供单片机系统工作的能源，通常是 +5 V。

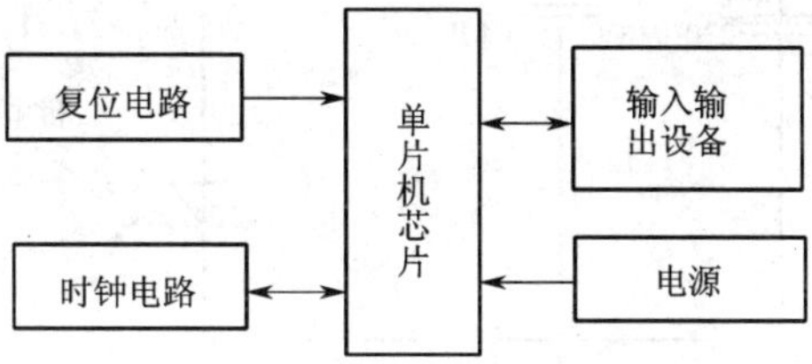

图 8-3　单片机基本系统的结构框图

2）电源和时钟引脚

单片机（CPU）8051 的引脚如图 8-4 所示，包括电源引脚 U_{CC}、U_{SS} 及时钟引脚 XTAL1、XTAL2。其中，U_{CC}、U_{SS} 接入单片机的工作电源，U_{CC}（40 脚）接 +5 V 电源，U_{SS}（20 脚）接地。

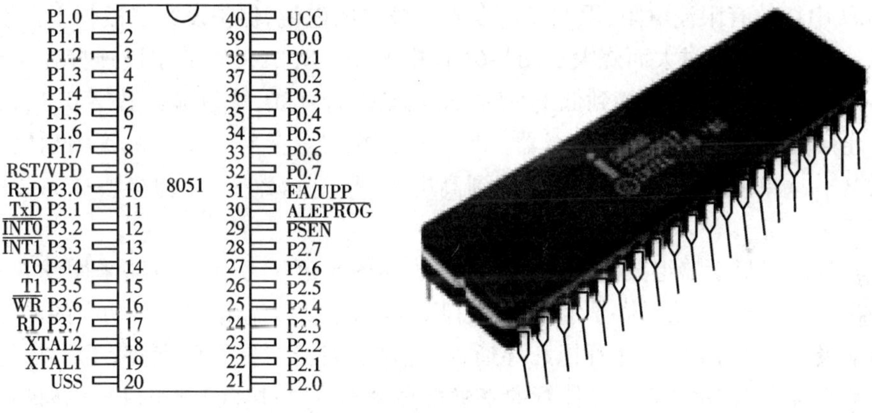

(a)　　(b)

图 8-4　单片机（CPU）8051

（a）引脚图　（b）实物图

3）输入输出端口引脚

P0.0 ~ P0.7：P0 端口的 8 条端口数据线，P0.0 是数据线的低位数据线。

P1.0 ~ P1.7：P1 端口的 8 条端口数据线。

P2.0 ~ P2.7：P2 端口的 8 条端口数据线。

P3.0 ~ P3.7：P3 端口的 8 条端口数据线。

其他引脚的功能如图 8-4 所示。

3. 主要功能区电路简介

1）电源和直流稳压

实验板由外接电源供电，通过 CON3 插座接入，提供直流 +5 V 供电，当按下电源开关后，LED 指示灯亮，表明实验板供电正常，如图 8-5 所示。

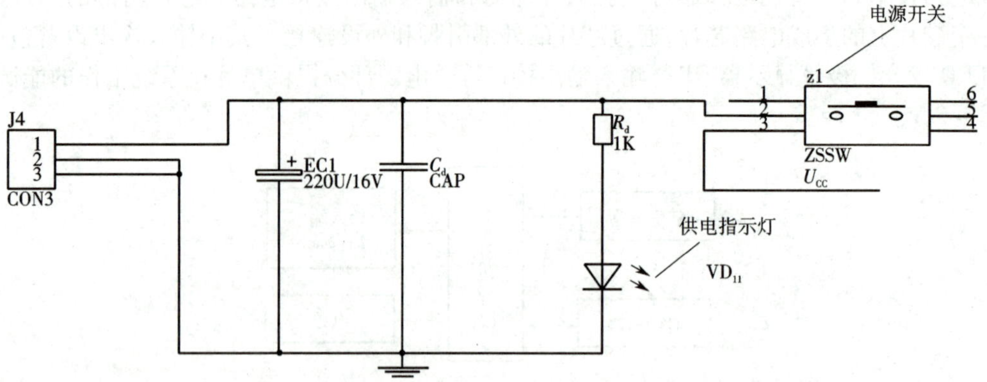

图 8-5 电源和直流稳压电路

2）LED 数码显示器

常见的 LED 数码显示器由八段或七段 LED 发光管组成，结构示意图及电路原理图如图 8-6 所示。LED 是发光二极管的英文缩写。它是电流发光器件，流过额定电流时正常发光。一般与 LED 串接的有限流电阻，限制流过发光二极管的电流，保护发光二极管正常发光，避免流过发光二极管的电流过大而烧毁。图 8-6(a) 中 8 个发光二极管的阳极连接在一起接到高电平，a、b、c、d、e、f、g、dp 端连接到低电平时，发光二极管发光，可以显示数字 0,1,2,…,9，以这种方式连接的称为共阳极数字显示器。另一种连接方式是将 8 个二极管的阴极连接在一起接到低电平，a、b、c、d、e、f、g、dp 端连接到高电平时，显示数字，此种接法称为共阴极数字显示。

8 个 LED 数码显示器组成的单片机显示系统如图 8-6(b) 所示。电路采用动态扫描原理工作，a、b、c、d、e、f、g、dp 端提供显示的段码，LED 显示驱动电流由 PNP 小功率的晶体管提供，晶体管的基极接低电平时，晶体管饱和导通，对应位的发光二极管就点亮，下一时刻，下一个晶体管的基极接低电平时，其他晶体管的基极接高电平，基极接低电平的 LED 就被点亮，接下来依次用同样的方法，让二极管依次工作，这种让发光器件轮流发光的方法，称为动态扫描。图中 VT_1 ~ VT_7 用于轮流接通八段 LED 数字显示器。

八段 LED 字形码显示驱动电流为 5 ~ 20 mA，压降为 1.5 ~ 2.0 V。

3）LED 流水灯显示

它是由 8 个与单片机 P0 端口相接的 LED 组成的，可通过编程控制轮流点亮，其工作原理和控制电路如图 8-7 所示，其中 CON3 用于切换 P0 口输出给数码管和 LED 点阵。

4）独立键盘组成及其工作原理

单片机实验板键盘由 4 个独立按键组成，电路原理图如图 8-8 所示。按键一端接地，另一端通过上拉电阻与 U_{CC} 相连，并且与 P1.3 ~ P1.6 相连。当按键按下时，相对应的单片机端口与地相连接，而被拉为低电平。当按键抬起时，由于上拉电阻的作用，使其端口电压变为高电平。

5）时钟、复位和单片机连接

(1) 复位电路：当接通电源，复位电路就产生一个脉冲信号，送到 CPU 的复位引脚，启动计算机进入工作状态。

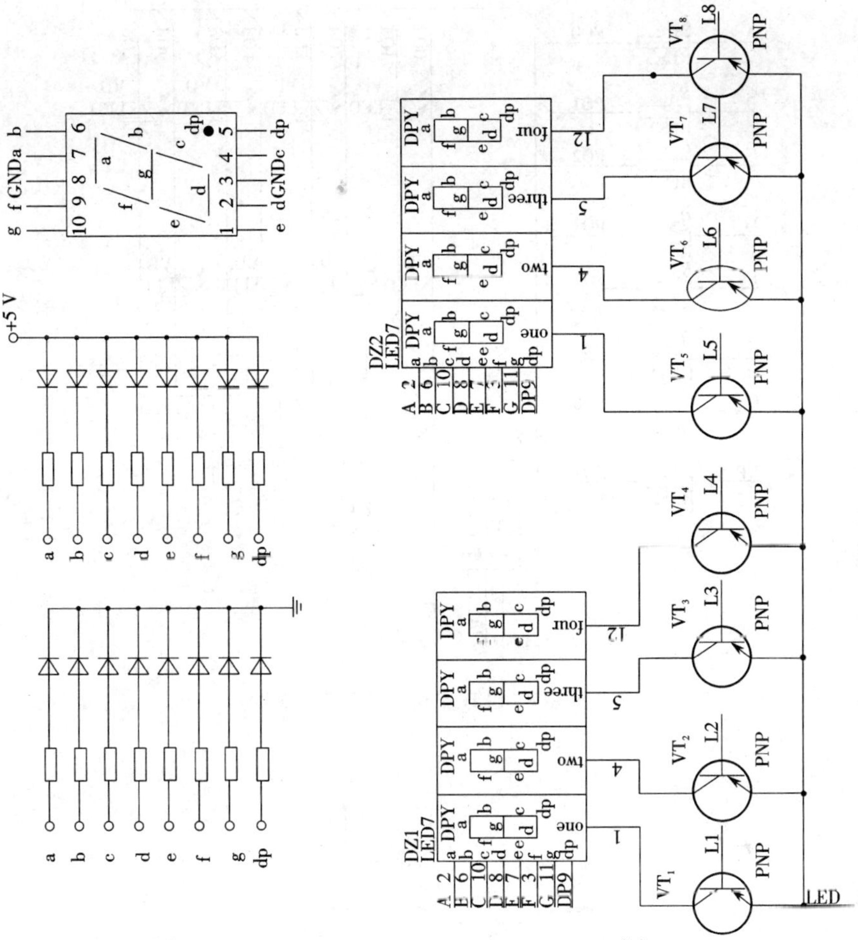

（a）　（b）

图 8-6　8 段 LED 数码显示电路图

（a）LED 的构成示意图　（b）8 段 LED 显示原理图

（2）手动复位：计算机失控时，按下复位按键，就会启动计算机进入工作状态。

（3）时钟电路：晶体、C1、C2 和 8051 内部电路组成振荡器，产生 CPU 的工作时钟，如图 8-9 所示。

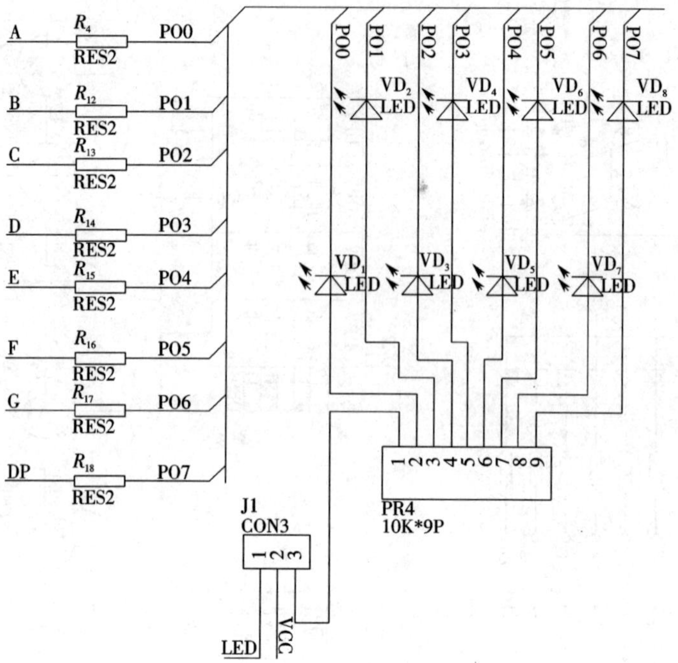

图 8-7　LED 流水灯显示电路图

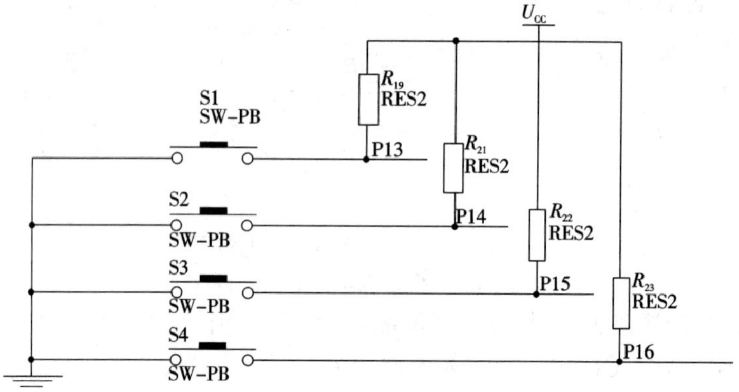

图 8-8　独立键盘

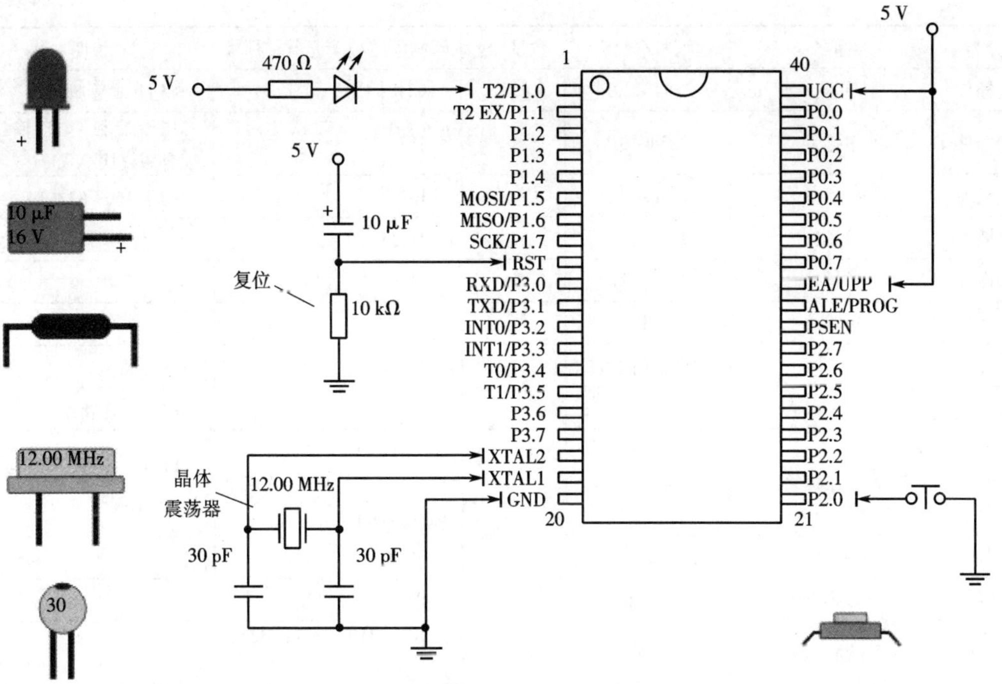

图 8-9　单片机的时钟和复位电路

8.2　实验板的焊接流程

8.2.1　元器件的分类

(1)对照元器件的清单(表 8-2),核对元件的数目。

表 8-2　单片机实验板元器件清单

分类	品名	型号/规格	数量/套	印刷电路板上元器件标号	说明
IC	MCU	ST89C52	1	U0	
IC	串口电平转换	MAX232AEPE	1	J6	
按键	5×6 微动开关	柄长 1.5 mm	5	S1,S2,S3,S4,A1	
电容	瓷片	30P	2	C1, C2	
电容	电解	220 μF/16 V	1	EC1	输入直流滤波电容
电容	电解	10 μF/10 V	1	EC2	上电复位电容
电容	瓷片	0.1 μF	5	Cd,C3,C4,C5,C6	
接插件	D9 座		1	CH-SER	串口
接插件	IC 管座	40P	1	U0	
接插件	IC 管座	16P	1	J6	

续表

分类	品名	型号/规格	数量/套	印刷电路板上元器件标号	说明
接插件	单排针	2.54－20P	2	CH1，CH2	将 MCU 管脚引出
接插件	单排针	2.54－3P	1	J1	用于控制 P0 口输出，配合短路块
接插件	接插件	2.54－16P	1	RP1	用于 1602 的端口
接插件	单排针	2.54－3P	2	J2，J5	
接插件	单排针	2.54－2P	1	J3	
接插件	短路块	2P	1		
接插件		HT2.5 插座	1	J4	电源插座
元件	发光二极管	ϕ3 绿	1	D10	串行发送指示
元件	发光二极管	ϕ3 红	10	VD1，VD2，VD3，VD4，VD5，VD6，VD7，VD8，VD9，VD11	LED 流水灯、串行接收指示、电源指示灯
元件	喇叭		1	SP	
元件	复合膜电阻	10 Ω	1	R1	
元件	复合膜电阻	10K	6	R2，R19，R21，R22，R23，RH1	
元件	复合膜电阻	47 Ω	8	R4，R12，R13，R14，R15，R16，R17，R18	
元件	复合膜电阻	4.7K	1	RD2	
元件	复合膜电阻	1K	14	R3，R5，R6，R7，R8，R9，R10，R11，RS1，RH2，Rd，R24，R25，R20	
元件	复合膜电阻	2.7K	1	RSP1	
元件	三极管	ST8550	8	VT1，VT2，VT3，VT4，VT5，VT6，VT7，VT8	数码管的位驱动
元件	三极管	ST8050	2	QH，QS1	
元件	数码管共阴(红)	LG3641BH	2	DZ1，DZ2	
元件	阻排	10K－9P	4	PR0，PR1，PR2，PR3	MCU4 个口的上拉电阻
元件	阻排	1K－9P	1	PR4	MCU4 个口的上拉电阻
元件	晶振	12M	1	Y1	
元件	开关	6P	1	Z1	

(2)对元器件类型进行分类，如电阻、电容、集成电路等。实际上，人们按照元器件在电路中的工作特性，又可分类如下。

①有极性的元件。

a. 电解电容：电解电容的引脚有＋、－极(或称正极和负极)。

b. 二极管：LED 发光二极管、整流二极管，有＋、－极(或者称阳极和阴极)。

c. 晶体三极管(PNP 管和 NPN 管)：3 个引脚分别称为发射极、基极和集电极。

②无极性的器件：如电阻、无极性电容、开关、按键等。

③集成电路芯片：引脚顺序编号，如 1、2、3……

④可编程器件和非可编程器件，可编程逻辑器件(Programmable Logic Device, PLD)是指用户自行定义功能(编程)的一类通用型逻辑器件的总称。在数字电子系统领域，存在 3 种基本的器件类型：存储器、微处理器和逻辑器件。

(3)目测元件外观的好坏，即有无引脚、断裂、残缺等。

8.2.2　焊接前的准备

(1)认识印刷电路板和功能区：焊接前要认真对照原理图和实验板的印刷电路板图，熟悉板上的功能分区。

(2)认识各个元器件的物理尺寸、标号、标称值以及在板上的位置。

(3)实验板裸板检测：检测电路板上的焊点以及焊点和走线之间是否有短路、开路等故障。

8.2.3　检测元件的基本参数

(1)使用万用表检测电解电容、瓷片电容是否短路等。

(2)使用万用表检测集成电阻排和电阻的阻值。

(3)使用万用表检测按键(开关)是否短路和开关的通断特性。按下时，开关应接通，接通说明开关良好。

(4)检测八段 LED 数码显示器和发光二极管是否亮。

8.2.4　焊接电路板

(1)建议按焊接原则从低到高焊接，即从最低的元器件开始焊接。各类焊接元器件顺序由元器件的排列顺序确定。

(2)按功能分区焊接：先焊接电源功能区，再焊接 LED 点阵等。

(3)焊接的基本顺序：电阻→LED 二极管→晶振→瓷片电容→三极管→按键→芯片的插座→外接的二线或二线连线→电解电容→电源部分进行初调→实验板整理。

单片机装配顺序与焊接工艺要求见表 8-3。

表 8-3　单片机装配顺序与焊接工艺要求

序号	元器件型号	数量	元器件号位	注意事项
1	1K 电阻	8	R3，R5，R6，R7，R8，R9，R10，R11	序号 1 ~ 8 共 32 只电阻，两个焊盘插孔跨距 8 mm，采用卧式安装，第一有效数值向左(以字正方向为准)，四色环误差金色 ±5%，五色环误差棕色 ±1%
2	1K 电阻	6	RS1，RH2，Rd，R24，R25，R20	
3	47 Ω 电阻	8	R4， R12， R13， R14， R15， R16， R17， R18	
4	10 Ω 电阻	1	R1	
5	10K 电阻	6	R2， R19， R21， R22，R23，RH1	
6	4.7K 电阻	1	RD2	
7	2.7K 电阻	1	RSP1	
8	晶振	1	Y1	

续表

序号	元器件型号	数量	元器件号位	注意事项
9	30P 瓷片电容	2	C1、C2	注意极性，本体紧贴印制电路板
10	0.1 μF 瓷片电容	5	Cd,C3,C4,C5,C6	本体紧贴印制电路板
11	轻触开关	5	S1,S2,S3,S4,A1	本体紧贴印制电路板，标称值面置于便于检查位置
12	微处理器插座	1	U0	
13	MAX232 插座	1	J6	
14	电源开关	1	Z1	
15	发光二极管(红)	10	VD1, VD2, VD3, VD4, VD5, VD6, VD7, VD8, VD9, VD11	本体紧贴印制电路板
16	发光二极管(绿)	1	D10	
17	电阻排 10K－9P	5	PR0、PR1、PR2、PR3、PR4	注意起始端位置和公共端位置相对应(◆与 1)
18	单排针 20P	2	CH1,CH2	
19	接插件 16P	1	RP1	
20	单排针 3P	3	J2,J5,J1	
21	单排针 2P	1	J3	
22	数码管	2	DZ1,DZ2	
23	三极管 8550(PNP 型)	8	VT1,VT2,VT3,VT4,VT5,VT6,VT7,VT8	型号不能错，高度以引脚上的台阶为标准，β 值大小在 380
24	三极管 8050(NPN 型)	2	QH,QS1	
25	电源插座 HT2.5	1	CH-POW	注意 2 针和 3 针位置不可置换，不要损坏塑料外壳
26	DB9 插座	1	CH-SER	
27	电解电容 220 μF	1	EC1	不可损坏塑料外壳(方形焊盘是正极)
28	电解电容 10 μF	1	EC2	
29	蜂鸣器	1	SP	本体紧贴印制电路板
30	铜柱、螺钉	4		
31	短路块	1	J1	

8.3 实验板的调试

实验板的调试分为：焊接好的实验板通电前检查，电源通电检查，CPU 插入电路板后接通电源检测。

1. 焊接好的实验板通电前检查

检查是否有焊点短路、漏焊的焊点、元件的位置错误、极性元件的极性反接、元件的数值有误等。

2. 电源通电检查(特别提醒注意不要把 CPU 插入管座)

(1)把外接的 +5 V 直流电源的插头插到实验板的电源插座,外接电源的交流插头接到 AC 220 V。电源指示灯点亮,指示实验板已通电。

(2)各点对地的电压均为 +5 V。用万用表测量,检查电压指示是否正确。如果电压值小于 +5 V,说明电路板焊接有误,应马上断电,对电路板进行再次检查。电压正确的话,切断电源,进行下一步。

3. CPU 插入电路板后接通电源检测

注意:插入 CPU 芯片 80S52 集成电路芯片之前,一定要切断电路板的电源,否则会烧坏芯片。

(1)把 CPU 芯片 80S52 集成电路芯片插入 40 引脚插座。

(2)通电,实验板上的数字 LED 显示器就闪动"HELLO",表示电路板工作正常;否则,马上断电,继续对电路板进行检查。

图 8-10 所示为实验板实际电子元器件的装配的位置图,具体表明了各个电子元器件的安装位置和元器件的名称,便于用户了解各个元件的功能。

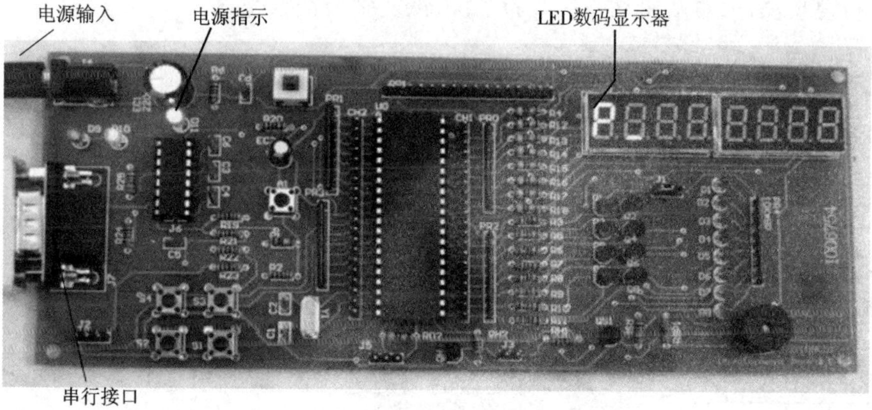

图 8-10　实验板实际电子元器件的装配的位置图

本实验板配有 4 个独立按键,在上电复位之后,首先执行的是初始化程序,初始化程序结束之后,会在数码管上显示"P_",运行的是键盘扫描程序。键盘定义如下:按下"S1"键,数码管显示默认的日期,如"20101201",此时按下"S2"键,进入日期设置状态,首先是"2010"开始闪动,通过按下"S3"键和"S4"键,可以实现"2010"的增和减;继续按下"S2"键,则会使"12"开始闪动,用来设置月份,"S3"键和"S4"键同样用来控制月份的增和减;继续按下"S2"键,则会使"01"闪动,用以设置日期;如果继续按下"S2"键,则确定设置的日期,所有的数码管将不再闪动;再次按下"S2"键,将退出日期,重新进入到等待模式"P _"。

在等待模式下,按下"S2"键,将进入时间显示状态,默认时间为"12 - 30 - 00"。此时按下"S1"键,可以进入到时间修改模式。依次使得小时和分钟闪动,通过按下"S3"键和"S4"键,可以使得小时和分钟进行加减。继续按动"S1"键可以确定设置时间,并退出时间模式,进入等待状态。

在等待状态下,按下"S3"键,直接进入跑马灯程序,需要将 J3 跳针改变到另一端使流水灯接通。当跑马灯程序执行结束之后,会重新进入到等待状态。

在等待状态下,按下"S4"键,会执行音乐程序。通过蜂鸣器演奏《挥着翅膀的女孩》,在演奏过程中,按键不起作用,在演奏结束之后,会重新进入到等待模式。

8.4 实验应用程序说明

本实验有几个主要程序:主程序、日期程序、时钟演示、音乐程序以及初始化数码管程序等。

(1)接通实验板的电源后,实验板上的微处理器就执行启动(复位)程序,数字 LED 显示器的"HELLO"字开始闪动几次,然后顺序显示数字,最后显示"P _",单片机系统进入如图 8-1 所示单片机实验板的组装后的实物图所示的状态,表示单片计算机实验系统工作正常,可以接受键盘的命令。

(2)用户通过 4 个独立按键,输入命令进行操作。"S1"显示日期,"S2"显示时间,"S3"跑马灯程序,"S4"音乐程序。

(3)如果单片机实验系统工作不正常,用户在不断电源的情况下,按下复位键,就可以使计算机进行复位操作,重新启动一次实验系统,恢复到工作状态。

8.4.1 实验系统程序的主程序框图

实验系统程序的主程序流程框图如图 8-11 所示。单片机实验系统接通电源以后,进行上电复位,单片机实验系统启动后就开始执行复位程序,初始化程序设置输入输出的端口工作方式,定时器 0、1 和串口的工作方式,中断控制等,然后就对按键的状态进行不断的扫描,检测是否有键按下,无键按下时,就又回到键盘的扫描程序,对按键继续进行检测,若检测到有按键按下时,键盘的程序就对键盘的按键进行识别,判断是哪一个按键按下,并得到键值,执行相应的程序进行处理,然后又回到键盘的扫描程序,重复前面的讨论过程。本系统程序的中断服务程序采用动态扫描方式,管理数字式显示器显示数字和字母,管理发光 LED 流水灯进行显示。

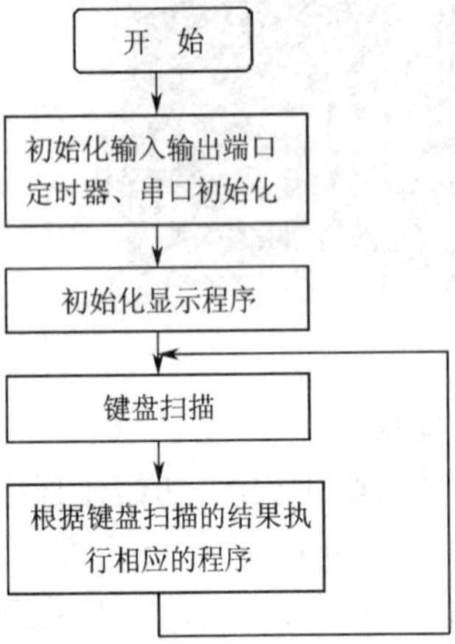

图 8-11　主程序流程框图

实验程序中,设置有一个专用的显示数据区,称为显示缓冲区,专门存放显示的数字信息。用户或程序设计员,只要把要显示的信息存放到显示缓冲区,显示程序就会通过执行定时器中断的处理程序,把数据送到相应的显示器件,显示不同的信息。

实验系统的控制程序:不断扫描键盘,判断是否有键按下,若无键按下,程序就继续扫描键盘,直到有键按下,进入按键分析,得到键值,解释和执行按键的命令,然后又回到键盘扫描程序,等待新的按键按下。控制程序就不断重复执行键盘扫描、分析命令和执行命令的循环之中。

8.4.2 实验系统程序的主程序简要列表

本实验板测试程序采用 C 语言编写,在 KEIL C51 的开发环境下调试。具体程序可参见:http://211.81.50.163/dzgysx/。

8.5　应用程序的调试和下载

本实验系统具有标准的 51 串行下载线接口,可以选配标准的 RS－232 串口下载线对 S51 单片机进行程序下载。下载线的一端和 PC 机的 RS－232 端口连接,另一端和用户的单片机系统的串口端口相连,可以通过 RS－232 实现轻松下载,学习外围器件的硬件接口方式,不用烧录器就可以对芯片通过串口仿真下载程序和烧写程序。下载的操作需要一个实用下载的程序,例如 STC-ISP,一般和下载线同时提供。编程窗口为用户提供了编程的控制按钮或编程的菜单,如图 8-12 所示。

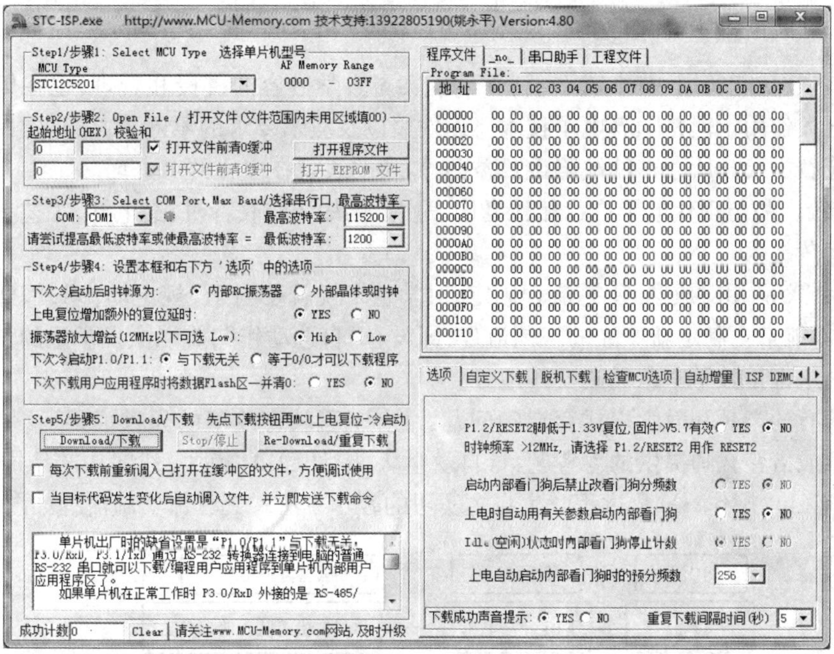

图 8-12　下载软件界面

下载用户程序到单片机系统,分为下面几步。

(1)选取被编程的 CPU 芯片的型号。

(2)将用户的 *.hex 或 *.bin 的文件调入内存。

(3)点击"Download/下载"按钮。

(4)此时信息窗提示,需要对单片机进行重新上电。

第 9 章　自拟(参考)题目实习产品焊装与调试

9.1　引言

一直以来,国内高校的电子工艺实习产品焊装与调试多采用常见的固定电子小产品,例如前面已经介绍的调幅(频)收音机、$3\frac{1}{2}$位的数字万用表、各种类型的充电器等。这类实习产品工艺性强、功能实用、技术成熟,利于学校实习教学内容的讲授和管理,也在较长的时间内发挥了很大作用。但是随着电子技术飞速发展以及教学要求的不断提高,这类固定成型的产品和相应教学模式所存在的缺陷也日益凸显,主要表现在以下两个方面。

(1)传统产品与现代电子产品相比老旧、过时,例如调幅收音机、充电器,工艺上有些不能反映现代工艺技术。

(2)传统产品相对成熟、工艺流程固定,对学生来说就相当于"规定动作",因此学生缺少主动参与,不能自主制定新产品的工艺流程,即没有"自选动作",难以激发学生的学习热情和创新意识。这也是教学中急需改变的地方。

基于已有的产品和教学模式存在的问题,结合工程教育改革的先进成果,这里提出了学生自拟题目或借鉴教师提供的参考题目,自由组队,按照 CDIO 模式,开展从产品构思(C)、设计(D)、实施(I)、操作(O)全过程学生自主实习的教学方法。其具体实施流程如图 9-1 所示。

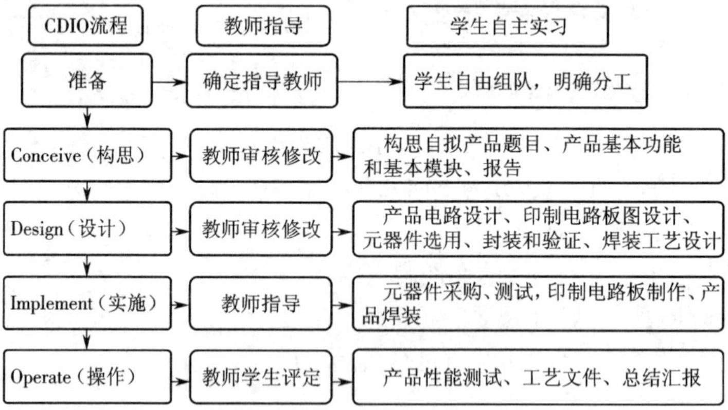

图 9-1　自拟题目电子工艺实习 CDIO 实施流程

下面依据 CDIO 实施流程,结合电子工艺实习教学内容,以一个学生自拟题目的实习产品为例,介绍具体实施过程。

9.2 实习产品构思(C)

9.2.1 准备阶段

电子工艺实习工程教育改革实施是针对电子工艺实习教学的各项环节和内容,依据 CDIO 模式将其划分到构思(C)、设计(D)、实施(I)、操作(O)4 个主要过程,这是 CDIO 在电子工艺实习实践课程的一种探索,也是电子产品设计、开发和制作的实施过程。因此,它与以往电子工艺实习教学过程有较大改变,一个很重要的变化就是需要前期准备过程,包括以下几个方面。

1. 组队

在开展自拟题目实习产品制作时,学生可以依据兴趣、能力、分工等自由组队,尤其是题目相对复杂时。目的在于锻炼学生团队协作和知识共享意识。同时,需要注意团队的分工和合作。

2. 确定指导教师

在学生了解指导教师特点等基础上,选择指导教师。

3. 自拟题目

在开始上课前,为学生提供参考题目和资料(可在课程网站上了解),学生提前了解课程开展方式和内容,依据要求提前准备题目和内容,并提交教师审核,审核通过后,即可在课程开始后深化题目和内容。

4. 开题报告

经与指导教师沟通和与小组成员共同研究商讨后,就开题题目、基本功能、制作内容等在上课开始后做一次开题报告,听取教师和其他同学的意见和建议,进一步完善。

9.2.2 构思内容及所遵循的原则

首先实习产品构思包括产品的基本功能、实现其功能的电路模块,从中提炼出项目的名称。而在电子工艺实习教学中,教学主要目的是通过产品焊装、调试了解电子产品的生产工艺过程,因此在题目构思过程中对产品的考虑应尽可能侧重于工艺内容,而不仅仅是其电路功能。所以,实习产品构思可遵循以下基本原则。

(1)实习产品应具有一定实用功能:可以是解决产业生产、日常生活等应用需求的电子小产品、小项目、小制作。

(2)产品功能具有一定新颖性、趣味性:可激发学生积极性、创新意识和发散思维。

(3)产品在实施过程中具有一定的可操作性和完整性:受实习教学学时所限,实习产品和项目要小而精,不宜过大,如题目确实涉及内容较多、较深并确有意义,可适当增加组队人数(不超过 5 人为宜)。

(4)产品内容有一定的侧重性和限制性:作为电子工艺实习这样的实践课程,产品应侧重于体现电子工艺技术,应以硬件电路为主,这是课程内容所需要的。

以上也可作为电子工艺实习教师审核题目、指导学生所依据的准则。

9.2.3 参考题目

通过多年的教学实践，依据学生和指导教师拟出和制作的题目，整理和归类列出部分参考题目(详见：http://211.81.50.163/dzgysx/)。下面以其中一个较为综合的题目——LED 旋转屏制作为例，说明实习产品设计、制作、调试和演示等过程。

9.3 实习产品设计(D)

实习产品设计是指以电子技术为主实现具有一定实用功能的产品和制作的电路设计、电子印制电路板图设计以及其他机构和外观设计等。

9.3.1 电路原理设计

设计总体思路：依据功能、自上向下、划分模块、具体电路。

下面以学生的一个自拟题目为例介绍电路设计过程。其题目和功能等见表 9-1。

表 9-1 自拟题目和基本功能

题目	基本功能	技术要求
LED 旋转屏	采用十字 LED 流水灯，在单片机控制下，通过电动机带动其高速旋转，利用人眼的视觉暂留性，显示出汉字、英文和其他图案	LED 灯的亮度可调节 电动机转速自动可调、系统足够稳定，可以清楚地显示出预设的文字和图案，并实现转换

1. 电路功能设计

此项目制作的应用常见于各类开幕、典礼仪式上，如图 9-2 所示。其工作原理是利用人眼的视觉暂留效应，当一排 LED 灯在电动机的带动下高速旋转，同时通过控制器改变 LED 显示的内容，最终形成一种空间动态的文字和图案显示。

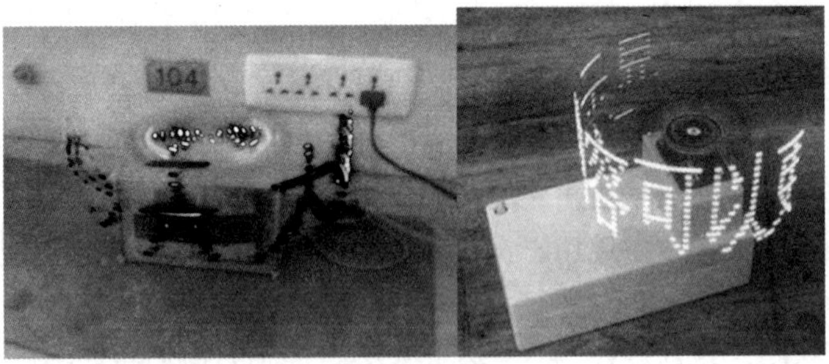

图 9-2 LED 旋转灯

LED 旋转灯结构如图 9-3 所示。

LED 旋转灯工作过程：电动机电源为电动机控制电路提供由交流 220 V 转换成直流 12 V 的供电电压，电动机控制电路为直流电动机提供合适可调的工作电压，使电动机转速达到 LED 灯稳定显示文字和图案的范围，而 LED 显示内容由显示控制电路(核心是控制芯片)给

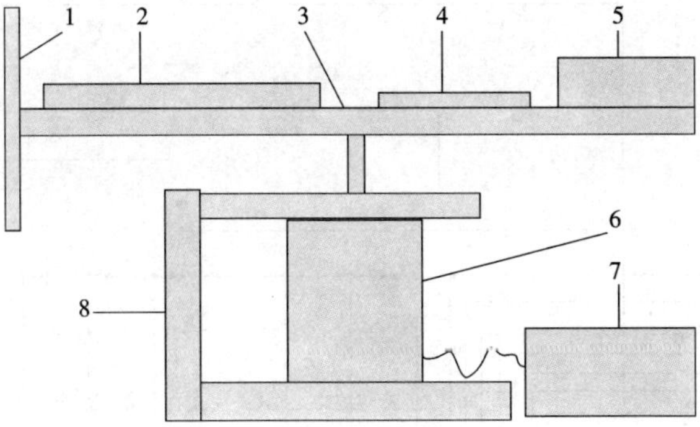

图9-3　LED旋转灯结构框图

1—竖排16×1LED显示灯;2—显示控制电路;3—转盘;4—横排转盘8×1LED灯;
5—控制显示供电电源;6—电动机;7—电动机驱动电路与电源;8—支架

出。这些控制电路和电源均放置在由电动机带动的旋转转盘上,并通过调整达到转盘动平衡。

下面依据功能对电路进行功能划分和设计。

2. 电路模块划分和设计

LED旋转灯主要电路模块有两个:显示和控制电路,电动机控制电路。它们的主要功能前面已经介绍了。电路设计时,可依据需要采用相关的电路设计软件,例如Multisim、Protus等。下面分别对它们进行电路设计。

1) LED显示和控制电路

电路核心是控制器,根据其外部输出端口(16个竖排LED,8个横排LED)以及输出内容需要,采用常见的8位51单片机即能满足要求,因此可采用STC公司的1T增强系列STC12C5 A60S2。其原理框图和电路原理图如图9-4和图9-5所示。

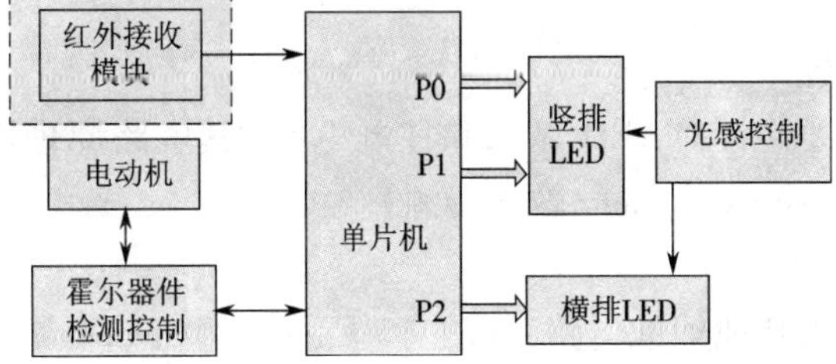

图9-4　LED显示和控制电路原理框图

2)电动机控制电路

首先,提供转盘旋转的电动机可以有多种类型,如交流电动机、步进电动机、直流电动机等,对于该题目应用来讲,综合考虑采用小型直流电动机更为合适。那么它的驱动可采用可变电压的直流驱动,通过改变驱动电压就达到改变电动机转速的目的,电路原理图如图9-6所示。输出电压可调稳压芯片采用LM317K,其输出可调电压范围为1.25~37 V,电流不超过1.5 A,可满足直流电动机负载要求。调节可变电阻R_2,可改变输出电压,进而调节电动机转速。

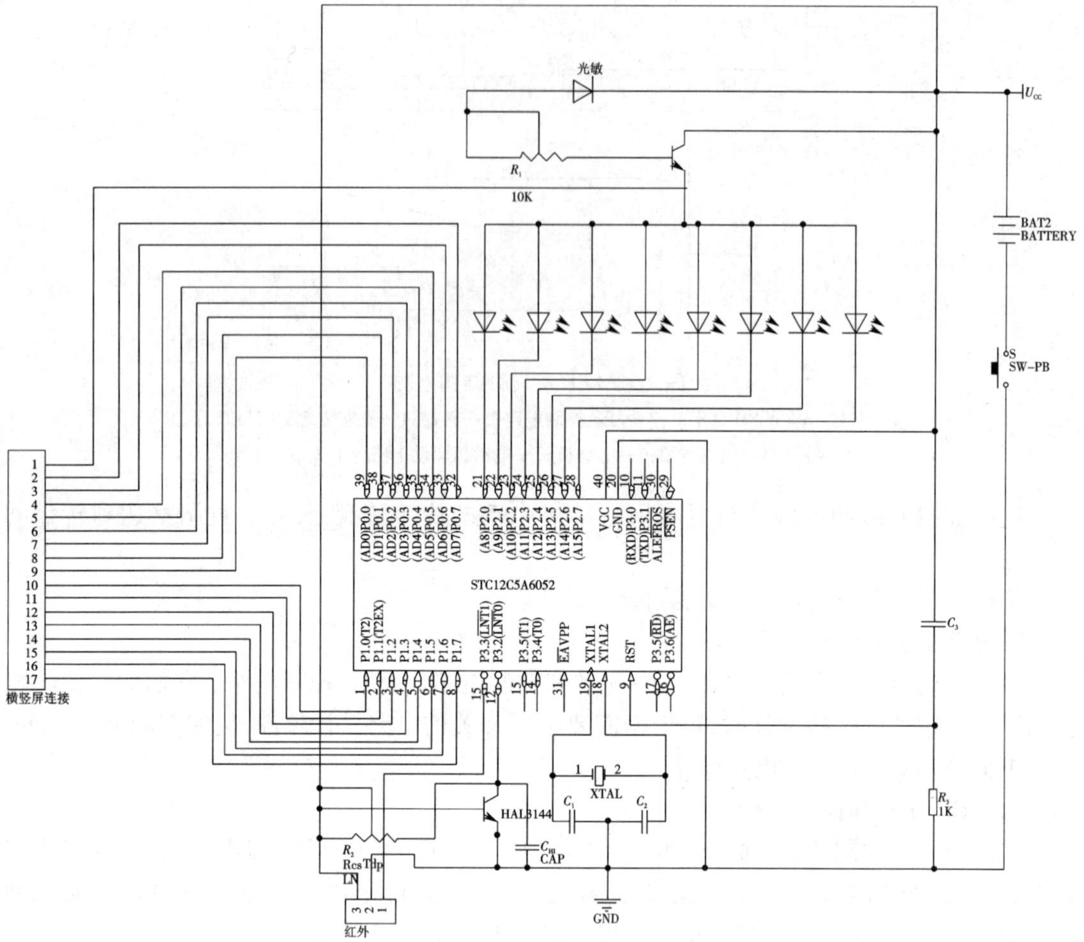

图 9-5 LED 显示和控制电路原理图

3. 电路模拟仿真验证

本题目电路仿真主要是针对 LED 显示和控制电路(其电路原理图及仿真过程参见网址 http://eeec.tju.edu.cn/sec-asp? mc = 教学资源)。

4. 电路修改和完善

本题目电路中可加入其他辅助电路,如图 9-5 所示。例如 LED 灯亮度依据使用环境亮度可调,可加入光敏感应器件(光电二极管)进行检测,然后来控制 LED 灯驱动电流以达到控制 LED 灯的显示亮度。如果要实现电动机转速和 LED 动态显示相匹配,还需加入电动机转速检测和控制电路,一般可采用霍尔器件检测。另外,电路中加入了红外发射和接收无线通信电路,可实现控制 LED 灯显示的内容等。

5. 电路元器件采购

在电路原理设计中,应列出所有电子元器件清单。为保证印制电路板图设计中元器件封装准确、合理以及设计板图充分考虑空间大小,在设计板图之前,需要对所使用的元器件进行采购,采购中应注意以下事项。

(1)采购的元器件应与设计要求相一致,包括型号、技术参数、已考虑的封装形式等。

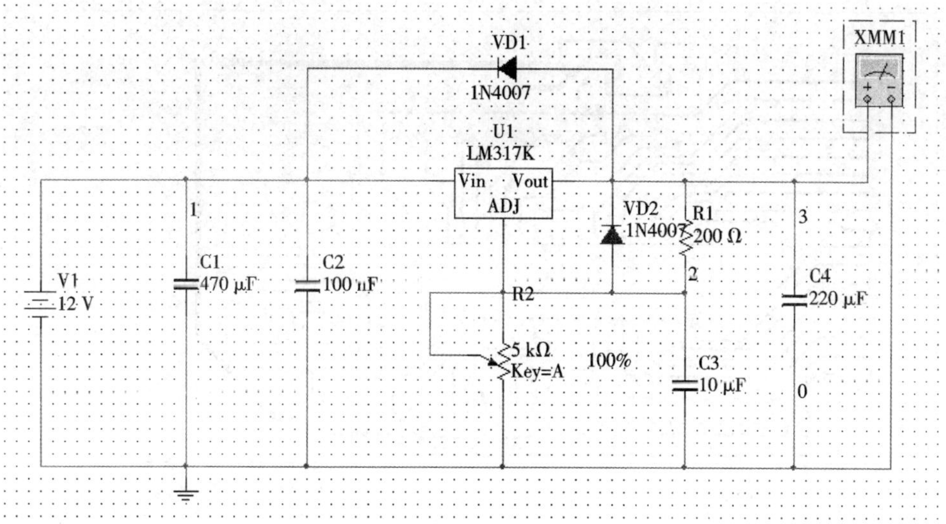

图 9-6　电动机控制电路原理图

(2)经济和可靠,既要"货比三家",又要选择有一定信誉的商家,可考虑经济方便的网购形式,同时要考虑一定的富余量。

采购完成后,可确定其封装形式,以便后面印制电路板图设计需要。

9.3.2　印制电路板图设计

印制电路板图设计前面第3章已经做了较为全面的介绍,这里仅就本题目依据电路原理图做简要说明。设计印制电路板图时采用 Altium Designer 设计软件,首先根据电路内容和使用要求规划板图大小,然后依据电路原理图进行板图自动布局和布线,同时对所采用的元器件进行封装选取或自行设计,最后手工调整板图设计结果。由于电路相对简单,考虑到印制电路板制作等因素,印制电路板图设计均采用单面板,最终设计结果如图 9-7 和图 9-8 所示。

9.3.3　结构和外观设计

电子仪器结构和外观设计主要目的是依据机械和其他加工工艺完成电路板元器件的机械承载和电气输入输出显示等功能的设计,通过设计和实现可使产品功能的具体实现与较好的外观达到有机结合。本题目属于课堂小制作,由实验室条件所限,因此相应的结构和外观设计仅考虑功能实现和结构可靠,对美观等要求相对稍差。

9.4　实习产品制作(Ⅰ)

9.4.1　产品使用的元器件测试

元器件测试是产品制作的必要步骤,它既是对采购的元器件的质量评定,同时也是保证产品制作可靠的前提,因此非常关键。在实际测试中可使用数字万用表、LCR 测试仪等电子测量仪表对元器件功能和参数进行测量。本例中所使用的元器件以及其测试结果见表 9-2。

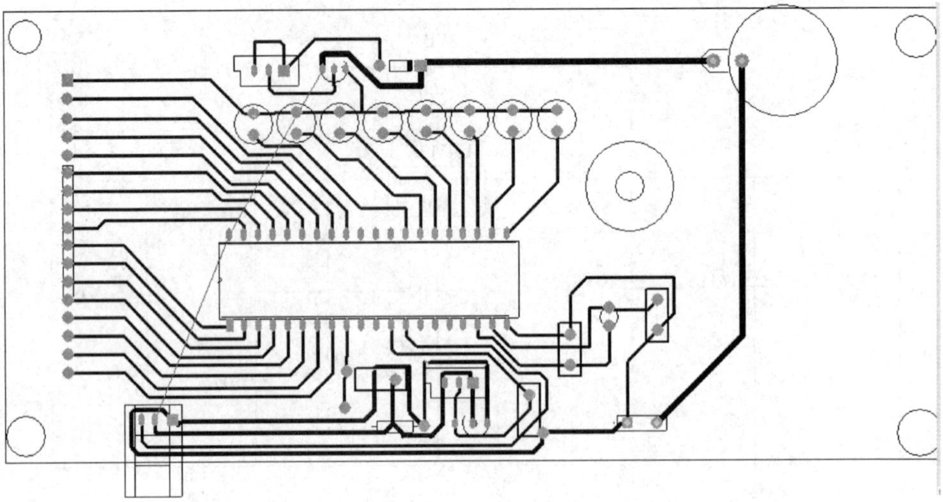

图 9-7 LED 显示和控制电路印制电路板图

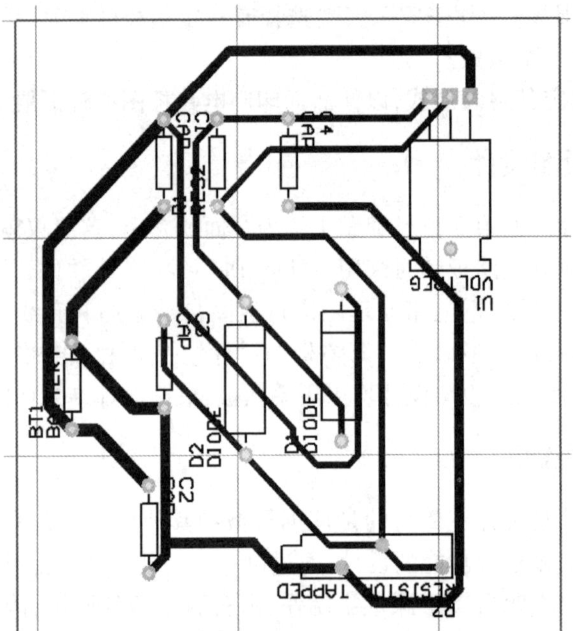

图 9-8 电机控制电路印制电路板图

表 9-2　元器件清单与测试结果

序号	名称	标称值	实测值	序号	名称	标称值	实测值
1	单片机	STC12C5 A60S2	正常	10	电容	220 μF	正常
2	三极管	S8050	正常	11	电阻	620 Ω	612
3	LED		正常	12	排阻	2 kΩ	2034
4	稳压器	LM317K	正常	13	电阻	200 Ω	196
5	晶振	12 MHz	正常	14	滑动变阻器	1kΩ	正常
6	电容	30 pF	40 pF	15	二极管	IN4007	正常
7	电容	470 μF	正常	16	5 号电池	1.5 V	正常
8	电容	0.1 μF	0.89 μF	17	直流电动机	775 系列	正常
9	电容	10 μF	正常	18	电源适配器	12 V,3 A	正常

9.4.2　电路实验验证和电路修改

在电路原理设计和电路板图设计完成以后,为保证电路可靠和正常工作,除进行仿真验证外,如可能最好进行实验电路验证,这个环节可通过通用实验板(俗称面包板)进行,并进行电路性能测试。本题目的显示和控制电路,可在单片机开发板上进行实验,电动机控制电路也可在通用实验板上开展,只是需要注意实验板可承受的电流大小。但是本题目实际应用需要电动机旋转而动态显示 LED 输出内容,这一部分无法在电路中实验,只能实际作出后显示。

9.4.3　印制电路制作

通过实验室印制电路制作工艺设备,采用无铅腐蚀工艺制作显示和控制电路及电动机控制电路板,其制作工艺流程参见第 4 章内容。LED 旋转灯印制电路制作有 3 块板,电路相对简单,因此均采用单面板,制作的电路板如图 9-9 所示。

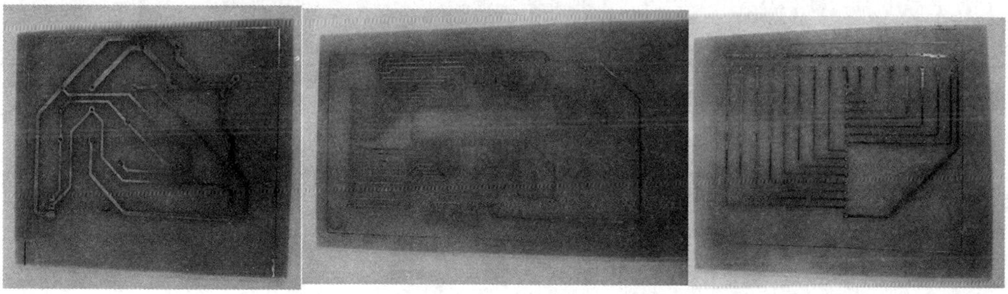

图 9-9　电动机控制、显示控制、竖排 LED 电路板

9.4.4　电路焊装

印制电路制作完成后,手工焊装元器件之前,需通过目测、万用表检查来测试电路板有无断线和不正确连通,如果有问题,可通过手工处理剔除,问题严重可重新设计板图或重新制作。得到合格印制电路板之后,应进行清洗、去氧化(砂纸打磨)等预处理,最后进行焊装。

由于自拟题目实习产品各有不同,因此焊装流程需自行制定,一般应遵循以下基本原则。

(1)有表面贴装元器件时,应先进行表面贴装元器件焊装。

(2)要考虑各元器件空间位置关系,确定焊装顺序,一般“先低后高”。

(3)先焊装耐高温、无静电损伤的元器件,比如一些无源元器件;而一些不能长时间受热的小元器件等应后焊装。

(4)手工焊装后的处理包括元器件引脚剪裁、焊点质量目测、补焊和电连接测试。这些完成后,就可以进行产品功能测试了。

9.5 实习产品的测试与展示(O)

9.5.1 电路功能测试和调整

在进行实习产品整体功能测试前,应首先对各电路板或同一块电路板上不同功能电路模块进行测试,测试合格或达到性能要求后,才能保证整体测试顺利进行。以 LED 旋转灯为例说明测试和调整过程,它主要有 3 个电路模块。

1. 电动机驱动电路调试

电动机驱动电路主要作用是在本电路中,当输入直流电压 12 V 时,通过调节可变电阻 R_2 使其输出电压可调,如图 9-6 所示。经测试,输出电压与可变电阻 R_2 关系测试结果见表 9-3。

表 9-3 电动机驱动电路输出电压与可变电阻 R_2 关系测试结果

电位器 R_2	输出电压/V
500 Ω	4.404
1 kΩ	7.554
1.5 kΩ	9.194
2 kΩ	9.222
5 kΩ	9.264

2. 竖排 16×1LED 显示灯调试

此模块主要是检测 LED 焊装有无问题以及与显示控制电路电连接是否正常和可靠,可使用万用表进行测试。

3. 显示控制电路及横排 8×1LED 显示灯调试

此模块主要是对单片机及外围电路进行测试,需加载软件对显示控制电路进行通电测试。先用万用表进行电连接测量,在横排、竖排 LED 灯测试后,再通电运行单片机,观测 LED 显示结果。具体显示效果,应与电动机联调时才能观测到实际显示效果。

9.5.2 实习产品整体功能测试、调整与展示

在对主要电路模块调试完成后,可进行整体功能的测试,首先安装和连接各电路模块,再通电测试其整体功能,最后进行整个产品结构和外观安装,形成完整的产品雏形。下面以本

例说明具体实施过程。

1. 产品各电路模块连接和支撑

本例中需要制作一个固定支架,以固定直流电动机和支撑与之相连的控制显示电路模块。具体构架如图 9-10 所示,通过一个支板支撑控制和显示电路板并与电动机轴刚性连接,而 16 × 1LED 灯电路板通过粘接固定在显示板上,并形成电连接,前面已经说明显示电路供电采用 5 号电池,电池装入电池盒中,放在支撑支板上,通过调节其放置位置还可作为平衡负载,调节旋转支板的动态平衡。

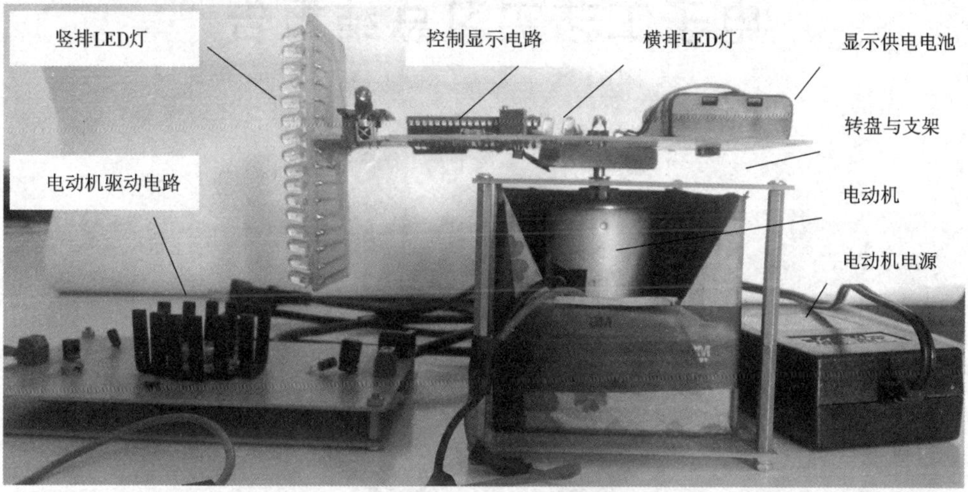

图 9-10　实际产品结构图

2. 通电测试

检查各电连接无误,反复调节电池盒位置,使整体动态平衡最佳,即可进行通电,包括电动机供电和电池供电,这时通过调节电动机驱动电路中的可调电阻,不断改变电动机转速,使之与 LED 动态显示匹配。按照软件确定的 LED 动态显示时间,经测试当电动机供电电压为 4.6 V 左右,显示稳定。

3. 固定产品结构和安装

本例中一旦调试合适,便可确定电池盒位置,固定其位置和其他需紧固元件。由于实习产品相对简单,实习时间有限,加之机械加工手段不足,因此外观设计和制作较为粗糙,实际生产、开发还需全面深入考虑。

4. 成果展示

实习产品完成整体功能调试后,作为考核内容之一,就是要进行实习产品实际效果展示,展示方式一般采用面对全体指导教师和同学们,演示产品实际功能,并进行说明。

(1)产品设计功能说明,主要技术指标。

(2)产品实际效果演示,是否达到了预期效果。本例中主要演示动态图形效果,比如图像内容是否稳定等。

(3)产品设计、制作、调试过程中的难点、关键性技术问题以及是如何解决的等。

9.5.3　总结报告和工艺文件

实习产品完成后,要提交实习总结报告和相应的工艺文件,主要是对整个流程的总结和工艺流程的编制,参考文件如下。

天津大学

电子工艺实习总结报告

学院电子信息工程

专业通信工程

课程名称电子工艺实习

班级1 班

学号30112160××

姓名×××

201×年××月××日

自主实习题目、任务要求、技术指标

自主实习题目：LED 旋转屏

任务要求：采用十字 LED 流水灯，通过电动机带动其高速旋转，在单片机控制下，利用人眼的视觉暂留性，显示出汉字、英文和其他图案。

技术指标：

1. 基本要求

(1)电动机转速稳定后可以清楚地显示出预设的文字和图案，并实现转换。

(2)LED 灯的亮度可调节。

(3)电路横板与竖板间的连接足够牢固。

(4)电动机转动时系统足够稳定，噪声足够小。

2. 扩展要求

通过红外遥控实现不同图案之间的转换。

元器件测试

序号	名称	标称值	实测值	序号	名称	标称值	实测值
1	单片机	STC12C5A60S2		10	电容	220 μF	
2	三极管	S8050		11	电阻	620 Ω	
3	LED			12	排阻	2 kΩ	
4	稳压器	LM317K		13	电阻	200 Ω	
5	晶振	12 MHz		14	滑动变阻器	1 kΩ	
6	电容	30 pF		15	二极管	IN4007	
7	电容	470 μF		16	5 号电池	1.5 V	
8	电容	0.1 μF		17	直流电动机		
9	电容	10 μF		18	电源适配器		

设计电路的工作原理

总体思路是利用人眼的暂留效应，当一排 LED 灯在电动机的带动下高速旋转时显示出文字和图案。设计中使用 3 节干电池给 LED 和单片机供电，LED 用 NPN 三极管驱动，并采用光敏二极管控制 LED 亮度。用电源适配器将 220 V 电压转换为 12 V 电压，再通过一个调压电路实现电压的连续变化，用这个电压给电动机供电可以对电动机转速进行调节。

一、系统方案设计

1. 整体结构方案

方案一：将 LED 阵列的供电电源安装在横板上，然后采用电刷与上横板连接，给单片机和其他元器件供电。但是由于转速比较快时电刷很可能因发热损坏，工作寿命不长，故舍去该方案。

方案二：将 LED 阵列的供电电源安装在旋转平台上随板一起旋转。旋转平台一端安装电池，另一端安装 LED 和单片机，再用螺钉、螺帽增减配重的方式调节平衡。电动机供电电源与 LED 供电电源分开，避免在旋转过程中绕线。

综合以上两种方案，我们选择了方案二。

2. LED 阵列控制器选取方案

STC12C5A60S2 单片机下载方便，有 60 KB 程序空间，电源适配性强，可以在 3.5 ~ 5.5 V 范围内工作，因此选择它来控制 LED 灯。

3. 转速与字符输出的匹配方案

方案一：采用 3144 霍尔传感器，并在固定电动机的板上装一个小磁块，在没有感受到磁场时，霍尔传感器输出高电平，当它在旋转过程中经过磁块时，输出一个低电平，将此脉冲信号作为外部中断送入单片机，以此实现转速和字符输出的匹配。但是我们在实验时发现买的霍尔传感器只有在距离磁块很近的情况下才会输出脉冲，由于我们做的电路板配重不是很好，转的过程中并不能保持绝对的水平，所以霍尔测速的效果并不理想，因为我们决定放弃用霍尔传感器测速。

方案二：因为要达到转速和字符输出的匹配，可以在转速一定的情况下调节字符输出，如方案一，也可以在字符输出一定时调节电动机转速，如本方案。利用LM317K及其外围电路设计一个变压模块，用电源适配器将220 V电压转化为12 V，再通过该变压模块使12 V电压转变为一定范围内的可调电压，以此来调节电动机的转速，当电动机转动时可将其调节到合适的转速来达到稳定的图案显示。

综合实际情况，我们采用方案二，实现了变压模块输出电压在1.5～7.5 V范围内可调。

4. LED和单片机供电方案

方案一：采用手机电池供电。手机电池上面有3个端口，其中有两个端口电压为3.7 V，另两端电压为4.2 V，我们使用4.2 V的电压供电。但是手机电池不易与电路板连接，质量较轻，不易平衡旋转横板的重量，故舍去该方案。

方案二：采用3节1.5 V的5号干电池，电压满足正常工作的需求，而且现有的电池槽方便与电路板的连接和固定，重量容易平衡，方便更换电池，成本低。

比较这两种方案，我们采用方案二，通过电池槽固定干电池，并用螺钉将电池槽固定在横板合适位置，使横板保持平衡。

5. 电动机选择方案

方案一：采用步进电动机，步进电动机定位精确，速度易控制，但速度较低，不能达到显示字符的速度要求。

方案二：采用直流电动机，转速高，价格低廉，有些直流电动机速度也较稳定。

我们最终在网上买了一个功率较大的直流电动机，工作在12 V电压时的转速是3 500 r/min，工作在5 V电压时转速刚好使字符清晰显示且系统较稳定。

二、电路设计原理

1. LED阵列模块

1）系统框图

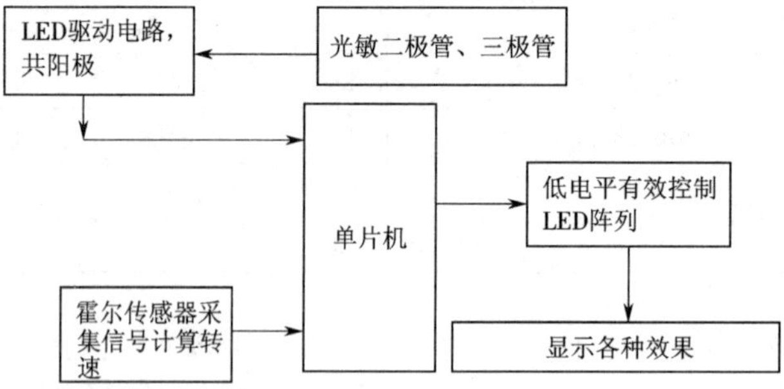

2）原理分析

Ⅰ. 亮度变化自动调节及LED驱动电路

该电路由光敏二极管、电位器、三极管、LED组成。三极管集电极接电池正极，发射极接24个LED，基极接一个电位器和反接的光敏二极管。当光线较弱时，光敏二极管暗电流相当于普通二极管的反向饱和漏电流，这个电流比较小。当光线较强时，光敏二极管PN结附近产生的电子－空穴对数量随之增加，光电流相应增大。调到合适阻值的电位器和光敏二极管有限流作用。三极管基极接光敏二极管，外部环境变亮时，光敏二极管PN结附近产生的电子－空穴对数量增加，三极管基极电流变大，又因为发射极电流和基极电流是近似β倍的关系，所以加在LED上的电流也会变大，灯会变亮。

通过在面包板上搭建电路，发现一个三极管发射极可以驱动24个LED，且不加限流电阻，灯也可正常工作。因此我们将横竖板上的24个LED都接到三极管发射极上。

Ⅱ. 霍尔传感器测速电路

霍尔传感器3144有3个接口，分别为"Ucc""GND""OUT"端。我们将"OUT"端接到单片机P3.2口，提供外部0中断。"Ucc"端接电源正极，且"Ucc"端和"OUT"端通过一个滑动变阻器连接，滑动变阻器作为上拉电阻，使输出端在没有感应到磁场的时候输出高电平。"GND"端接电源负极，且"GND"端和"OUT"端通过一个电容连接，起到滤波作用。

Ⅲ. 红外感应模块

红外感应器有3个接口，分别为"Ucc""GND""OUT"端。"Ucc"端接电池正极，"GND"端接电池负极，"OUT"端接单片机P3.3口，提供外部1中断。我们原本想通过红外信号的发射和接收控制单片机以实现不同图案的转换，但由于时间不足，这一功能没有实现。

2. 变压模块

本模块采用 LM317K 进行变压,它有 3 个接口,输入端"IN"、输出端"OUT"和调节端"ADJ"。输入端和外壳之间接电源适配器输出的 12 V 电压,并联的电容起滤波作用。LM317K 输入和输出两端、输出和调节两端分别并联一个二极管作为保护电路,用于断电后释放电流。调节端接 1 kΩ 的电位器,输出端接有 200 Ω 电阻。输出电压实际上是电位器和电阻两端电压之和,通过调节电位器接入电路中的阻值可以调节变压模块的输出电压,测量后发现,输出电压可以在 1.5 ~ 7.5 V 范围内变化,用这个电压给电动机供电,可以调节电动机转速。这一模块电路如下图所示。

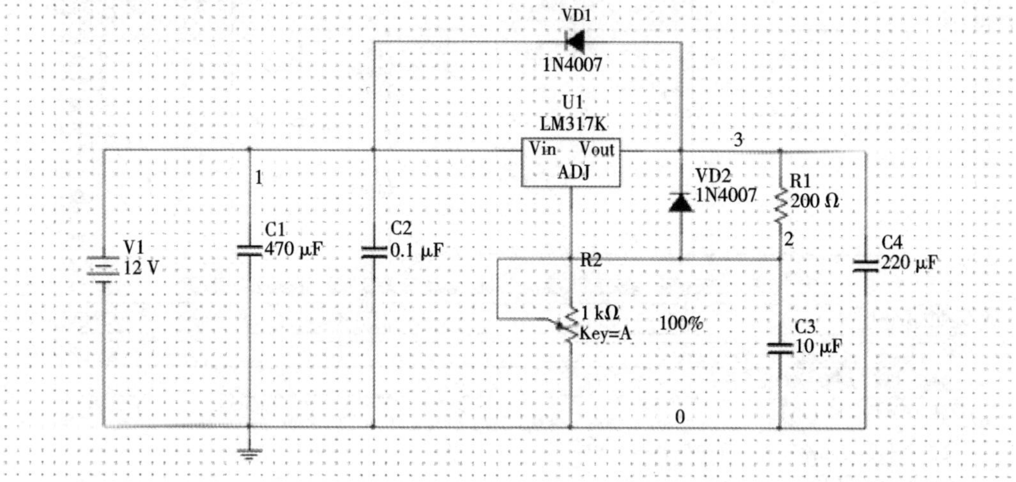

三、软件部分

我们使用的软件有 KeilμVision4、Multisim 12.0.1、Microsoft Excel 2010、Code::Blocks 12.11 以及 Altium Designer。

软件的执行流程为定时中断调用存储在 code 区的只读 LED 字符数组,并输出显示。

1. 软件使用简单介绍

1) KeilμVision4

Keil 作为 51 单片机的编译平台,具有高效、兼容性强的特点,并且能够自动重载被其他 IDE 编辑过的代码,这项功能为 Code::Blocks 的使用提供方便。

2) Multisim 12.0.1

Multisim 作为一款非常优秀的仿真软件,我们将它用于变压调速模块的仿真。

由于网上提供的 LM317 芯片的电路图并不能满足我们需要的电压范围的要求,我们决定在修改网上的电路图的同时进行仿真。我们在实验中发现当接在 LM317"ADJ"端的电位器的调节范围为 0 ~ 1 kΩ 时的电压变化范围为 1.221 ~ 7.554 V,刚好符合我们的要求。

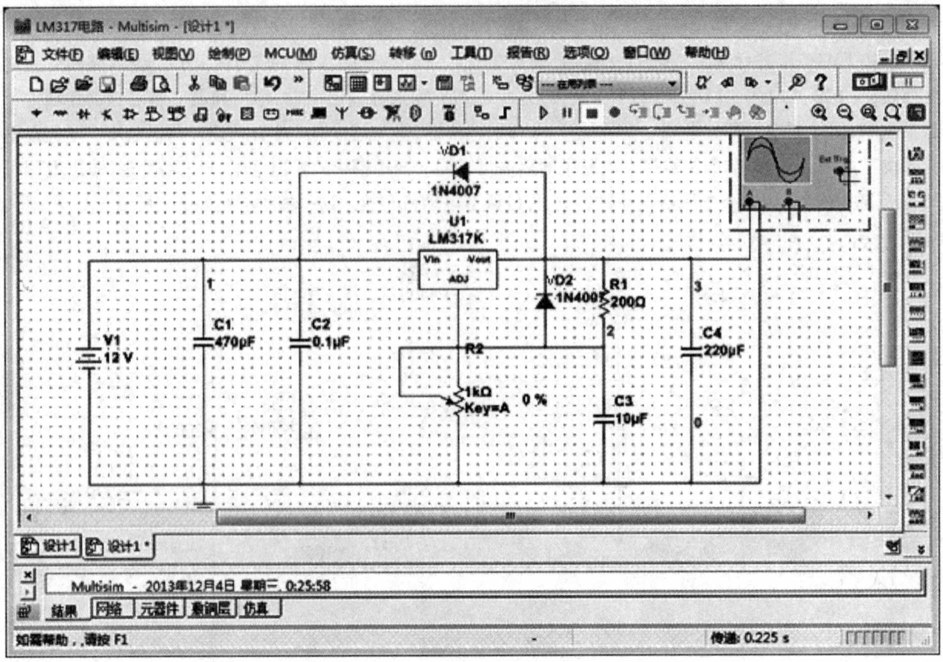

可以说仿真在确定元器件的过程中是必不可少的。

3) Microsoft Excel 2010

Excel 在我们生成相应字符的图案的代码时减少了大量的运算，我们利用“条件格式”的功能实现了仿真灯亮和灯灭的效果，然后通过 DEC2BIN(进制转换)和 CONCATENATE(字符串合并函数)自动生成相应图案的代码。运行效果如下图所示。

B	C	D	E	F	G	H	I	J	K	L	M	N	O	P	Q	R
1	1	1	0	1	1	1	1	1	1	1	0	1	1	1	1	代码生成区
1	1	1	0	1	1	1	1	1	1	1	0	1	1	1	1	
1	1	1	0	1	1	1	1	1	1	1	0	1	1	1	1	
1	1	1	0	1	1	1	1	1	1	1	0	1	1	1	1	
1	1	1	0	1	1	1	1	1	1	1	0	1	1	1	1	
1	1	1	0	1	1	1	0	0	0	0	0	0	0	1	1	
1	1	1	0	1	0	1	1	1	1	1	0	1	0	1	1	
1	1	1	0	0	1	1	1	1	1	1	0	1	0	1	1	
1	1	0	0	1	1	1	0	1	1	0	1	1	0	0	1	
1	0	1	0	1	1	0	1	1	0	1	1	1	0	1	0	
1	1	1	0	1	1	1	1	1	0	1	1	1	0	1	1	
1	1	1	0	1	1	1	1	0	1	1	1	1	0	1	1	
1	1	1	0	1	1	1	1	0	1	1	1	1	0	1	1	
1	1	1	0	1	1	1	0	1	1	1	1	1	0	1	1	
1	1	1	0	1	1	1	0	1	1	1	0	0	0	1	1	
1	1	1	0	1	1	0	1	1	1	1	1	0	0	1	1	
0xFI	0xFI	0xFI	0x0	0x7I	0xBI	0xFI	0xDI	0xDI	0xDI	0xDI	0x0	0xDI	0x1I	0xFI	0xFI	0xFF, 0xFF, 0xFF, 0x0, 0x7F, 0xBF, 0xFF, 0xDF, 0xDF, 0xDF, 0xDF, 0x0, 0xDF, 0x1F, 0xFF, 0xFF
0xFI	0xFI	0xFI	0x0	0xFI	0xFI	0x7I	0x9I	0xE'	0xF:	0xFI	0xBI	0x3I	0x0	0xFI	0xFI	0xFF, 0xFD, 0xFE, 0x0, 0xFF, 0xFF, 0x7D, 0x9E, 0xE7, 0xF9, 0xFE, 0xBF, 0x3F, 0x0, 0xFE, 0xFD

4) Code::Blocks 12.11

Code::Blocks 作为一个优秀的 IDE，支持自动缩进、代码高亮、自动联想标示符和保留字的功能，提升了编程速度，保证了代码的规范性。

5) Altium Designer

Altium Designer 用于绘制 PCB，比 PROTEL 好用。

2. 编程中遇到的问题及解决

1) 定时器初值确定

由于原方案采用霍尔传感器测速的方法无法使用，故决定采用外部电动机转速可调(通过 LM317 实现)，定时器计时固定的方式。通过多次实验，测定在电动机电压为 5 V 的时候，将延时设为 500 μs 即可适配。

2) 数组过大，编译失败

将图案数组以只读的方式存储在 code 区域即可。

3) 附程序代码

电路原理图

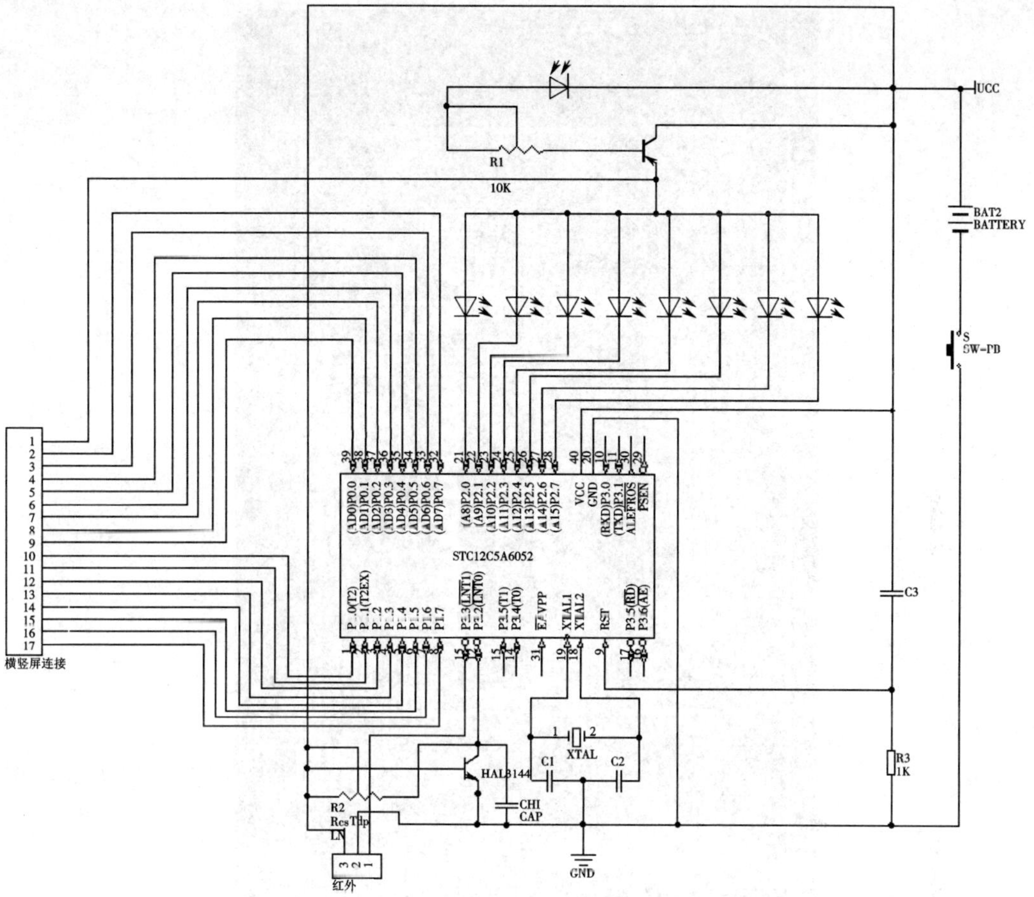

横排板的电路原理图

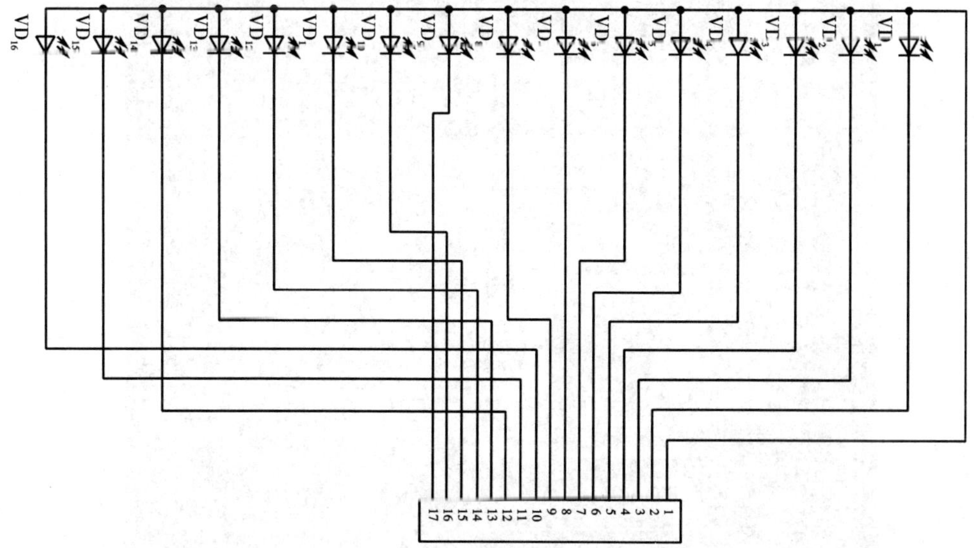

竖排板的电路原理图

电路印制板图

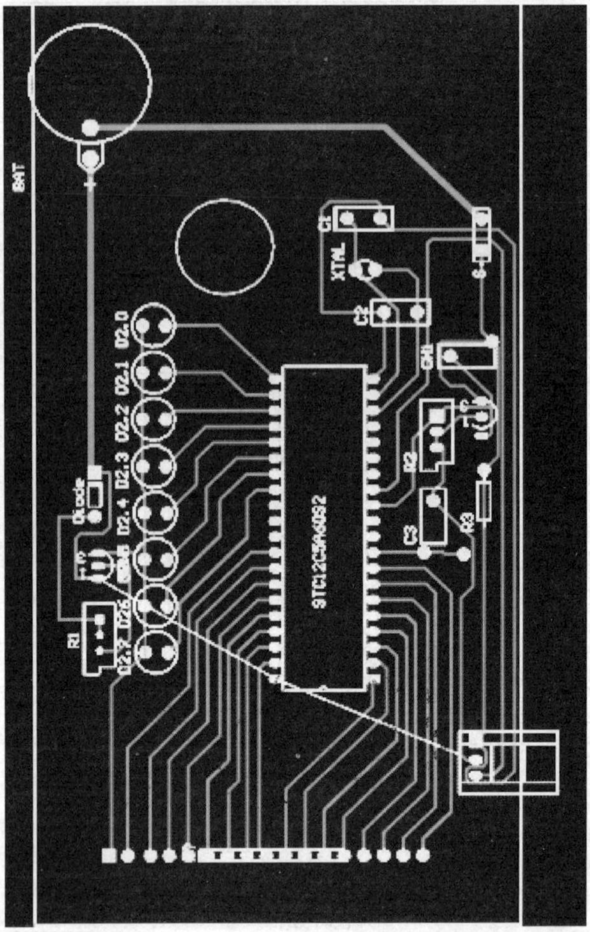

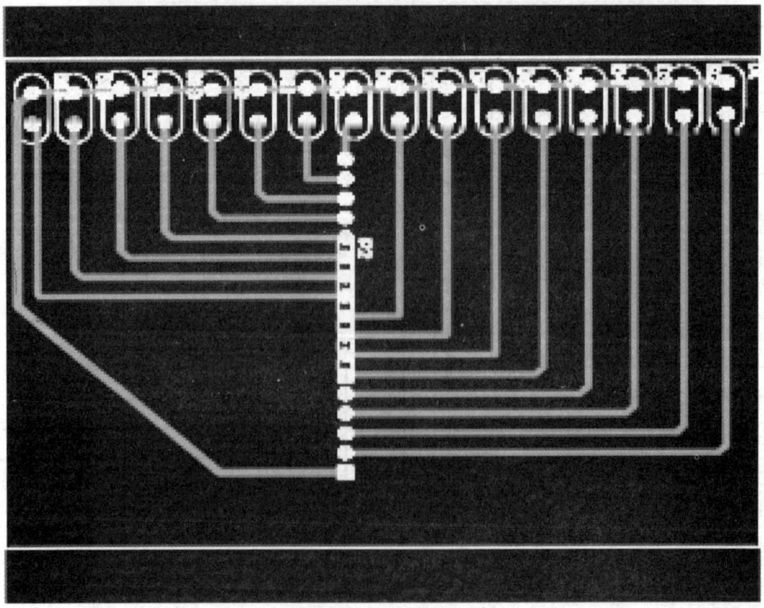

焊装、测试分析及产品操作说明

一、PCB板的制作

将PCB图打印后，把电路图沿热转印纸剪下，周围留下白边用于固定。裁剪覆铜板，其大小要比电路图大一些，便于在周围打孔，增加配重。将覆铜板放入腐蚀液中浸泡几秒以去除表面氧化层，擦干后，将打印图纸有图的一面贴在覆铜板上并用胶带固定，放入热转印机。转印后待覆铜板冷却到室温将热转印纸撕掉，检查电路板有无断线问题，若有则用油墨笔画上缺少的线。将电路板放入腐蚀箱中腐蚀，腐蚀完成后洗去腐蚀液并用去污粉将电路板上的油墨擦掉，此时电路板即已制作完成，再用钻孔机把焊盘孔钻出即可。

在画PCB图时为使布线整齐，我们进行手动布线，并设置了两条飞线，分别为红外感应器的"Ucc"端与电池正极的接线、单片机"Ucc"端与电池正极的接线。

二、元件安装

按照电路原理图将元器件焊接在电路板上，焊接过程中要注意的是，不能将两条距离较近的导线焊接在一起，且焊锡一定要和焊盘上的铜接到一起。

在安装元件时，我们发现电路原理图出现错误：没有在P0口接上拉电阻。因此我们将排阻直接插在电路板焊接一面的单片机"Ucc"端和P0口上，尽管最后连接成功，但在焊接过程中还是遇到了一些困难。这也让我们吸取教训，在做电路板前一定要仔细检查电路原理图的正确性。

电动机和横排板的固定问题：买到的电动机轴较短且没有螺纹，直接焊接不够牢固，在轴上打孔也不现实。在向指导老师求助后，指导老师帮我们做了一个钢块，中间留有一个孔来穿过电动机轴，并在侧面打孔通过螺钉紧固。钢块上和轴孔在一条直线上的两边有两个小孔，通过螺钉和横排板固定。这样电动机轴可以和横排板牢牢固定在一起。

三、调试

故障1：通电后所有的LED灯都不亮。

测试分析：我们检查所有的电源线和地线，用万用表测试所有元器件的电源接口，发现它们本应接电源的端口电压均为0，且单片机"GND"端接到了电源正极。检查焊接电路发现，我们将控制开关和电池的位置接反了，导致所有应接电池正极的端口都接到了负极上。在交换开关和电池正负极后，横排灯都亮了，但竖排灯还是没亮。用万用表测试竖排灯的正负极间电压，结果为0，检查后发现竖排灯正极和横排板上三极管射极的接线没有焊到焊盘上，重新焊接加固后，所有灯都亮了。

故障2：在电动机转速稳定后所有LED灯都灭了。

测试分析：要想让字符连续输出，电动机转一圈的时间应小于人眼的视觉暂留时间，要求电动机的转速很高，但满足这一要求时的电动机在高速转动中光敏二极管感应不到亮光，导致LED灯全灭。因此我们用变阻器代替光敏二极管，LED灯亮度有了很大提升。

故障3：在电路板旋转一定时间后，竖排板上一部分LED灯灭了。

测试分析：用万用表测试灭了的LED的正负极间电压，结果为0，这是因为在旋转过程中，由于向心力的作用竖排板会从焊接的那一边向横排倾斜，而且在不断的倾斜矫正中有几根连线已经折断，所以应该加固横排板和竖排板间的连接。考虑到配重问题，横排上固定竖排板的这一端不能加过重的金属固件，所以我们想到了用胶水固定。先用焊锡加粗电阻腿，然后在其下方的空隙中填充固体胶，再在表面滴上502胶水进一步固定，通过几次试验，这一方法可以牢固固定横竖两板。

故障4：转动过程中整个系统很不稳定，出现跳动，且噪声很大。

测试分析：这是因为横竖两板加上电池质量较大，电动机转动过程中重心过高，稳定性很差。因此我们将电动机固定在纸盒中并在其中放上石块，以降低系统重心。我们还用橡皮泥包裹石块，一方面起到固定石块的作用，另一方面也可以降低噪声。

四、产品操作说明

将电源适配器一端接到变压模块上，另一端接到220 V电源上，打开位于横排板上的电池槽上的开关，再打开电动机电源线上的开关，电路板即开始旋转。调节变压模块上的电位器，可以调节电动机转速，使字符清晰地输出。

总结、建议、体会

刚开始选上这门课的时候感觉会很困难。可以说在这次实习的过程中遇到了很多困难,有好几次都想放弃。但是也很庆幸,最后终于坚持下来,并且和另位两位小伙伴通力协作,获得了一等奖。在这里首先感谢我们的指导老师肖谧老师和另外两位转专业的小伙伴,陈同同和杨进涛同学。

说到建议,主要是有些设备比较缺乏,有些设备安全系数很低,希望能够得到改善。以我们做的 LED 旋转屏为例,这个项目涉及的机械方面的知识很多,但是实验室并没有相关器材,譬如游标卡尺、秤等。SMT 实验室的台钻只有一台能够安全使用,有一台干脆不转,有一台转着转着钻头就掉下来了,有一次我差点受伤。所以硬件配置还有提升的空间。

个人感觉这次实习收获的不仅仅是知识,更是一种合作经历和坚持。从选定题目再到元器件购买,再到电路设计和调试,我们小组存在过分歧,但都能够顺利解决,最终圆满完成任务。这里要再次感谢我的小伙伴们对我的忍让和理解。我们解决分歧的方法就是明确分工、高效合作。说到坚持,就会想到最后几天的加班加点,坚信付出终有回报。

最后,祝愿工程教育改革顺利推进,信息学院的明天更加精彩。

参 考 文 献

[1] 赵春云,曹经稳,赵春强.常用电子元器件及应用电路手册[M].北京:电子工业出版社,2007.

[2] 王天曦,李鸿儒.电子技术工艺基础[M].北京:清华大学出版社,2000.

[3] 崔体人.电子元器件选用大全[M].杭州:浙江科学技术出版社,1998.

[4] 张庆双,等.电子元器件的选用与检测[M].北京:机械工业出版社,2005.

[5] 张文典.实用表面组装技术[M].北京:电子工业出版社,2006.

[6] 郎为民,稽英华.表面组装技术(SMT)及其应用[M].北京:机械工业出版社,2007.

[7] 沙占友,沙占为.数字万用表的原理、使用与维修[M].北京:电子工业出版社,1988.

[8] 邓泰林.新型万用表实用手册[M].福州:福建科学技术出版社,1997.

[9] 沙占友,等.模拟与数字万用表检测及应用技术[M].北京:电子工业出版社,2000.

[10] 胡斌.图表细说元器件及实用电路[M].北京:电子工业出版社,2005.

[11] 李敬伟,段维莲.电子工艺训练教程[M].北京:电子工业出版社,2005.

[12] 张文典.实用表面组装技术[M].北京:电子工业出版社,2002.

[13] 黄纯,费小萍,赵辉.电子产品工艺[M].北京:电子工业出版社,2007.

[14] 姜雪松,陈绮,许灵军,等.印制电路板设计[M].北京:机械工业出版社,2006.

[15] 李乙翘,陈长生.印制电路[M].北京:化学工业出版社,2007.

[16] 王健石.印制电路板技术标准手册[M].北京:中国标准出版社,2007.

[17] 曾峰,侯亚宁,曾凡雨.印刷电路板(PCB)设计与制作[M].北京:电子工业出版社,2002.

[18] 高鹏,安涛,寇怀成.电路设计与制版 Protel99 入门与提高[M].北京:人民邮电出版社,2000.

[19] 张肃文.高频电子线路[M].北京:高等教育出版社,1979.

[20] 杨奎河,赵玲玲.新编电工手册[M].北京:中国电力出版社,2012.

[21] 李金田,严文娟,贺国权.电工电子技术基本技能实训教程[M].成都:西南交通大学出版社,2012.

[22] 电子工业部标准化研究所.GB/T 2036—1994 印制电路术语[S].北京:中国标准出版社,1994.

[23] 电子工业部标准化研究所.GB/T 2691—1994 电阻器和电容器的标志代码[S].北京:中国标准出版社,1994.

[24] 电子工业部标准化研究所.GB/T 5729—2003 电子设备用固定电阻器 第1部分:总

规范[S].北京:中国标准出版社,2003.
[25] 电子工业部标准化研究所. GB/T 2470—1995 电子设备用固定电阻器、固定电容器型号命名方法[S].北京:中国标准出版社,1995.
[26] 电子工业部标准化研究所. GB/T 2471—1995 电阻器和电容器优先数系[S].北京:中国标准出版社,1995.